CPEC

国家级实验教学示范中心联席会

计 算 机 学 科 组 规 划 教 材

云计算技术与实践

微课视频版

郭晓梅 编著

清華大學出版社

北京

内 容 简 介

本书系统介绍了云计算概念、原理和应用等内容，旨在帮助读者全面了解云计算相关知识。全书共 12 章，第 1 章全面介绍云计算的入门知识；第 2 章深入研究虚拟化在云计算中的关键作用；第 3 章重点介绍全球领先的云计算提供商亚马逊 AWS；第 4 章介绍开源云计算平台 OpenStack；第 5 章介绍 Docker 容器的概念及应用；第 6 章探索容器编排和管理的领导者 Kubernetes；第 7 章通过 Serverless 引入无服务器计算；第 8 章聚焦于大数据处理和分析平台 Hadoop；第 9 章介绍中国领先的云计算服务提供商阿里云；第 10 章深入研究云计算数据中心的关键技术和架构；第 11 章介绍云安全；第 12 章为综合实验案例。

本书适合作为高等院校计算机相关专业的高年级本专科生、研究生的教材，也适合非计算机专业的学生及广大计算机爱好者阅读。

图书在版编目（CIP）数据

云计算技术与实践：微课视频版 / 郭晓梅编著. -- 北京：清华大学出版社，2025. 3.
（国家级实验教学示范中心联席会计算机学科组规划教材）. -- ISBN 978-7-302-68609-5
Ⅰ. TP393.027
中国国家版本馆 CIP 数据核字第 2025ZJ9431 号

责任编辑：温明洁　薛　阳
封面设计：刘　键
责任校对：韩天竹
责任印制：宋　林

出版发行：清华大学出版社
网　　址：https://www.tup.com.cn，https://www.wqxuetang.com
地　　址：北京清华大学学研大厦 A 座　　**邮　　编**：100084
社 总 机：010-83470000　　**邮　　购**：010-62786544
投稿与读者服务：010-62776969，c-service@tup.tsinghua.edu.cn
质量反馈：010-62772015，zhiliang@tup.tsinghua.edu.cn
课件下载：https://www.tup.com.cn,010-83470236
印 装 者：三河市龙大印装有限公司
经　　销：全国新华书店
开　　本：185mm×260mm　　**印　　张**：17.75　　**字　　数**：447 千字
版　　次：2025 年 3 月第 1 版　　**印　　次**：2025 年 3 月第 1 次印刷
印　　数：1～1500
定　　价：59.90 元

产品编号：101857-01

前言

新一轮科技革命和产业变革带动了传统产业的升级改造。党的二十大报告强调"必须坚持科技是第一生产力、人才是第一资源、创新是第一动力,深入实施科教兴国战略、人才强国战略、创新驱动发展战略,开辟发展新领域新赛道,不断塑造发展新动能新优势。"建设高质量高等教育体系是摆在高等教育面前的重大历史使命和政治责任。高等教育要坚持国家战略引领,聚焦重大需求布局,推进新工科、新医科、新农科、新文科建设,加快培养紧缺型人才。

云计算的发展历程可以追溯到20世纪60年代的虚拟化技术的出现。当时,IBM等公司开发了虚拟机监视器(Hypervisor)等技术,支持多个操作系统能够在一台物理计算机上同时运行,为云计算的基础设施打下了重要的基础。随着互联网的兴起和普及,人们开始意识到通过网络连接和共享资源可以实现更高效的计算和数据存储,为云计算概念的出现奠定了基础。然而,真正商业化和普及化的云计算始于近几年。

2006年,亚马逊推出了弹性计算云(EC2)服务,这标志着云计算开始进入商业化阶段。亚马逊的成功为其他公司提供了启示,纷纷推出自己的公有云服务,如微软的Azure、谷歌的Google Cloud和IBM的IBM Cloud等。公有云服务的出现为用户提供了弹性、可伸缩的计算和存储资源,极大地推动了云计算的发展。

随着云计算的发展,云计算技术开始渗透到各个行业和领域。从企业级应用到教育、医疗、金融、物联网和人工智能等领域,云计算正加速推动着数字化转型和创新。它提供了强大的计算能力、存储容量和弹性资源,支持大规模数据处理、分析和预测。

本书全面讲解了云计算的基本概念和核心技术,以及云计算的实际应用,深入探讨了各种云计算模型、服务和架构。同时,还介绍了云安全、数据隐私以及云计算的未来发展趋势。本书尽量以简洁清晰的语言阐述复杂的概念,并结合实际案例和示例进行说明。

本书提供教学大纲、教学课件等配套教学资源,可供读者下载,还提供最后一章实验案例的视频讲解,读者可以扫描二维码在线观看、学习。

本书是集体智慧的结晶,全书由郭晓梅主编,张涵、曹呈健、孙卉、王陈龙溢、周源祥为本书做出了重要贡献,在此表示衷心的感谢!

鉴于编者水平有限,书中的疏漏在所难免,敬请广大读者批评指正。

作 者

2025年1月

目录

第1章

云计算概述

CHAPTER 1

本章学习目标

- 掌握云计算的背景、概念
- 掌握云计算发展历程及优缺点
- 了解云计算的前沿技术

本章主要介绍云计算的背景、基本概念、发展历程和云计算的服务类型，同时介绍云计算与大数据、人工智能的关系。除此之外，还介绍了云计算的优点和未来。通过本章的学习，读者能够对云计算有一个基本的认识。

1.1　云计算的基本概念与发展历程

关于云计算的基本概念与发展历程有以下两方面内容：

- 云计算的基本概念
- 云计算的发展历程

1.1.1　云计算的基本概念

计算机技术近几十年飞速发展,从大型主机到个人电脑、移动设备和物联网的普及,计算能力和存储容量不断提升,网络连接变得更加普遍和可靠。随着企业和组织规模的扩大,需要处理越来越多的数据,进行复杂的计算和分析,并提供高效的业务服务。然而,传统的计算机架构和资源管理模式往往面临一些挑战,如高昂的硬件成本、低效的资源利用、难以应对的突发计算需求和复杂的管理等问题,云计算的概念和技术应运而生。云计算是一种基于互联网的计算模式,它通过虚拟化技术和云服务技术,为用户提供计算资源和应用程序,使用户能够按需获取和使用这些资源。

云计算的基本概念包括三个要素：资源共享、弹性伸缩和按需付费。资源共享指的是将底层的计算、存储和网络资源汇集到一个集中的数据中心,多个用户共享这些资源,提高资源的利用率。弹性伸缩意味着用户可以根据需求快速扩展或缩减计算资源,实现灵活性和伸缩性。按需付费表示用户只需支付实际使用的资源量,无须提前投入高额的硬件和软件成本。

云计算为用户提供了高效、灵活和经济的计算能力,支持各种应用场景,从个人用户的文件存储和应用软件到企业的大规模数据处理和业务服务。

1.1.2　云计算的发展历程

随着云计算的持续发展,该领域出现了众多参与者,包括VMWare、Amazon、阿里巴巴、腾讯和华为等公司。云计算的发展历程经历了从基础设施到应用再到应用相关平台服务的演进。此外,从公共云、私有云到混合云的转变也是云计算发展的重要趋势。这些演进使云计算变得更加灵活、全面,推动了数字化转型和创新的进一步加速。

1. 从VMWare到Amazon再到阿里、腾讯和华为

最初,VMWare于2000年推出了Hypervisor虚拟化软件,该技术使计算资源能够被虚拟化、池化和共享,标志着云计算的雏形出现。随后,Amazon于2006年推出了S3(Simple Storage Service,简单存储服务)和SQS(Simple Queue Service,简单队列服务),成为首家提供公共云计算服务的公司,引领了云计算市场的发展。

在我国,阿里巴巴、腾讯和华为等公司也纷纷加入公共云服务的市场,并逐步建立起自己的云计算平台。阿里巴巴、腾讯、华为分别在2009年、2010年和2011年推出了阿里云、腾讯云和华为云。这些公司通过提供丰富的云计算服务,包括计算资源、存储、网络、数据库和人工智能等领域,满足了不同用户的需求。

这一阶段的云计算发展历程中，Amazon、阿里巴巴、腾讯和华为等公司通过不断创新和扩展服务范围，使云计算变得更加成熟和多样化。这些公司不仅提供基础计算资源，还推出了更高级的服务和解决方案，如容器服务、人工智能平台和物联网平台等，满足了不同行业和应用领域的需求。

并且，这一阶段的云计算发展还推动了数字化转型和创新的加速。企业和个人用户可以借助这些云计算平台，快速构建和部署应用，灵活调整资源，并利用强大的计算和存储能力进行数据分析和人工智能应用开发。同时，这些云计算平台的竞争也促进了服务质量的提升和价格的下降，使更多用户能够享受到云计算带来的便利和创新。

2. 从基础设施到应用再到应用相关平台服务

云计算的发展经历了从基础设施到应用再到应用相关平台服务的阶段。最初的云计算阶段聚焦于基础设施，提供商提供虚拟化技术和资源池化，使用户能够通过云主机、存储和网络等基础云产品实现灵活的计算资源使用和弹性计费。随着云计算的普及，用户开始关注如何构建和部署云端应用，这使云计算进入了应用阶段。在该阶段，云计算可以通过互联网访问可扩展应用程序。用户通过搭建完整的技术栈，包括数据架构、开发编码和部署运维，以实现云端应用的开发和管理。

随着云计算的成熟，应用相关平台服务成为云计算发展的下一个阶段。这些平台为开发者提供更高级的服务和工具，以简化应用开发和部署的流程。开发者不再需要从零开始构建基础设施，而是可以利用云计算平台上提供的服务来快速开发和部署应用。这些平台服务涵盖了各种技术领域，如数据库、人工智能和物联网等，为开发者提供了更丰富的功能和资源。通过应用相关平台服务，开发者可以更专注于应用逻辑和创新，而无须过多关注底层的基础设施和管理，这一阶段的发展使得云计算变得更加综合和全面。从最初的基础设施到应用，再到应用相关平台服务，云计算逐渐从底层的资源提供转变为为开发者和用户提供全方位的解决方案，这种提供了更高效、灵活和创新的方式来构建和管理应用的云计算，促进了产业的进一步成熟和创新。各大云服务提供商纷纷推出丰富的应用相关平台服务，不断满足用户的需求，并推动着云计算的广泛应用和发展。

3. 从公共云、私有云到混合云

云计算的发展历程经历了从公共云、私有云到混合云的阶段。最早的云计算模式是公共云，提供商将计算、存储和网络资源集中到数据中心，并向用户提供按需使用的服务，以实现资源共享和规模经济效应。随后，出于对数据安全和合规性等的考虑，私有云概念兴起，大型企业和组织构建了自己的云基础设施，可在内部部署和管理。然而，私有云无法充分利用资源弹性和规模经济效应，限制了其发展。因此，混合云成为了新的趋势，将公共云和私有云结合起来，实现了更灵活的云计算环境。混合云允许组织根据需求选择将工作负载部署在公共云或私有云中，并通过云服务提供商提供的通用管理平台进行统一管理，这种模式既满足了数据安全和合规性要求，又能享受公共云的灵活性和成本效益。混合云的发展推动了云计算产业的进一步成熟和创新，各大云服务提供商纷纷推出混合云解决方案，为用户提供更多选择和增强的功能。混合云的出现标志着云计算发展的新阶段，使整个计算机产业更加灵活、高效和务实。

1.2 云计算的服务类型

关于云计算的服务类型有以下两方面内容：

- 云计算的服务模式
- 云计算的部署模式

云计算的服务类型多种多样，随着技术的发展，云计算逐渐发展出了3种服务模式和4种部署模式。

1.2.1 云计算的服务模式

云计算的服务模式主要包括3种：IaaS(基础设施即服务)、PaaS(平台即服务)和SaaS(软件即服务)。

IaaS即由云提供商建设好互联网系统的基础设施，并直接向用户出租这些基础设施，比如物理服务器、虚拟服务器、存储和网络等。PaaS即云供应商不仅准备好了硬件基础设施，还在基础设施上将软件平台搭建好了，用户可以直接在这些软件平台上进行软件开发。SaaS则在PaaS的基础上更进一步，云供应商不仅搭建好了基础设施和软件平台，而且将应用都开发完成，用户购买SaaS产品后不需要再次开发便可以直接投入应用。

IaaS、PaaS和SaaS的关系如图1.1所示。IaaS位于最底层，为PaaS和SaaS提供支持；PaaS位于中间，既使用IaaS提供的支持又为SaaS提供支持；SaaS位于最顶层，也是产品数量最多的一种服务。

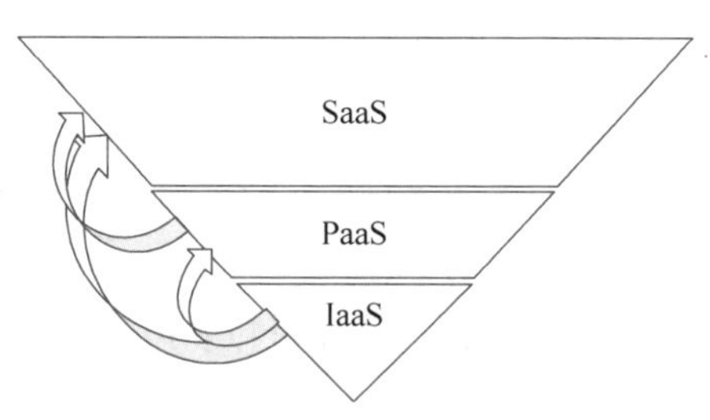

图1.1 IaaS、PaaS和SaaS的关系

除了上述的3种主流云服务模式，近几年随着技术的发展又出现了新的服务模式，最典型便是FaaS(函数即服务)和BaaS(后台即服务)。FaaS和BaaS都是随着Serverless(无服务器)的出现而出现的概念。Serverless应用由一个个的函数组成，其中FaaS提供了一个函数运行和管理的平台，而BaaS即一些后端云服务，Serverless应用通过BaaS来获得后台服务的支持。

1.2.2 云计算的部署模式

云计算有4种典型的部署模式，私有云、公有云、混合云和社区云。

1. 私有云

私有云是指专门为某一个企业服务，云中的所有资源都在企业内部使用，并不对外开放。私有云的管理由企业自己负责，因此对技术和资金的要求比较高，但相应的安全性更高。

2. 公有云

公有云是指由云服务供应商提供云服务，其云中的资源可能会被多个企业或个人使用，用户通过租赁的方式获得资源的使用权。在公有云中，云服务供应商负责维护和管理，而用户则根据所使用的资源量进行付费，因此需要的资金相较私有云更低。

3. 混合云

混合云是两个或多个部署模式的组合。最常见的混合云是公有云和私有云的组合，两种模式配合工作，可以充分发挥各自的优势。

4. 社区云

社区云建立在一个小组或者几个企业之间，他们共享云中的资源，小组外的个人或企业不被允许使用云中的资源。社区云的建造和生产成本由几个企业分摊，一定程度上降低了费用，而且几个企业之间相互信任，安全性也可以得到保障。

1.3　云计算与大数据和人工智能

关于云计算的服务类型有以下三方面内容：

- 云计算与大数据
- 云计算与人工智能
- 云计算与大数据和人工智能

1.3.1　云计算与大数据

大数据是指在一定时间范围内使用软件工具捕获和管理的数据集合。大数据的特点包括数据量大（TB，PB级）、种类复杂（结构化、非结构化和半结构化）等。在过去，人们进行分析时，若没有大数据，只能依靠统计学原理和抽样进行分析。然而，抽样无法涵盖全部数据，因此全量分析成本较高。为了实现数据的收集、存储、处理和分析，出现了大量的数据存储技术，其中大数据技术是一种侧重于数据处理的技术。云计算提供了强大的存储和计算能力，支持大数据的存储、管理和分析。通过云计算平台的存储系统和分布式计算框架，用户可以有效地存储大数据并根据需要使用云计算资源进行数据处理和分析，无须购买昂贵的硬件和软件设备。同时，云计算还提供了丰富的工具和平台，包括分布式数据处理、数据仓库、数据挖掘和机器学习等服务，使用户能够在云上进行大规模数据分析、模式识别、预测和决策等任务。云计算的弹性和灵活性进一步提升了大数据处理和分析的效率。

1.3.2　云计算与人工智能

人工智能是一门新兴的技术科学，最初出现于20世纪60年代，用于模拟、延伸和扩展人类智能的理论、方法、技术和应用系统。早期的人工智能主要基于规则的判断和决策，例如专家系统等。而现今，人工智能建立在海量数据基础之上，通过对这些数据进行分析以得出结论。因此，早期的人工智能并不需要云计算技术。在当时，人工智能的重点是算法和应用。然而，如今人工智能与云计算密不可分。云计算有助于人工智能从数据中获得洞察力，提供卓越的体验。二者相辅相成，利用人工智能在云计算环境中可以提高云的性能和效率，使得服务更加高效和洞察力更强，这是战略关键。

1.3.3　云计算与大数据和人工智能的关系

云计算与大数据、人工智能这三者之间存在部分独立又有重叠的关系。在海量数据的存储和计算中，一台机器是不够的，需要配置大量机器，有时甚至需要数百台。而大型数据处理所使用的软件需要分散在不同的机器上，这给系统的软、硬件资源使用和维护带来了巨大困难。而云计算恰好可以解决这个问题，因此，尽管不一定必须依赖云计算，但通过云计算可以极大地提升网络部署和运营效率。

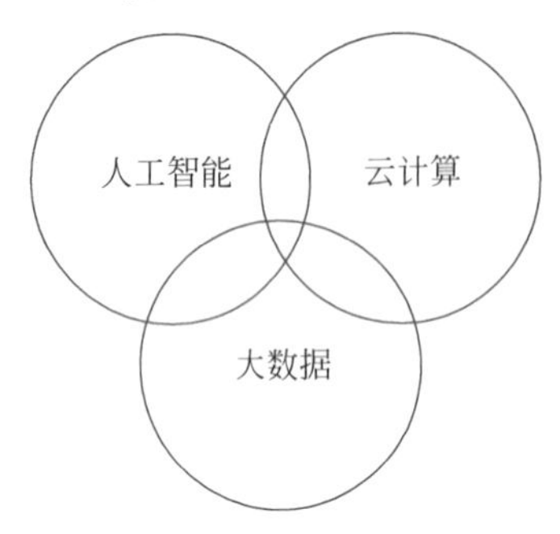

图 1.2　云计算与大数据、人工智能的关系

总的来说，云计算与人工智能密不可分。因为人工智能依赖于大数据，而大数据技术则依赖于云计算。同时，部署和管理人工智能训练平台本身也需要利用云计算技术来提高效率。如图 1.2 所示，现代信息系统中经常出现这三者叠加的情况。云计算作为资源管理基础，大数据技术作为数据处理基础，人工智能算法作为数据分析基础，共同支撑着现代智能化应用的实现。

1.4　云计算的优点与未来

关于云计算的优点与未来有以下两方面内容：

- 云计算的优点
- 云计算的前沿技术与未来

1.4.1　云计算的优点

作为一种新型的计算方式，云计算的优点众多，主要有降低成本、提高灵活性、简化运维工作和增强可靠性这 4 方面。

1. 降低成本

对于公有云，基础设施的管理和维护都由云服务提供商负责，帮助用户省去了这部分的成本。同时，用户还不需要为操作系统等基本的软件应用程序支付额外的费用，这部分费用同样也由云服务提供商负责。云计算将原本只有大型企业能负担的昂贵设备和软件变得平民化，使得中小企业甚至个人都能负担得起高性能的服务。

2. 提高灵活性

云计算提供资源弹性伸缩的功能，系统会自动根据需求为用户分配适当的资源，防止资源不足和浪费。同时，用户也可以手动进行资源的调整，只需要在网页端进行简单的配置，便可以扩展或收缩资源。

3. 简化运维工作

自行购买设备搭建系统是一项繁杂的工作，为了完成一个项目，技术人员往往要花费数月的时间选购设备和搭建系统。而云计算提供了一种零运维成本的软件部署方式，用户无须关注基础设施和软件系统（如操作系统）的管理和维护，只需专注于自己的业务逻辑，而不需要花费精力和资源在运维方面。

4. 增强可靠性

云计算通过多重备份的形式保障用户数据不会丢失，同时提供故障转移和自动重启功能。也就是说如果一台云服务器出现故障，运行在上面的系统可以快速转移到另外一台云服务器上运行，保障和增强用户系统和数据的可靠性和稳定性。

1.4.2　云计算的前沿技术与未来

云计算一直处于不断发展的状态，现在云计算又出现了很多新的发展趋势。

1. 容器化

容器化是一种轻量级虚拟化技术，多个容器共享一个操作系统内核，实现高效利用资源。与传统虚拟化相比，容器化具有更快的部署速度、更高的资源利用率和更便捷的管理方式，在应用开发和云计算领域广泛应用。

云计算以虚拟化技术为核心，容器的出现，极大降低了虚拟化所需的资源，提高了资源的利用率。虽然刚出现时，容器技术因为难以管理的原因没有得到推广，但随着技术的不断完善，容器化技术逐渐被行业所接受，云计算也步入了容器化的时代。

2. 雾计算和边缘计算

雾计算和边缘计算都是为了解决云计算的计算延迟、拥塞、安全攻击等问题而提出的。

雾计算拓展了云计算的概念。相较于云的高高在上，雾更靠近地面。雾计算的数据处理发生在更靠近数据产生的地方，它不像云计算那样将数据全部传入数据中心再进行集中运算，而是在网络边缘添加一些小型服务器或路由器，形成了一层“雾”，把不需要传入数据中心的数据直接在这层中处理掉了，以此缓解“云”中的压力，并提高了数据处理的效率，降低了延迟，如图 1.3 所示。雾计算其实可以理解为本地化的云计算。

边缘计算与雾计算类似，但是边缘计算数据处理的位置一般要更靠近数据产生端，通常边缘计算直接发生在与数据产生端相连的设备上。另外，雾计算中各个节点是成体系的，而边缘计算的节点则比较孤立。

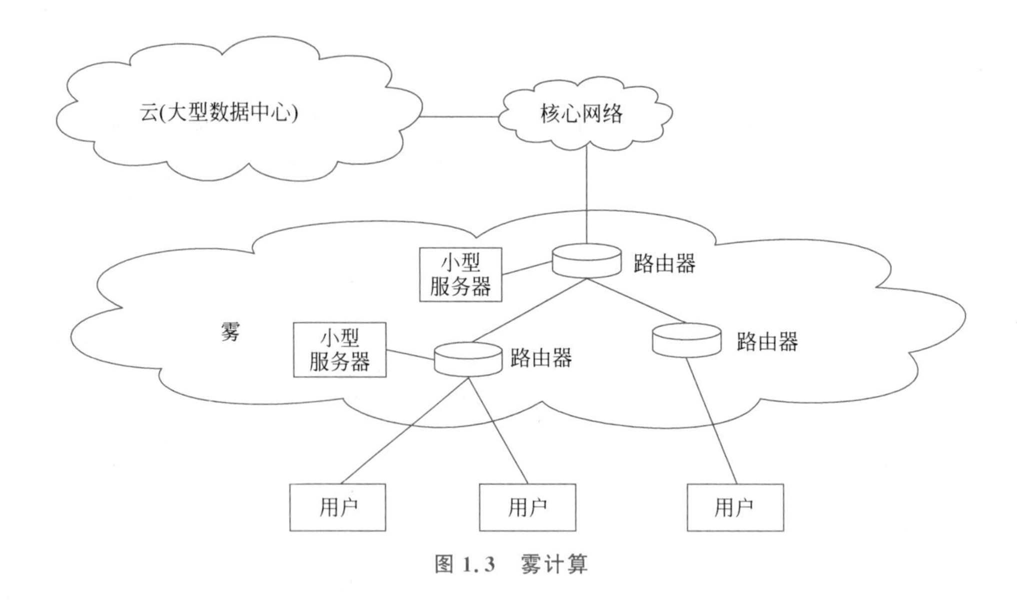

图 1.3　雾计算

1.5　本章小结

本章首先介绍了云计算产生的背景，并明确了云计算的概念和发展历程。其次介绍了云计算的 3 种服务模式和 4 种部署模式，以及云计算与大数据和人工智能之间千丝万缕的关系。之后介绍了云计算的优点与云计算的未来前沿技术，包括容器、雾计算和边缘计算等。通过本章的学习，读者可以了解到云计算的基本知识，并对云计算形成一个整体的认识。

习题 1

1. 云计算的发展历程经历了哪些过程？
2. 云计算的服务类型有哪些？
3. 云计算的优缺点都有哪些？

第2章

虚拟化技术

CHAPTER 2

本章学习目标

- 掌握什么是虚拟化
- 掌握虚拟化技术的特点与分类
- 掌握虚拟化技术的常用技术

本章介绍了虚拟化技术的相关知识，对服务器虚拟化、桌面虚拟化、应用程序虚拟化、存储虚拟化和网络虚拟化 5 种常见技术进行了介绍。

2.1 虚拟化技术概述

关于虚拟化技术概述有以下四方面内容:

- 虚拟化技术起源与原理
- 虚拟化技术的相关概念与特点
- 虚拟化技术的分类
- 虚拟机

2.1.1 虚拟化技术的起源与原理

虚拟化技术起源于大型机时代,IBM公司出品的IBM709电脑于20世纪60年代在美国诞生,是第一台虚拟性操作系统,虚拟性操作系统是通过划分物理计算机资源为多个虚拟环境来实现多个操作系统和应用程序的同时运行,提高计算资源利用率的同时在运行过程中保持操作系统的相互隔离。这台电脑首先实现了分时系统,将CPU分割为几个极短的时间片,通过这种方式一个CPU可以虚拟化为多个同时工作的CPU。10多年后的1927年,IBM公司又推出了System370型计算机并正式命名为虚拟机,这标志着虚拟化技术的发展进入了一个新的阶段。通过虚拟化技术,计算资源得以有效利用和共享,为后来的云计算发展奠定了基础。

通过抽象转换不同的IT实体资源,虚拟化技术被应用于计算机资源的管理,以达到逻辑表示的目的。它的基本原理是通过在操作系统中增加虚拟化层,使得在多种操作系统平台中可以同时共用一个硬件资源。虚拟化层可以被看作一个对下层物理硬件资源的封装与分离,抽象地为上层虚拟化提供了虚拟逻辑空间,以此构建了主机和虚拟化间的桥梁。

虚拟化技术使计算机系统能够从真实环境转移到虚拟环境中,摆脱了物理限制,例如资源分配、地理位置和物理组装等方面。通过采用计算机虚拟化等技术,可以大幅扩充主机的硬件容量,并改善系统功能设置,使得一个逻辑计算机系统可以同时虚拟化为多个逻辑计算机系统,从而节约大量资源。每个逻辑计算机系统都具有独立运作的能力,并为各种系统功能提供自主操作系统的支持。同时,不同的独立应用程序几乎可以在彼此独立的空间中同步正常工作,互不干扰,从而实现更明显的效益。

虚拟化技术的主要目的是针对IT基础设施进行极大改善,提高资源利用率和灵活性,简化管理并实现更高的效率和可靠性。通过虚拟化技术可以最大限度地使用现有资源,降低成本,提供弹性并支持各种应用程序和服务的并行运行。

2.1.2 虚拟化技术的相关概念与特点

虚拟化技术中有很多的名词概念,如图2.1所示。

- Guest OS:运行在虚拟环境中的操作系统
- Guest Machine:虚拟出来的虚拟机
- VMM:虚拟机监视器,即虚拟化层
- Host OS:运行在物理机上的操作系统

- Host Machine：物理机

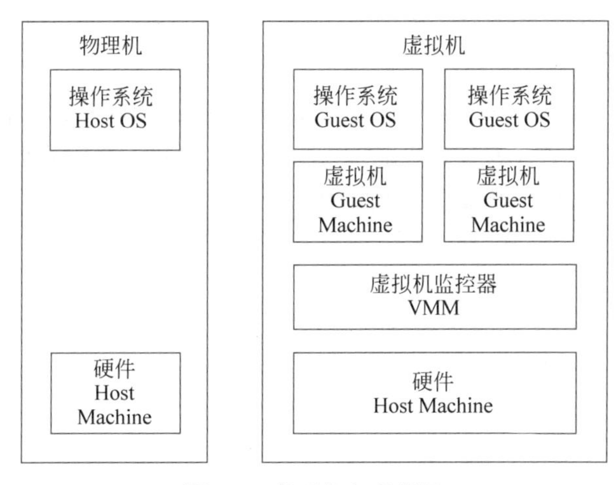

图 2.1　物理机与虚拟机

虚拟化技术具有分区性、隔离性和独立性三大特点，为应用部署、资源管理等提供了强大支持。

分区性即多个虚拟机同时在单一物理服务器上运行，以实现负载均衡和资源共享，例如一台服务器中的一块资源可分成四块资源。

隔离性即在同一个服务器上的多个虚拟机之间相互隔离。隔离是在分区的基础上的，例如一块资源分成的四块资源就可以给不同的虚拟机使用，整体服务器运行不会因单一一台虚拟机遭遇故障而受影响。虚拟机的执行环境被完全封装在单独的文件中，实现了快速地虚拟机复制和恢复运行，这种迁移方式具备灵活性、可移植性和简化维护的优势。

虚拟机的独立性指的是虚拟机运行在虚拟化层之上，它相对于硬件独立，能在任何服务器上无须修改即可运行。这种独立性同样带来了灵活性、可移植性和简化的管理维护，它消除了对特定硬件的依赖，简化了资源管理，并提高了系统的扩展性和可伸缩性。简单来说就是虚拟化层屏蔽了底层硬件不兼容的行为，无论是否支持，都可安装任何操作系统，例如用户想要装 Linux 系统，首先需要查看硬件是否支持，若不支持则无法安装，但是如果利用虚拟化技术则无须考虑底层硬件，直接安装即可。

2.1.3　虚拟化技术的分类

虚拟化技术在资源上可以分为以下 5 类。

1. 计算资源虚拟化

计算资源虚拟化是指用户能够在同一台个人电脑的服务器上同时对多个逻辑计算机进行操作，而且对每台独立的逻辑计算机也能够操作不同的操作系统，逻辑计算机系统中的应用程序也都能够并行操作而不会相互影响，这样就大大提高了计算机的效率。

2. 桌面资源虚拟化

桌面资源虚拟化是指将桌面环境和应用程序虚拟化到服务器上，用户通过网络访问虚拟桌面,从而实现灵活的工作环境和更好的安全性能。

3. 存储资源虚拟化

存储资源虚拟化是将多个物理存储介质(如硬盘和RAID阵列)组合成一个虚拟存储池,为用户提供高容量和高并发数据传输能力。虚拟化简化了存储管理和维护工作,用户可以透明地访问数据,而无须了解底层存储细节。

4. 网络资源虚拟化

网络资源虚拟化提高了网络资源的利用效率,将物理网络资源(如带宽、存储、计算等)虚拟化为多个独立的虚拟网络,降低了网络成本,并实现了资源的灵活分配和动态管理。网络资源虚拟化为网络架构带来了更大的灵活性和可扩展性。

5. 应用资源虚拟化

应用资源虚拟化将应用程序及其运行环境虚拟化为独立容器,实现了更好的应用程序管理和灵活部署。它简化了管理,提供了灵活部署选项,并提高了资源利用率。

虚拟化软件是可以帮助一部主机建立与执行多个虚拟环境的软件。常用的虚拟化软件有如下3种。

1. VMware ESXi

该软件侧重于服务器虚拟化,是一款基于X86平台开发的最早的虚拟化软件。它是基于裸机架构的虚拟化技术。虚拟机(VMS)可以在硬件上运行,在业界内被称为"裸机",可以用作多虚拟化解决方案。

2. Xenserver

该软件是最早的开源虚拟化软件,专注于桌面虚拟化,提出了半虚拟化的概念,有着安全性、兼容性和稳定性强的特点。

3. Hyper-V

微软的虚拟化软件适用于64位的Windows系统,可以创建Linux虚拟机。因管理工具配置复杂,只在一些以Windows系统为主的企业中使用。

2.1.4 虚拟机

虚拟机是虚拟化的一种表现方式,一种工具形式。虚拟机可以模拟出一台完整的计算机,包括处理器、内存、硬盘、网络等,用户可以在虚拟机上实现资源共享和负载均衡。

虚拟机和双系统技术是两个不同的概念,虽然它们外观上看上去相似。虚拟机的安全性要高于双系统,并且开启虚拟机后计算机所被使用的资源也要远远大于双系统所使用的资源。虚拟机是在原系统的前提下安装一个虚拟软件来运行的,需要先开启计算机系统再开启虚拟机,而双系统是两个不同的计算机系统,只开启其中一个就可以运行系统。

虚拟机的工作原理就是用软件虚拟一个可以完全独立出来使用的计算机主机的硬件环

境，可以在现有的系统中直接用一个虚拟窗口来显示另外一台设备，如果磁盘空间足够大的话，可以直接虚拟出多台设备。每一台虚拟机由它的操作系统、应用程序等组成，每一台虚拟机都是建立在虚拟机监控器(Hypervisor)上的。虚拟机监控器是一种用于监控虚拟机性能的工具，它可以收集和分析虚拟机的资源使用情况，以及虚拟机的状态和性能，帮助管理员及时发现和解决虚拟机的性能问题，以及提高虚拟机的效率，它允许多个操作系统共享物理硬件、管理访问和资源分配，并为在物理主机上托管多个虚拟机提供基本环境。基于主机的硬件资源负责管理每个虚拟机的执行和为虚拟机提供虚拟的操作平台，帮助所有虚拟机独立共享主机的所有硬件资源。其中 Hypervisor 可以分为如下两种。

1. 裸机型

裸机型又称为原生型，性能高，资源开销小；运行在传统操作系统之上，由操作系统硬件的驱动程序支持；安装容易但配置复杂。常见的裸机型产品有 Xen、Oracle VM Server for SPARC、Hyper-V。

2. 主机型

主机型也被称为宿主型，性能较低，资源消耗大；只能在经过认证的有限的软、硬件组合中运行；安装、使用、维护都很简单，无须专业技能。常见的主机型产品有 VMware Workstation、Virtual PC 等。

2.2 服务器虚拟化

关于服务器虚拟化有以下两方面内容：

- 服务器虚拟化概述
- 服务器虚拟化的关键技术

2.2.1 服务器虚拟化概述

服务器虚拟化技术解决了服务器资源有限和利用率下降的问题。服务器虚拟化技术通过虚拟化软件，对一台物理服务器进行划分，分为多个独立的虚拟服务器，并且每个虚拟机或容器都具备自己的操作系统和资源。

服务器虚拟化提供了更高的灵活性。虚拟机可以根据需要进行快速创建、删除、迁移或调整资源配置，从而实现更好的应用部署和资源管理。服务器虚拟化还促进了应用程序的测试和开发，开发人员可以在虚拟机中创建独立的开发环境，避免与生产环境冲突，并提供更好的开发和测试效率。

2.2.2 服务器虚拟化的关键技术

服务器虚拟化的关键技术包括 CPU 虚拟化、内存虚拟化和 I/O 虚拟化。CPU 虚拟化确保正确调度 CPU 资源和高效执行 VM(Virtual Machine，虚拟机)上的指令；内存虚拟化合理分配和隔离内存空间，有效利用可用内存；I/O 虚拟化用来保障 VM 的 I/O 隔离与高效的执行。

1. CPU虚拟化

CPU是用于规划和判定服务器性能的主要资源,其功能是执行程序,这些程序由运行在计算机中的各种其他程序传递而来。

CPU虚拟化是指将一个物理CPU分割成多个虚拟CPU,实现多个操作系统共享一个CPU,其目标是提高服务器效率、降低成本并提升性能。虚拟化后的虚拟CPU的正确运行对于确保虚拟机指令的准确执行非常重要。在同一时间内,只能有一个虚拟CPU指令在物理CPU上运行。虚拟机监视器(VMM)用于确定当前应该在物理CPU上执行哪个虚拟CPU。

CPU虚拟化技术的实现主要有以下两个方案。

1)纯软件虚拟化

在纯软件虚拟化中,当设置的管理显示被突破时,会直接使用对虚拟机监视器的程序调用来代替,或动态替换为可以直接在物理系统上执行的安全命令。这种做法的好处是,相比于纯程序仿真(通过软件进行虚拟模拟),它能提供更显著的性能提升,并且从根本上消除了性能上的限制。

2)硬件方案

硬件辅助虚拟化是指物理平台本身提供的硬件支持,用于拦截特定指令和重定向操作,通过硬件层面的支持以帮助软件虚拟化并提高性能。

2. 内存虚拟化

内存是计算机的工作区,用于存储操作系统、程序和数据。它扮演临时存储和处理信息的重要角色。在计算机启动时,常用的例程和程序会加载到内存中,以提供快速访问和执行。执行程序时,这些例程也会被复制到内存中以提高执行速度,并且这样的方式便于重复使用。同时,程序处理的相关数据也会被移入内存,使得计算的各个步骤和片段可以被快速推进,并传送到CPU进行处理,处理后的结果再写回内存。当计算机拥有足够多的内存时,可以更快地访问和处理更大量的数据。在虚拟化环境中,内存是对性能影响最大的组件之一,它对虚拟机的运行和数据处理能力产生直接影响。

内存虚拟化技术统一管理物理内存,并划分为多个虚拟物理内存供虚拟机使用。每个虚拟机都拥有独立的内存空间。虚拟内存管理包括机器地址、物理地址、虚拟地址,如图2.2所示。

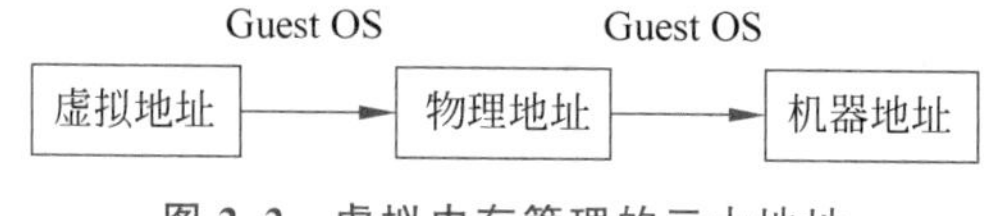

图2.2 虚拟内存管理的三大地址

1)机器地址

机器地址(Machine Address,MA)即真实的机器的地址。

2)虚拟机物理地址

虚拟机物理地址(Guest Physical Address,GPA)即经过VMM抽象后虚拟机见到的物理地址。

3）虚拟地址

虚拟地址（Virtual Address，VA）即操作系统提供给其应用程序使用的线性地址空间。

内存虚拟化是一种在虚拟化环境中管理和隔离内存资源的技术。它将虚拟机对内存的访问映射到物理机的内存上。

常见的一种内存虚拟化实现方式是使用 MMU（Memory Management Unit，内存管理单元）的半虚拟化方法。在此方式下，虚拟机中的操作系统和应用程序运行在虚拟地址空间中，无须了解物理地址。虚拟机监视器通过半虚拟化与 MMU 进行交互，将虚拟地址转换为物理地址。这样，虚拟机可以以自己的方式管理和访问内存，而不会干扰其他虚拟机或物理机的内存。为了实现 MMU 半虚拟化，虚拟机监视器使用了“影子页表”来记录虚拟机和物理机之间的地址映射关系。通过影子页表机制，虚拟机能够在访问内存时准确地将虚拟地址转换为物理地址，确保对物理内存的正确访问。

内存虚拟化利用了 MMU 半虚拟化和影子页表等技术，使多个虚拟机能够并发运行，并且将它们的内存访问进行了隔离。每个虚拟机都以为自己拥有独立的内存空间，实际上它们共享物理机的内存资源。这种内存虚拟化的实现方式不仅提高了系统的效率和性能，还增强了虚拟机的安全性和隔离性。

3. I/O 虚拟化

I/O 虚拟化是一种用于在虚拟化环境中对输入/输出设备进行虚拟化和管理的技术。在没有虚拟机存在的情况下，应用程序或进程通过系统调用将 I/O 请求传递给内核。内核调用适当的驱动程序将请求传递给实际的 I/O 设备，并将结果返回给调用者。这样，应用程序可以与物理设备进行有效的通信和操作。而在存在虚拟机的情况下，虚拟机作为宿主机的一个进程，以类似的方式发出 I/O 请求，但由于虚拟机没有直接的访问和控制物理硬件设备的权限，请求无法直接传递到宿主机的设备。相反，它必须通过虚拟机监控器来截获和模拟虚拟机的 I/O 请求。整个 I/O 请求过程涉及虚拟机的设备驱动程序、虚拟机监控器以及宿主机的设备驱动程序，最终到达实际的 I/O 设备。

I/O 虚拟化包含 3 个主要的类型，分别是全虚拟化、半虚拟化和 I/O 直通。

1）I/O 全虚拟化

I/O 全虚拟化是一种纯软件的虚拟化方法，通过模拟虚拟机的 I/O 请求，实现对各种设备的虚拟化。它具有多个优点。首先，I/O 全虚拟化能够提高性能，通过更好地利用硬件资源，减少虚拟机之间的资源竞争，从而提升整体系统性能。其次，它增强了安全性，能够有效隔离虚拟机之间的资源，防止虚拟机间的攻击，提供更可靠的安全环境。此外，I/O 全虚拟化还提高了虚拟机的可移植性，使得虚拟机能够在不同的硬件环境中迁移运行。最后，它提高了虚拟机的可扩展性，能够更好地支持虚拟机的扩展，满足不同用户的需求。

2）I/O 半虚拟化

I/O 半虚拟化引入了一种机制，允许客户端和主机端建立连接并直接进行通信，从而实现了更高的性能。通过这种方式，I/O 半虚拟化能够提供更高效的数据传输和处理，减少了不必要的虚拟化层次，提升了系统的整体性能。

3）I/O 直通

I/O 直通是允许虚拟机直接访问物理设备，绕过虚拟化层，从而提供更高的性能和更低的延迟。通过 I/O 直通,虚拟机可以直接与物理设备进行通信。这种技术在性能敏感的应用场景中非常有用,如高性能计算、网络处理和存储系统等。

2.3　桌面虚拟化与应用程序虚拟化

关于桌面虚拟化与应用程序虚拟化有以下两方面内容:

- 桌面虚拟化
- 应用程序虚拟化

2.3.1　桌面虚拟化

桌面虚拟化旨在改善桌面使用的资源管理、安全性和灵活性。通过桌面虚拟化技术,用户可以通过远程连接(例如虚拟桌面协议)在笔记本电脑、平板电脑或智能手机等设备上随时随地地访问个人桌面系统。

桌面虚拟化还可以实现统一物理计算机或服务器的计算资源共享,实现多用户共同使用一个计算资源,有效提升硬件资源利用率,降低成本。并且共享的用户之间保证虚拟桌面环境相互隔离,互相不会产生影响。

常见的桌面虚拟化技术包括基于物理计算机的虚拟化平台(如 VMware vSphere、Microsoft Hyper-V)、基于操作系统的虚拟化平台(如 Windows Virtual Desktop、Linux KVM)以及基于应用程序的虚拟化平台(如 Citrix XenApp、Microsoft Remote Desktop Services)。

2.3.2　应用程序虚拟化

应用程序虚拟化将应用程序与其适配的系统运行环境一起封装,使它们能够在不同的计算环境中独立运行,可以轻松地在不同的环境中进行迁移。同时,由于它将应用程序打包成一个独立的、可移植的容器,用户在运行应用时无须提前配置运行环境,简化了部署过程,节约了时间。这样的打包方式也有利于应用程序新版本的部署以及旧版本的还原。

常见的应用程序虚拟化技术包括容器化技术(如 Docker、Kubernetes)、应用程序虚拟化平台(如 Microsoft App-V、Citrix XenApp)以及虚拟机中的应用程序虚拟化(如 VMware ThinApp、Cameyo)。

2.4　存储虚拟化

关于存储虚拟化有以下三方面内容:

- 存储虚拟化简介
- 3 种不同层次的存储虚拟化
- 存储虚拟化的主要功能

2.4.1 存储虚拟化简介

存储虚拟化技术通过将逻辑映像与物理存储分离，提供了简化的资源虚拟视图，这使得复杂的存储资源管理更清晰便捷，提高了管理效率。资源虚拟视图使系统和管理员以更直观、方便的方式进行存储资源管理。它增强了动态适应性，通过将存储资源整合到一个大容量的资源池中，可以在不中断应用程序的情况下对存储系统进行更改和数据迁移。

存储虚拟化有着不同的分类，如图 2.3 所示，根据实现方式可以划分为带内虚拟化和带外虚拟化两种方式，根据不同的层次可以分为基于主机的虚拟化、基于网络的虚拟化和基于存储设备的虚拟化。存储虚拟化实现的结果还可以分为块虚拟化、磁盘虚拟化、磁带库虚拟化、文件系统虚拟化和文件/记录虚拟化等。

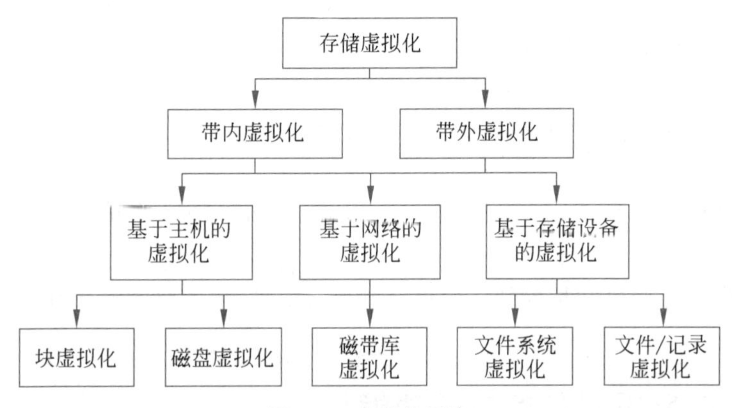

图 2.3 虚拟化层次

2.4.2 3 种不同层次的存储虚拟化

存储虚拟化根据不同的层次可以分为基于主机的虚拟化、基于网络的虚拟化和基于存储设备的虚拟化这 3 种不同类型。这 3 种存储虚拟化可以单独应用或结合使用，根据具体的需求和环境选择合适的虚拟化方案。它们可以简化存储部署和管理过程，提高存储系统的灵活性、可靠性和扩展性。

1. 基于主机的存储虚拟化

基于主机的存储虚拟化是通过在主机上实现虚拟化层来管理存储资源。这种方式下，虚拟化层在主机操作系统和物理存储设备之间插入，充当一个中间层，对外呈现逻辑卷(Logical Volume)或虚拟磁盘(Virtual Disk)的形式，并将其映射到物理存储设备上。常见的基于主机的存储虚拟化技术包括软件定义存储(Software-Defined Storage)、逻辑卷管理(Logical Volume Management)和文件系统虚拟化等。

2. 基于存储设备的存储虚拟化

存储虚拟化是基于存储设备的功能和特性实现的，它通过利用存储设备的各种虚拟化功能来实现对存储资源的虚拟化。这些功能包括存储池(Storage Pool)、存储卷(Storage Volume)和快照(Snapshot)等。存储池是将多个物理存储设备组合在一起，形成一个逻辑存储池,应用程序和用户可以从中获取存储空间。存储卷是从存储池中划分出的逻辑存储单元,提供给应用程序和用户进行数据存储。快照是存储设备提供的一种数据备份和恢复机制,可以创建数据的副本以便于后续的数据还原和恢复操作。

3. 基于网络的存储虚拟化

基于网络的存储虚拟化是通过网络技术将存储资源虚拟化并提供给应用程序和用户使用。在这种模式下,存储设备通过网络连接到主机或存储交换机,应用程序和用户可以通过网络访问存储资源。

基于网络的存储虚拟化有提高存储效率、改善性能、减少成本和实现异构存储集成这4方面优点。

1) 提高存储效率

有效地利用存储资源,减少存储空间的浪费。

2) 改善性能

高效地分配存储资源,从而提高应用程序的性能。

3) 减少成本

减少存储硬件的成本,因为它可以将多个存储系统集成到一个单一的平台中。

4) 实现异构存储集成

将不同厂商的异构存储集成到一个单一的平台中,使得企业能够充分利用其已有的IT资产。

2.4.3 存储虚拟化的主要功能

存储虚拟化提高硬件的使用效率,简化管理的复杂度,增强云存储的可靠性。主要可以通过精简磁盘和空间回收、快照和快照链、链接克隆这3项功能来实现。

1. 精简磁盘和空间回收

精简磁盘和空间回收可以有效提高存储资源使用效率,减少空闲空间的占有率。精简磁盘在局点运行初期非常适用,因为它可以自动分配所需空间,实现按需分配的特性。这样可以避免资源浪费,用户只会分配实际需要的空间,从而提高存储资源的利用率。另外,空间回收技术也可以减少未使用空间对主机的占用,有效解决空间浪费的问题。

2. 快照和快照链

1) 快照

快照指的是在虚拟机运行期间,将虚拟机当前的状态(包括虚拟机的硬件配置、操作系统状态、应用程序状态等)保存下来的一种技术。快照的主要功能包括以下4点。

(1) 备份和恢复:快照提供了一种简单和方便的备份机制。通过创建快照,管理员可以在发生故障或配置错误时轻松还原虚拟机到之前的状态,从而实现数据和应用的恢复。

(2) 测试和调试:快照可以帮助开发人员和测试人员在进行应用程序测试和调试时快速回滚到初始状态。如果测试过程中出现了问题,可以轻松地还原虚拟机到快照创建的状态,以便重新进行测试或分析错误。

(3) 镜像制作：快照可以作为虚拟机镜像的基础。管理员可以在虚拟机配置和软件安装完成后创建快照，将其作为基准镜像，以便在需要时快速部署多个相同配置的虚拟机实例。

(4) 并行开发和多版本管理：对于开发团队来说，快照提供了并行开发和多版本管理的能力。每个开发人员可以在自己的虚拟机上创建快照，独立进行开发和测试，并在需要时恢复到之前的状态。

2) 快照链

如图 2.4 所示，快照链意味着对一个虚拟机执行多个快照操作，这些快照操作形成快照链。虚拟机卷始终连接到快照链的末端。

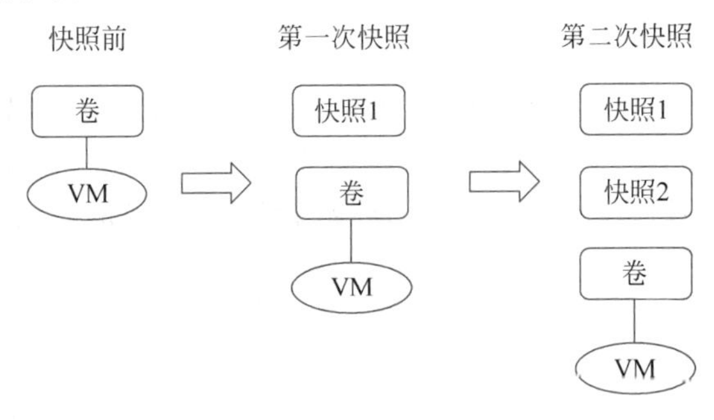

图 2.4 快照链

3. 链接克隆

链接克隆是一种存储技术，用于创建文件或数据的多个副本，但这些副本与原始文件共享相同的存储空间。在链接克隆中，副本与原始文件之间存在逻辑上的连接，当对其中一个副本进行修改时，只有发生变化的部分会占用额外的存储空间，而其他副本仍然共享相同的数据块。链接克隆常用于虚拟化环境、快照技术和备份系统中，它可以节省存储空间并提供高效的数据管理和恢复能力。但需要注意的是，如果一个副本的数据块被修改，会影响到所有共享该数据块的副本，因此在使用链接克隆时需要谨慎管理和控制数据的修改。

2.5 网络虚拟化

关于网络虚拟化有以下两方面内容：

- 网络虚拟化简介
- 网络虚拟化的特点

2.5.1 网络虚拟化简介

网络虚拟化是为了实现网络资源的呈现和管理而采用的技术，通过软件和硬件技术将网络资源进行抽象和隔离，创建多个独立的虚拟网络。这些虚拟网络可以共享物理网络基础设施，提高网络资源利用率，满足应用程序和服务的网络需求。

其中一种网络虚拟化技术是 VLAN，通过使用 VLAN 标签将物理网络划分为多个隔离的虚拟网络,从而实现独立的网络资源和虚拟机之间的通信和访问。网络虚拟化不仅节约了物理服务器的成本,还提供了从数据链路层(L2)到应用层(L7)各个层级的网络服务,包括逻辑交换机、路由器、负载平衡器和防火墙等。这些服务能够以灵活的方式相互连接,并利用虚拟机的 L2-L7 层功能来构建完整的虚拟化网络拓扑。

2.5.2 网络虚拟化的特点

网络虚拟化有与物理层解耦、网络服务抽象化、网络自动化部署、多租户网络安全隔离这 4 方面的特点,如下所示。

1. 与物理层解耦

虚拟网络将网络服务、功能和应用程序的配置与底层物理层解耦,简化了管理和交互。应用程序只需与虚拟网络交互,无须关注底层细节,从而更专注于业务逻辑和功能开发。虚拟网络还提供了可扩展性和互操作性,使不同应用程序和服务能够无缝集成和协作,提高了网络管理效率。

2. 网络服务抽象化

虚拟网络提供逻辑接口、逻辑交换机和路由器等抽象层,确保网络服务质量和安全性。它还具备灵活的拓扑配置能力,可以根据需要组合形成各种任意拓扑的虚拟网络,为网络管理和运维带来便利。

3. 网络自动化部署

通过 API 实现的自动化部署,虚拟网络能够快速部署在底层物理设备上,提高了部署效率和准确性,同时增强了灵活性和集成性。

4. 多租户网络安全隔离

虚拟网络提供多租户的安全隔离,使多个服务或租户能够共享同一数据中心的资源,同时保障安全性和隔离性。

这些特点使得网络虚拟化能够提供灵活性、简化管理、高效利用资源,并支持多租户环境下的安全隔离。

2.6 本章小结

本章首先对虚拟化进行了概述,深入了解了虚拟化技术的相关概念。在服务器虚拟化中,对 CPU 虚拟化、内存虚拟化以及 I/O 虚拟化三大类进行了介绍,在桌面虚拟化与应用程序虚拟化中介绍了两种虚拟化的定义和常见技术,在存储虚拟化中介绍了存储虚拟化的不同层次类型和其包含的相关功能,在网络虚拟化中对网络虚拟化的定义及其特点进行了介绍。希望读者在这一章的学习之后可以掌握虚拟化技术的相关知识。

习题 2

1. 简述虚拟化的原理、特点、分类以及常用的软件。
2. 什么是服务器虚拟化，从服务器组建角度来看分为哪几类？
3. 什么是存储虚拟化，存储虚拟化都有哪些功能？
4. 什么是网络虚拟化，网络虚拟化有哪些特点？

微课视频

CHAPTER 3

第3章

Amazon云计算

本章学习目标

- 掌握 Amazon 云计算的计算服务
- 掌握 Amazon 云计算的存储服务
- 掌握 Amazon 云计算的数据库服务

本章将先向读者介绍 Amazon 云计算的概念及其在各个方面具有的突出优势，随后再重点介绍 Amazon 云计算服务中的计算、存储、数据库、网络这 4 类主要的技术服务。

3.1　Amazon 云计算的概述

关于 Amazon 云计算的概述有以下两方面内容：

- Amazon 云计算简介
- Amazon 云计算的优势

3.1.1　Amazon 云计算简介

Amazon Web Services（AWS）是一家全球范围内应用广泛的云计算服务公司。超百万的个人用户、创业公司、政府机构、大型企业等通过 AWS 来提高工作灵活性、降低成本以及促进创新。其全球数据中心提供包括计算、机器学习、人工智能等 200 余项服务。

现阶段，AWS 服务覆盖全球 31 个地理区域。AWS 希望提供云原生、边缘计算到 ERP（Enterprise Resource Planning，企业资源计划）、任务关键型工作负载等服务，以实现对 IT 业的全领域覆盖。

3.1.2　Amazon 云计算的优势

AWS 是一个服务覆盖广泛的云平台，它具有丰富的功能，可帮助企业降低成本、提高敏捷性和加速创新，在安全性、可用性、性能、全球占有量、可扩展性和灵活性等方面具有突出的优势。

1. 安全性

AWS 的安全性来自它具有防范 DDoS（Distributed Denial of Service，分布式拒绝服务）攻击、数据加密、访问控制、安全审计、合规性认证等功能，可以帮助用户在 AWS 的基础设施上构建任何程序时，保证数据的机密性、可用性与完整性。

2. 可用性

AWS 全球基础设施覆盖多个区域，这确保了网络的可用性和可靠性。每个区域都由多个可用区组成，这些可用区是相互隔离的分区，可以在不同的可用区进行操作，当出现问题时也可以针对区域进行修复。AWS 的控制平面和管理控制台分布在区域中，并提供区域级别的 API（Application Programming Interface，应用程序编程接口）终端节点，这些节点可在至少 24 小时的安全环境中运行。

3. 性能

AWS 全球基础设施专注于性能。AWS 区域提供低延迟、低数据包丢失率和高网络质量，采用 100GbE 光纤骨干网，并提供多 TB 容量。AWS 与电信提供商合作，提供高精度应用程序性能，甚至精确到毫秒。用户可以快速启动资源，仅需几分钟即可部署成百上千台服务器。

4. 全球占有量

根据QYResearch最新数据,截至2024年第二季度,AWS、微软与谷歌三大科技公司占据全球云服务市场超过三分之二的份额,其中AWS在全球云基础设施服务市场的占有率为32%,继续保持领先地位。

5. 可扩展性

AWS全球基础设施具有可扩展性,不需要过度配置容量,可以根据实际需求灵活变化容量大小。

6. 灵活性

AWS全球基础设施可以在全球范围内选择运行工作负载的位置、是否使用相同的网络、API和AWS服务,具有一定灵活性。

3.2 Amazon云计算的计算服务

关于Amazon云计算的计算服务有以下三方面内容:
- 基于虚拟机的EC2服务
- 基于Docker的ECS服务
- 无服务器的Lambda服务

3.2.1 基于虚拟机的EC2服务

EC2(Elastic Compute Cloud,弹性计算云)指云中虚拟服务器,用于在云中创建虚拟机并运行,是AWS诸多服务中的一种。EC2作为一台虚拟计算机,用户可以在云上租用虚拟机来运行应用程序。EC2是虚拟集群的可选服务模型,用户可以根据需求配置虚拟机的类型、网络配置等参数。并且EC2提供了一整套的管理工具,旨在自动化虚拟机的生命周期、监控资源使用情况、确保数据安全,提高用户的工作效率。

EC2中的虚拟化技术、弹性计算技术、AMI(Amazon Machine Image,亚马逊云机器镜像)技术、存储技术、安全技术和VPC(Virtual Private Cloud,虚拟私有云)技术都是实现EC2的核心技术。

1. 虚拟化技术

虚拟化技术使得EC2可以将物理服务器分割为多个虚拟实例,它可以根据用户需要灵活地选择不同类型的实例来满足不同的计算需求,例如不同的CPU、内存、存储和网络容量,这种方式提高了资源的利用率。

2. 弹性计算技术

弹性计算技术可以实现自动增加或减少计算资源,为用户提供弹性计算的方式。即随着计算需求增加 EC2 会自动启动新的实例；当计算需求减少时 EC2 可以自动地停止不需要的实例，以节约计算资源和成本。

3. AMI 技术

AMI 技术允许用户快速部署和配置应用程序环境。AMI 是一种预配置模板，这种模板将操作系统和其他软件置于服务器需要的程序包中。用户可以选择现有的 AMI 或自定义 AMI，以快速启动实例并部署应用程序。

4. 存储技术

存储技术提供了多种存储选项，可根据需求选择适合的存储方案。例如，EBS（Elastic Block Store，弹性块存储）可作为 EC2 实例的持久性数据块级存储，而实例存储卷是用于临时数据存储的存储卷。用户可以根据其存储需求和性能要求选择不同的存储方案。

5. 安全技术

为了保护数据和应用程序的安全，安全技术被用来防止未经授权的入侵。在 AWS 的 EC2 中，管理安全登录信息的方法是将公有密钥存储起来，并将私有密钥安全地保存在指定位置，以确保密钥对实例的安全性。此外，防火墙提供了使用安全组来限制实例访问的源 IP 范围的功能。

6. VPC 技术

VPC 技术实现了应用程序与本地网络的无缝集成。在 AWS 云中，通过创建虚拟网络 VPC 实现了一种隔离机制，它与 AWS 云本身是分离的，并且用户可以选择连接到本地网络。这使得用户可以轻松地将应用程序和数据部署到 EC2 中，并与本地网络进行集成。

上述核心技术，让弹性计算服务 EC2 具有灵活性、低成本、安全性、易用性、容错性、弹性伸缩、可定制性和可靠性等特点。用户不仅可以根据需求自行配置多种虚拟机类型和配置选项，还同时享受按小时计费的低成本优势。EC2 提供了多层安全措施和可靠性保证，同时支持快速地弹性伸缩和负载平衡。用户可以根据需求调整虚拟机数量。此外，可以利用 EC2 的 API 和管理工具提高工作效率，来动态管理虚拟机的资源情况。

3.2.2 基于 Docker 的 ECS 服务

Docker 是一种容器化技术，它将应用程序及所有相关内容打包，形成一个称为容器的可移植环境。Docker 的流行使得在云计算环境中运行应用程序变得更加容易。为了应对容器化技术的日益普及，AWS 推出了 ECS（Elastic Container Service，弹性容器服务）。ECS 是一个完全托管的容器管理服务，它集成了其他 AWS 平台服务的功能，使得在 AWS 云平台上运行 Docker 容器变得更加容易，如图 3.1 所示。

用户可以使用 ECS API、AWS 管理控制台或 CLI（Command Line Interface，命令行界面）进行容器的创建、启动、停止和管理等操作。ECS 支持多种类型的容器实例，包括 EC2 实例和 AWS Fargate（一种适用于容器的无服务器计算引擎），可以根据需求选择不同的实例类型。

图 3.1 ECS 托管容器管理服务,集成其他 AWS 平台服务

ECS 是一项具有高扩展性和高性能的容器管理和编排服务技术,其服务模型由任务定义、任务、服务和集群组成。任务定义包含了所有需要在容器中运行的配置和设置,可以被重复使用来启动多个任务。任务是基于任务定义创建的运行中的容器实例。服务提供一个容器集合,指定了任务定义、负载均衡、自动扩展等配置信息,以满足应用程序的容错性和可扩展性要求。集群是一个虚拟的计算资源池,由 ECS 容器实例组成,并可在 EC2 实例上运行。

ECS 的主要作用可以分为 4 点:完全管理权限、快照备份与恢复、自定义镜像和拥有 API 接口。

1. 完全管理权限

完全管理权限允许用户对其 ECS 集群资源进行全面管理和控制,并通过连接管理终端自助解决系统问题,例如创建、更新和删除 ECS 集群、任务、容器实例、容器和存储卷,并且可以根据需求配置和管理这些资源的网络、存储、安全和监控设置等。此外,还可以控制集群的访问权限,包括用户、角色和组的访问权限。

2. 快照备份与恢复

快照备份与恢复通过生成云服务器磁盘数据的快照,实现了备份与恢复功能。它可以帮助保护其 ECS 集群中的数据和配置信息,防止数据丢失或损坏。并且,用户可以定期备份 ECS 集群中的数据和配置信息,并在需要时快速恢复这些信息。ECS 的快照备份可以在 ECS 控制台或使用 AWS CLI 进行配置和管理。

3. 自定义镜像

自定义镜像是 ECS 对已安装应用软件包的云服务器支持自定义镜像、数据盘快照批量创建服务器,允许用户创建和管理自己的 Docker 容器镜像,并将其用于 ECS 任务中。使用自定义镜像,可以定制应用程序和环境,并与 ECS 集群中的其他资源集成在一起。

4. 拥有 API 接口

API 接口使用 ECS API 调用管理,通过安全组功能对一台或多台云服务器进行访问设置。允许用户使用自己的代码和工具来访问和管理其 ECS 集群和相关资源。这些 API 接口包括 ECS 控制平面 API、ECS 数据平面 API 和 ECS 事件 API 等。用户可以使用这些 API 接口来编写脚本、工具和应用程序,并与 ECS 集群进行交互和管理。

3.2.3 无服务器的 Lambda 服务

无服务器计算是一种新兴的计算模型,它通过删除服务器层帮助用户更多地关注逻辑设计和编写代码。在这种架构中，用户需要做的只是编写一个函数形式的特定功能的代码。云服务提供商(如AWS)则负责动态分配资源、执行代码，并在无状态的容器中运行。因此，无服务器计算有时也被称为“函数即服务”，简称FaaS。

2014年AWS推出了AWSLambda无服务器计算服务，该服务允许用户打包一组函数并发布，这些功能由AWS平台管理。无服务器的简单性，以及其充分利用云服务优势的能力使Lambda服务受到了广泛的关注和使用。

作为一种无服务器计算服务，Lambda服务有着无须管理服务器、成本低、可扩展性等优点。首先，Lambda服务不需要管理服务器，它可以自动扩展和收缩以适应应用程序负载，这让用户不必担心服务器管理问题。其次，Lambda服务的付费模式非常人性化，用户只需支付使用计算资源的费用，这意味着只需为应用程序实际使用的计算资源付费，而不必支付预先分配的高额固定费用，最后，Lambda服务可以很好地扩展应用程序，以满足不断增长的流量需求。它可以自动处理负载均衡、故障转移和容错。

Lambda服务的基本工作原理，如图3.2所示。

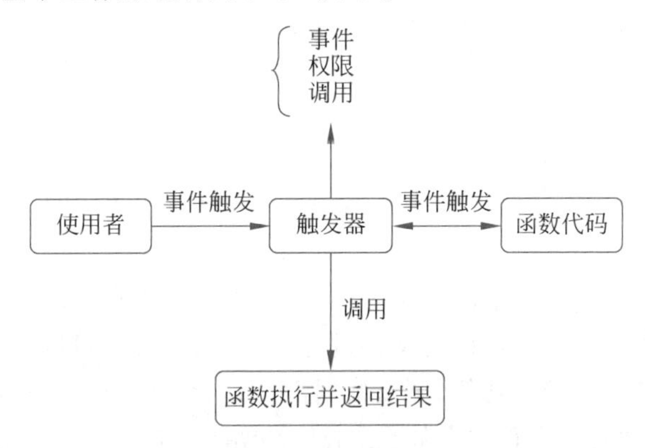

图3.2 Lambda服务的基本工作原理

其涉及编写和上传Lambda函数代码、触发器配置、函数执行、结果返回。具体过程如下。

1. 编写和上传Lambda函数代码

用户可以选择编程语言编写代码，包括Node.js、Python、Java等，并将其上传到Lambda服务中。代码通常包含函数定义和处理函数输入的逻辑。

2. 触发器配置

Lambda服务基于事件驱动的操作，因此在编写函数后，需要触发器配置以触发函数调用。该事件可以分为两类：用户定义的事件和AWS功能服务中的操作触发的事件。此外，函数调用涉及两个权限问题。首先是执行角色(Execution Role)，它决定函数可以调用哪些其他服务。其次是IAM权限(Identity and Access Management，身份和访问管理)，它决定哪些功能可以调用该函数。为了处理增加的调用请求，Lambda服务会自动增加并发数。为了满足不同需求，Lambda服务提供了同步调用和异步调用两种调用模式。在同步调用模式下，调用方会阻塞等待Lambda函数执行完成并返回结果，而在异步调用模式下，调用方无须等待函数完成,而是可以继续执行后续操作。

3. 函数执行与结果返回

触发器配置成功并满足条件时,自动创建计算环境执行用户函数代码,这个过程不需要管理服务器或基础架构。执行完成后,返回结果并关闭计算资源。

3.3 Amazon 云计算的存储服务

关于 Amazon 云计算的存储服务有以下三方面内容:

- 基于对象存储的 S3 服务
- 基于块存储的 EBS 服务
- 基于文件存储的 EFS 服务

3.3.1 基于对象存储的 S3 服务

Amazon S3(Simple Storage Service,简单存储服务)是 AWS 提供的一种对象存储服务,在数据存储方面有着可伸缩性、可靠性以及安全性。S3 可以提供针对不同应用场景的存储服务,比如网站,移动应用程序支持,数据湖,大数据分析以及一般数据的备份和恢复等。

存储桶(Bucket)是 S3 服务中的单位名称,它充当了对象存储的容器,可以存储文本、图像、音频等类型的数据。存储桶可以对文件进行分类,每个分类可以放入一个存储桶中。并且,存储桶具有灵活的访问控制功能,可以根据需要设置访问权限。这种分类和分组的机制让用户能够更加灵活地管理和访问存储在 S3 上的数据。无论是个人用户还是企业用户,存储桶都提供了一种方便的方式来组织和存储数据。例如,可以将某些存储桶配置为公开访问,使其中的文件对所有人可见,而其他存储桶则只能由特定的角色访问。这种访问控制的灵活性能够精确控制数据的访问权限,保护数据的安全性和机密性。

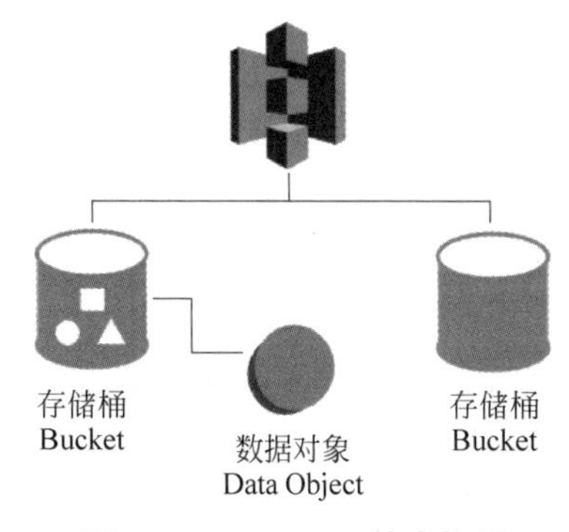

图 3.3 Amazon S3 技术构架

存放到存储桶里的内容就叫数据对象,每个存储桶中可以包含多个数据对象,这些对象可以是各种类型的文件或数据。数据对象由两部分组成:内容和元数据。内容是指实际的数据本身,比如文本文件中的文本内容,图像文件中的像素数据等,它代表了数据对象的实质性信息。而元数据则是对数据对象的描述性信息,包括但不限于文件大小、创建时间、所有者等。元数据提供了有关数据对象的附加细节和特性,使其更容易被管理、搜索和理解。通过内容和元数据的结合,使数据对象变得更加完整和具有意义。如图 3.3 所示。

S3 提供了多种存储类型来应对不同场景,默认的存储类型为 S3 标准存储类型(S3 Standard),还包括 S3 标准-低频访问存储类型(S3 Standard- Infrequent Access)、S3 智能分层存储类型(S3 Intelligent-Tiering)、S3 单区-低频访问存储类型(S3 One Zone-Infrequent

Access)、S3 即时检索存储类型(S3 Glacier Instant Retrieval)、S3 低频访问存储类型(S3 Glacier Flexible Retrieval)和 S3 深度归档存储类型(S3 Glacier Deep Archive)。

1. S3 标准存储类型

该存储类型适用于大多数存储用例,包括备份、归档、数据湖等。S3 标准存储类型保证数据会在至少 3 个可用区中进行复制,并在数据中心的多个设备上存储。S3 标准存储类型适用于对数据响应时间敏感的应用程序和工作负载。

2. S3 标准-低频访问存储类型

这种存储类型适用于不需要频繁存取的数据,它适用于备份与长期存档大型媒体库等应用程序和工作负载。S3 标准-低频访问存储类型比 S3 标准存储类型更便宜。

3. S3 智能分层存储类型

这种存储类型使用机器学习来自动将数据存储在适当的存储层中,以实现最佳性能和最低成本。根据用户对数据的存取模式,系统会自动调整数据的存储类型,以适应相应的场景需求。它适用于访问频率不定的数据,例如可变性数据和备份数据。

4. S3 单区-低频访问存储类型

该存储类型在单个 AWS 可用区内存储数据,它适用于具有备份副本的数据,因为在单个可用区内存储数据的情况下,可能会发生数据丢失。此外,它同样适用于不需要频繁存取的数据。

5. S3 即时检索存储类型

这种存储方案提供了一种较为便宜的方式来长期保存数据,同时确保当需要时能够快速检索到它们。它为用户提供了一种平衡成本和访问速度的选择,既能满足数据归档的需求,又能保持对关键数据的快速访问能力,例如医学图像和新闻媒体资源。

6. S3 低频访问存储类型

这种存储类型专注于存放访问频率较低但需要具备灵活检索能力的归档数据,它提供了一种可靠且经济高效的方式来长期保存数据,并确保在需要时能够方便地检索和恢复,尤其适合用于备份重要数据或在发生灾难时进行数据恢复。

7. S3 深度归档存储类型

该存储类型是 S3 中最便宜的存储类型之一,用于归档数据等需要长期存储且无须频繁访问的数据。S3 深度归档存储类型支持灵活的存储管理,可以根据需求存储大量的数据。

3.3.2 基于块存储的 EBS 服务

EBS(Elastic Block Store,弹性块存储)是 AWS 提供的块存储服务,块存储是一种将文件存储在多个卷中的存储方式,每个卷都可以被视为一个单独的硬盘驱动器,如图 3.4 所

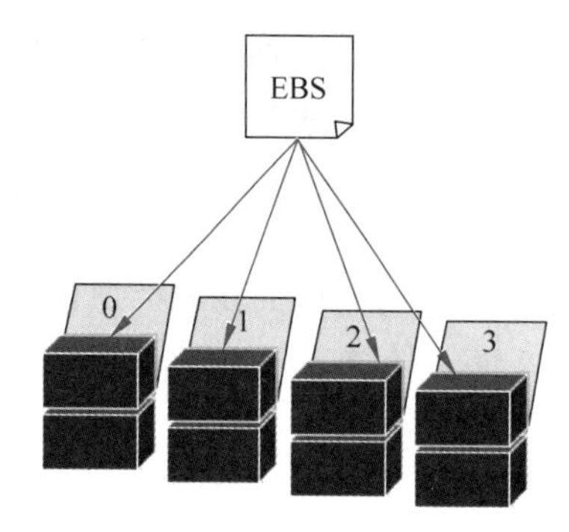

图 3.4　EBS 的技术构架

示。EBS 为 EC2 实例提供高可用性和高可靠性的数据存储卷,可用于 EC2 的引导卷和数据卷,以提高存储能力的灵活性。为确保数据的安全,每个 EBS 块自动维护一个副本备份,并且都分别存储在特定的可用区内。

与常见的硬盘类型相同,EBS 提供了机械硬盘(HDD)和固态硬盘(SSD)。基于两种硬盘类型,EBS 根据参数不同、性能和吞吐量的要求分为 7 种卷类型,包括预置 IOPS SSD(io2 Block Express、io2 和 io1)、通用型 SSD(gp3 和 gp2)以及吞吐量优化型 HDD(st1)和 Cold HDD(sc1)。这些卷类型可以满足不同应用场景下的存储需求,使得用户可以更好地选择最适合其工作负载的 EBS 卷类型。

下面对 EBS 卷的 4 个类型进行简单的总结。

1. 预置 IOPS SSD

专为高性能应用程序设计,有着高性能的大规模分析能力,一般满足 I/O 密集型工作负载的需要。

2. 通用型 SSD

一般用于低延迟交互式应用程序的存储介质,可以提供高性能且可靠的存储解决方案。其中 gp3 是 AWS 的最新存储卷类型,它有着更低的价格,而 gp2 则是经典的一种存储卷类型,提供了多种加密选项,以满足不同的需求。

3. 吞吐量优化型 HDD

专为大容量、大吞吐量的工作负载设计,提供了低成本的高吞吐量存储。

4. Cold HDD

该存储选项适用于访问频率较低、备份和灾难恢复等场景,并提供了经济实惠的存储解决方案,不适合需要频繁读取和写入数据的应用程序,一般用于冷数据或者归档数据的存储。

在 EBS 中还有一种很重要的技术叫快照技术。快照技术是一种在正常运行的存储系统中保护数据的完整与可靠的技术。这种技术被广泛应用于存储块的数据备份,以及存储块的数据恢复。其实现机制基于记录存储块的状态和数据,让数据备份和恢复过程可以在存储系统正常运行的情况下进行。这种方法可以确保数据的完整性和一致性,同时避免对存储系统的中断或影响。而在 EBS 中,它允许用户在特定的时间点创建数据的备份快照。其中,EBS 的快照存储是基于增量模式实现的,具体为第一个快照备份全部内容,后续快照仅存储变化的增量数据,以此完成被改变数据的保存。

快照技术的主要作用是提供数据备份和恢复的功能,以保障系统数据的完整性和可用性。为了降低从快照还原到卷时的数据访问延迟,EBS 采用了快速生成快照的策略。这意味着系统会尽可能迅速地生成快照,以确保数据的快速可用性和卷的恢复速度。此外,快照还支持权限管理。创建快照后,可以通过修改快照的权限实现账号间共享,达到更灵活的数据备份效果。

3.3.3 基于文件存储的EFS服务

EFS(Elastic File System,弹性文件系统)是AWS提供的一种可扩展的弹性文件存储系统,可根据实际情况自动扩展或缩减,以适应添加和删除文件的需求。它所存储的数据可以以传统的目录和子目录结构组织,如图3.5所示,并可同时装载到多个EC2实例上。EFS是一种区域级别的存储服务,为了提高数据的可用性和耐用性,可以将数据存储在多个可用区中。该文件系统不仅可以跨可用区、VPC(Virtual Private Cloud,虚拟私有云)和区域进行访问,还可以与本地服务器共享文件。此外,EFS提供两种访问方式:标准访问(Standard Access)和不频繁访问(Infrequent Access)。标准访问适用于基本应用负载,延迟低成本高。不频繁访问适用于长时间存放但很少使用的文件,延迟高成本低。

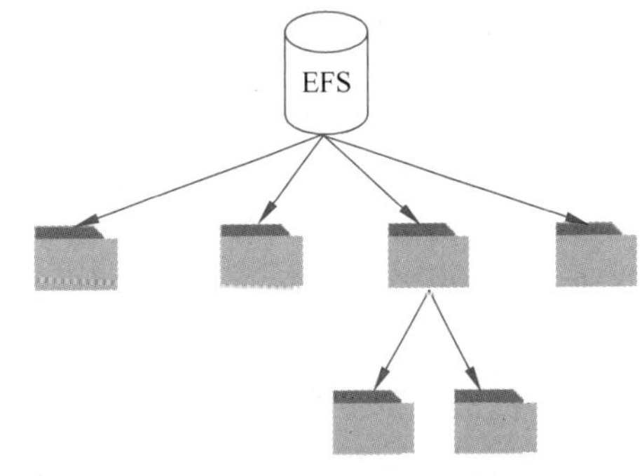

图3.5 EFS的技术构架

基于上面对EFS的介绍,EFS有如下4个特点。

1. POSIX标准的共享文件存储

EFS采用NFSv4(Network File System version 4,网络文件系统第4版)协议,使用传统的文件权限模型、分层目录结构和文件锁定功能,可以实现数千个计算实例之间的文件共享。

2. 生命周期管理

EFS提供了自定义生命周期策略,用户可以根据自己的需求设置保留期限参数(以天数为单位),为了实现标准型和不频繁型存储之间的转换,系统会自动将保留期限内未被访问的"标准存储"文件转移到"不经常访问"类别中。这种智能的分层存储策略能够达到最优的存储成本。

3. 完全托管

EFS是一项完全托管的服务,它负责创建、管理和维护文件服务器及存储,免除了部署、修复和维护文件系统所带来的复杂性。

4. 高可用性和耐用性

EFS可以存在于单个区域的多个可用性区域中,是特定于区域的。EC2实例可以跨不同的可用性区域连接到该区域中的EFS,以实现更快速地访问。EFS的多可用性区域设计能够提供高度的耐用性。

另外,数据安全对于存储系统来说至关重要。因此,存储系统必须具备强大的安全性能。EFS中保证数据安全性分为访问控制、创建接入点以及数据加密3部分。

1. 访问控制

为确保对EFS文件系统资源的安全管理和保护,EFS提供了访问控制功能,这包括确定可以访问和使用文件系统资源的服务。实现这个目标的方式是采用 VPC 安全组规则和 IAM(Identity and Access Management,身份识别与访问管理)策略。通过使用 VPC 安全组规则,可以有效控制文件系统网络流量,IAM 策略用于限制客户端挂载文件系统,并定义其权限范围。

通过这种访问控制方式,可以保证 EFS 文件系统资源的安全性和可靠性。

2. 创建接入点

EFS 引入了接入点作为网络端点,用于用户和应用程序访问 EFS 文件系统。通过使用 EFS 接入点,可以按照 IAM 中定义的细粒度访问控制和基于策略的权限来执行文件和权限控制,从而有效地管理和保护文件系统资源。这种机制确保在访问 EFS 文件系统时能够实施严格的访问控制并确保资源的安全性。

3. 数据加密

EFS 具备对静态和动态数据进行透明加密的能力,确保在数据静态存储期间进行加密,并在读取时进行解密,从而保障数据的安全性。AWS 的 KMS(Key Management Service,密钥管理服务)管理加密密钥,省去了构建和维护安全密钥管理基础设施的过程。除此之外,为了保障客户端和 EFS 文件之间动态数据传输的安全,EFS 采用行业标准的 TLS 1.2(Transport Layer Security,传输层安全性)协议进行加密保护,这样可以确保数据传输的机密性和完整性。

3.4 Amazon 云计算的数据库服务

关于 Amazon 云计算的数据库服务有以下四方面内容:

- 关系数据库服务 Aurora
- NoSQL 数据库服务 DynamoDB
- 内存缓存数据库服务 ElastiCache
- 数据仓库解决方案 Redshift

3.4.1 关系数据库服务 Aurora

Aurora 是 AWS 提供的一种关系数据库服务,它是一个企业级关系数据库引擎,与 MySQL 兼容,旨在为云平台提供高性能、高可用性的数据库解决方案。数据库采用存储和计算分离的架构作为主要设计,分布式推进存储和复制机制。同时,它还具备分布式计算引擎,可以与几个计算节点共享计算任务,具有并行性,这种方式大幅提高了处理查询的效率,为 Aurora 数据库提供了卓越的性能和可扩展性。

Aurora 数据基于 SOA(Service-Oriented Architecture,面向服务的架构)实现,分为存储层、日志层、缓存层和计算层 4 个独立的层。

1. 存储层

Aurora 数据库的核心是存储层,其由多个存储节点组成。每个节点都是一台 EC2 实例，拥有自己的本地存储设备(硬盘)，负责存储和管理数据库中的数据。同时，存储层还负责数据的备份、恢复和安全保护，确保数据的可靠性和安全性。

2. 日志层

在 Aurora 数据库中，redo log 被用于追踪数据库中的所有变更操作，包括数据的插入、更新和删除等。日志层负责持久化和管理 redo log，以确保数据的可靠性。日志层将 redo log 持久化到本地存储设备中，并通过网络复制到其他存储节点上，保证数据的可靠性和一致性。

3. 缓存层

缓存层是 Aurora 数据库的最上层，负责缓存查询请求的结果，提高查询性能。缓存层使用了分层缓存的技术，包括了本地缓存和全局缓存两种。本地缓存保存了最近查询的结果，能够快速响应相同查询的请求；全局缓存则是基于分布式缓存的技术，将热点数据缓存在所有的计算节点中，避免了单点故障的问题。

4. 计算层

计算层由多个节点组成，每个节点上都运行着 MySQL 兼容的数据库引擎，负责处理用户的 SQL 查询请求、事务管理、缓存池管理、锁管理、权限管理等任务。计算层中的节点是互相独立的，每个节点都有自己的缓存池和日志管理器，可以并行处理查询请求，提高了数据库的查询性能。

如图 3.6 所示，在实际使用和部署中，Aurora 采取了在同一区域的不同可用区分布实例的策略，使用 RDS(Relational Database Service，关系数据库服务)来监控集群的健康状况，以确定是否需要关闭或替换实例。存储节点操作本地 SSD 并与数据库引擎实例结合，与备份恢复服务进行交互，备份恢复服务会将修改的数据持续备份到 S3，并根据需要从 S3 中恢复数据。为确保安全性，Aurora 集群通过 VPC 限制彼此之间的通信。

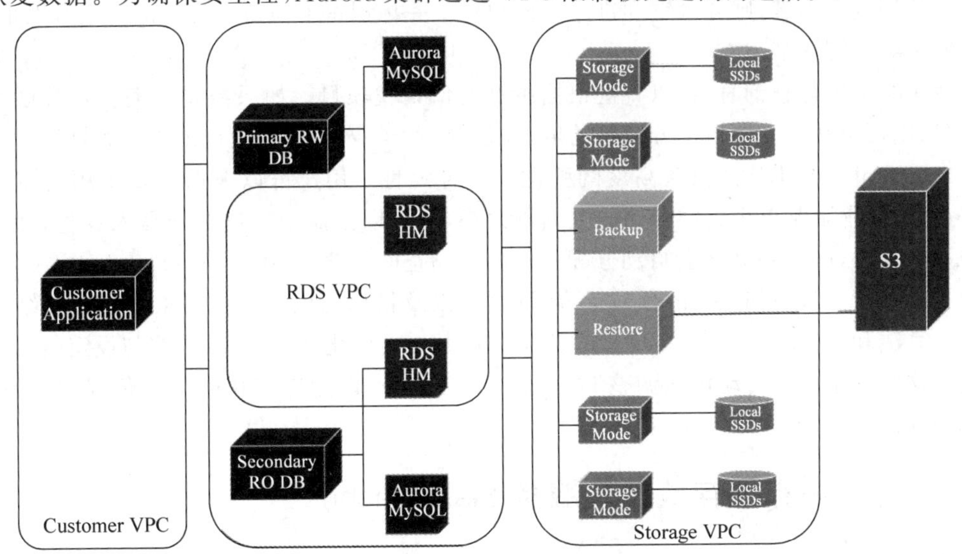

图 3.6 Aurora 的部署

3.4.2　NoSQL 数据库服务 DynamoDB

DynamoDB 是 AWS 提供的一种无服务器、完全托管的 NoSQL 数据库,目标是为高性能应用程序提供快速而高效的性能。为了减少存储用量和降低成本,DynamoDB 能够自动删除过期项。此外,DynamoDB 还提供了一系列功能,包括连续备份、自动多区域复制以及数据导入和导出工具。

DynamoDB 的主要构成部分由表、项目以及属性组成。每个表都由多个项目构成,而每个项目又是由若干属性组成的。DynamoDB 支持使用二级索引,同时使用主键来对每个项目进行唯一标识。主键由两个部分组成:分区键(Partition Key)和排序键(Sort Key),也称为复合主键(Composite Primary Key),如图 3.7 所示。

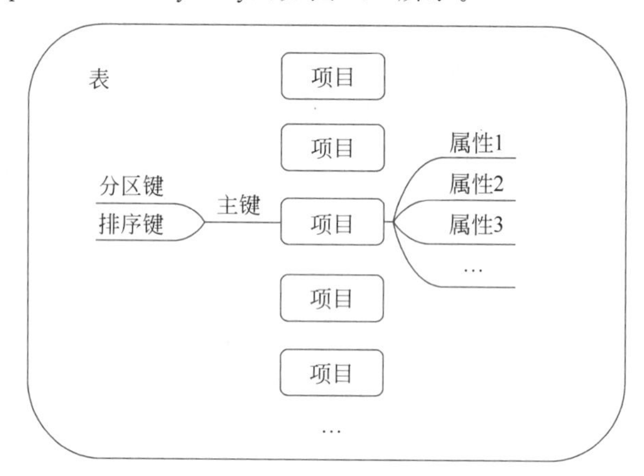

图 3.7　DynamoDB 的主要构成

分区键用于在表中分区,以便 DynamoDB 可以将数据存储在分布式系统中的不同节点上,实现数据的高可扩展性和高性能。在分区键确定的情况下,DynamoDB 可以快速定位到存储数据的节点,并在该节点上执行读写操作。排序键则用于按照特定顺序排序项目。如果表使用复合主键,则分区键和排序键的组合唯一标识每个项目。排序键的值可以重复,但在同一分区键内必须唯一。

使用主键进行查询时,可以直接根据主键的值查找项目。如果需要查询特定分区键中的项目,则可以在查询中指定分区键的值,并选择一个特定的排序键范围进行查询。

DynamoDB 数据库还具备高度的弹性和可伸缩性。用户可以根据需要采用自定义的扩展策略,无须限制单个表中存储的数据量大小,还可以按需增加读取和写入容量,即当存储更多数据时,DynamoDB 会自动分配更多的存储空间。此外,用户还可以在应用 AWS 的自动扩展时指定最小和最大的预购置容量单位,以及目标利用率等扩展策略。通过结合目标跟踪算法和目标利用率,可以确保无论工作负载如何变化,吞吐量都能够与设定的目标相匹配。这些策略可以自动化地调整 DynamoDB 的容量,以适应变化的工作负载,从而提高性能和降低成本。

3.4.3　内存缓存数据库服务 ElastiCache

ElastiCache 是 AWS 提供的分布式内存对象缓存服务,用于在云环境中部署、管理和扩展缓存。它通过在内存中存储数据，减少对数据库的频繁读取，提高网站的访问速度。换言之，用户可以将相对更新频繁的数据存放在 ElastiCache 缓存中，而将较少更新的数据保留在磁盘数据库中。这种策略可以优化数据访问的效率，提升整体系统性能。这样用户不用再依赖于速度较慢的基于磁盘的数据库，而是从高吞吐和低延迟的内存数据存储中检索数据，这大大提高了 Web 应用程序的性能。如图 3.8 所示，用户发出访问请求，首先查询 ElastiCache，如果数据缓存未查询到，则从数据库获取数据并存储在 ElastiCache 中，以便在以后的查询中达到缓存命中。

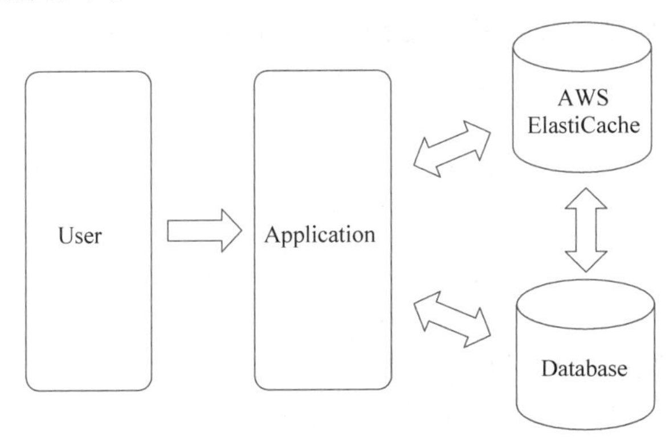

图 3.8 ElastiCache 的访问过程

ElastiCache 支持两种主要的开源内存缓存数据库：Memcached（内存缓存守护进程）和 Redis（远程字典服务器）。

1. Memcached

Memcached 是一种分布式内存对象缓存系统，性能高且速度快，主要用于简单的键值对数据的缓存，主要目标是加速动态 Web 应用程序的访问。该系统具备在多个服务器上运行的能力，能够自动将数据缓存到多个服务器上，以提升数据读取的速度。ElastiCache 支持多个节点的 Memcached 集群，可以自动将数据分布在不同的节点上，从而提高可用性和可伸缩性。

2. Redis

Redis 是一种开源的高性能键值存储系统，它具有快速的数据读写能力。Redis 支持的数据结构包括键值对、哈希、列表、集合和有序集合等，通过丰富的命令集，可以对这些数据结构灵活的操作。除了缓存的主要功能，Redis 还可以用于消息队列、排行榜、计数器等多种用途的工具。

ElastiCache 有着高可用性和安全性，以此保护缓存数据免受意外丢失或未经授权的恶意访问。同时 ElastiCache 提供了自动化的管理功能，包括管理缓存集群配置、扩展操作和缩小规模，以及对缓存集群性能的监控。

3.4.4 数据仓库解决方案 Redshift

Redshift 是 AWS 提供的一个基于云的完全托管的大规模并行 PB 级数据仓库服务。

每个 Redshift 数据仓库都具有完全托管的特点,这意味着从数据仓库的操作和扩展,集群的监控等管理任务都是自动化的。

Redshift 在结构、存储和数据查询方面都有着不同的特点,这些特点也是 Redshift 能够高速查询大规模数据的关键因素。

在结构方面,Redshift 是一个基于多层结构的数据仓库,采用分布式架构,每个数据仓库都由一组节点组成,可以在不影响性能的情况下扩展到数千个节点,这些节点被组织成集群,专门用于处理大规模数据。在存储方面,Redshift 采用了列式存储,而不是传统的行式存储。列式存储使它能够仅读取需要的列,而不是整行,从而能够高效地存储和查询海量数据,减少了读取的数据量和读取所需的时间,这帮助它可以更快处理超大规模的数据集。

在数据查询方面,Redshift 能够通过对查询进行优化,实现高速的数据检索和复杂的分析任务。另外,Redshift 的特殊结构帮助它能够处理多个查询并将它们分配给不同的节点进行处理。通过对集群创建切片,能够对数据进行更细粒度地处理。另外,Redshift 还可以自动压缩数据,以减少存储空间和提高读取性能。

Redshift 支持各种基于 SQL 的客户端。它可以与许多应用广泛的基于 SQL 的客户端,以及数据源和数据分析工具一起使用。这些 SQL 语言可以帮助用户更好地管理和优化数据仓库,处理非结构化数据,以及执行各种复杂的查询和分析操作。

综上所述,Redshift 的架构如图 3.9 所示,即 SQL 的客户端通过 JDBC 和 ODBC 驱动程序连接 Redshift 集群,再连接至各个存储服务。

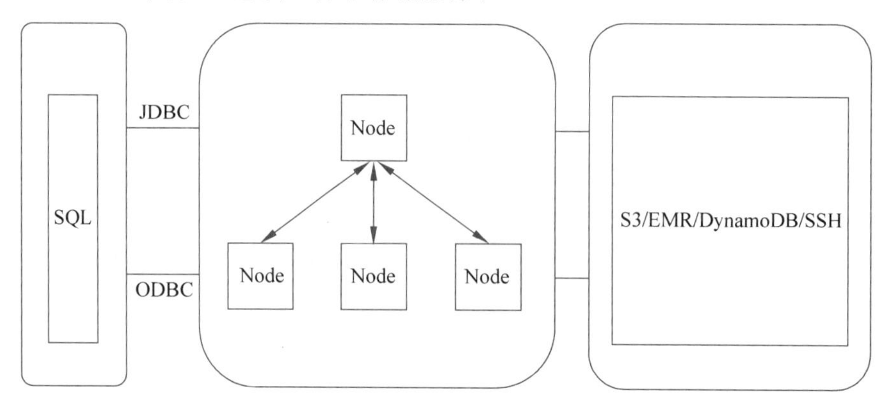

图 3.9 Redshift 的架构

3.5 本章小结

本章首先介绍了 Amazon 云计算的基础知识、核心概念以及其优势,然后介绍了 Amazon 云计算所提供的计算服务内容,使读者对其有更全面的了解。最后对 Amazon 云计算的存储服务和数据库服务进行了详细介绍,深化读者在应用方面对 Amazon 云计算的认识。

习题 3

1. Amazon 云计算的优势是什么？
2. 实现 EC2 的核心技术都有哪些？
3. EFS 中保证数据安全性的 3 部分是什么？
4. ElastiCache 所支持的两种主要的开源内存缓存数据库是什么？

微课视频

第4章 OpenStack

CHAPTER 4

本章学习目标

- 掌握 OpenStack 的特点和应用环境
- 掌握 OpenStack 核心的组成组件
- 了解 OpenStack 辅助的组成组件
- 了解 OpenStack 开放的开发和社区贡献机制

本章将先向读者介绍什么是 OpenStack 及其在各个应用环境中的作用,随后再重点介绍组成 OpenStack 中的各个组件。最后向读者介绍 OpenStack 独特的开发方式与社区贡献机制。

4.1 OpenStack 的概述

关于 OpenStack 的概述有以下两方面内容：

- OpenStack 简介
- OpenStack 的应用场景

4.1.1 OpenStack 简介

OpenStack 是一个开源的由一系列组件组成的云计算管理平台，通过使用池化虚拟资源来构建和管理私有云和公共云，如图 4.1 所示。该云计算平台最初是在 2010 年由 NASA(National Aeronautics and Space Administration，美国国家航空航天局)和 Rackspace 公司合作开发并发布的。OpenStack 的各个组件是模块化的，是可插拔的，允许用户根据自己的需求进行不同模块的组合，以满足其特定的云计算需求。依靠这些开源组件之间松耦合的关系，用户通过 OpenStack 提供的一组服务或 API，可以完成独立的安装、启动和停止云计算的核心功能，包括计算服务、存储服务、网络服务、身份服务和镜像服务等。这些 API 使用户无须考虑底层架构的细节，在任何地方都能够快速部署和管理基础架构，无须依赖云服务提供商。它采用通用协议，与其他云计算通用。此外，由于 OpenStack 是开源软件，用户可以自由查看、修改和共享其代码和功能，以满足个性化需求。综上所述，OpenStack 具有开源性、可插拔模块化、可扩展性、兼容性强和自动化等特点。

openstack.

图 4.1 OpenStack 的 logo

4.1.2 OpenStack 的应用环境

基于 4.1.1 节中对 OpenStack 的介绍和它的一些特点，OpenStack 可以在私有云、公共云、混合云、边缘计算、网络功能虚拟化、科研和教育等这些应用环境中广泛应用。

1. 私有云

OpenStack 可以帮助组织和企业构建和管理自己的私有云环境。私有云提供了对计算、存储和网络资源的完全控制，使组织能够根据自己的需求进行定制和扩展。OpenStack 的灵活性和可扩展性使得它成为部署和管理私有云的理想选择。

2. 公共云

OpenStack 可用于构建公共云平台，类似于 AWS、Azure 和 Google Cloud 等云服务提供商。云服务提供商通过 OpenStack 提供弹性的计算、存储和网络资源，满足不同用户的需求。此外，OpenStack 能够让公共云平台同时为多个用户提供云服务，这个功能通过多租户支持和可插拔模块实现。

3. 混合云

混合云是将私有云和公共云相结合的策略。OpenStack 作为混合云管理平台，实现了私有云和公共云之间的灵活迁移和管理,使数据和工作负载能够无缝切换。通过OpenStack的自动化和编排功能,用户能够高效地管理混合云环境,充分利用两种云的优势。

4. 边缘计算

边缘计算在物联网发展过程中有着越来越重要的地位。通过OpenStack,可以构建和管理边缘计算的基础设施,将计算和存储资源推进到物联网设备和传感器的边缘。这样可以降低延迟,并更好地支持边缘场景下的实时应用和大规模数据处理。

5. 网络功能虚拟化

NFV(Network Function Virtualization,网络功能虚拟化)是一种在虚拟化环境中将网络功能,如路由器、防火墙、负载均衡器等从专用硬件中解耦,转移到软件中以实现虚拟化的技术。通过使用OpenStack,可以在虚拟化环境中部署和管理网络功能。

6. 科研和教育

OpenStack在科研和教育领域也有广泛的应用。它可以为研究机构和教育机构提供一个灵活的实验环境,用于开展各种计算和数据密集型的研究项目。研究人员和学生可以利用OpenStack构建自己的实验环境,并进行云计算和大数据方面的研究和实践。

4.2 OpenStack的六大核心组件

关于OpenStack的核心组件有以下六方面内容:

- 计算服务Nova
- 网络服务Neutron
- 块存储服务Cinder
- 对象存储服务Swift
- 身份认证服务Keystone
- 镜像服务Glance

4.2.1 计算服务Nova

OpenStack最初由NASA和Rackspace公司于2010年合作开发并发布。在合作中,NASA提供虚拟服务器部署和业务计算模块的技术,即Nova。

在OpenStack中,Nova是核心的计算服务组件,负责管理和调度计算资源。作为整个OpenStack架构中的计算引擎,Nova处理与虚拟机实例相关的任务,包括创建、启动、暂停和终止等功能。它是帮助用户在云上创建虚拟机的工具。

Nova与OpenStack的结构类似,它是一种模块化的组件,根据功能将Nova划分成不同的模块来合作完成计算任务,Nova的各个模块包括:Nova-API(API服务守护进程)、Nova-Compute(计算单元守护进程)、Nova-Volume(卷服务进程)、Nova-Network(网络控制守护进程)、Nova-Scheduler(调度管理后台进程)、Nova-Database(数据库)、Queue(消息中枢)。其中,最重要的是 Nova-API、Nova-Scheduler 和 Nova-Compute 这 3 个模块。

1. Nova-API

Nova-API 负责接收和处理来自用户的请求,并将其转发给其他组件进行处理,还用于管理和调度计算资源。通过 Nova-API,用户可以通过 API 调用来创建、启动、停止和删除虚拟机等计算资源,以及查询和修改计算资源的状态和属性。

2. Nova-Scheduler

Nova-Scheduler 负责根据用户的请求和系统的资源状况,智能地选择最优的计算节点来创建虚拟机实例。在选择计算节点时,Nova-Scheduler 通常会考虑计算节点的负载情况、虚拟机实例的规格和要求、网络和存储资源的可用性等几方面的因素。

3. Nova-Compute

Nova-Compute 通常运行在计算节点上,它与底层虚拟化技术,如 KVM(Kernel-based Virtual Machine,内核虚拟机)、Xen(Xen Hypervisor,Xen 虚拟化)、VMware(VMware Virtualization,VMware 虚拟化技术)等进行交互,负责实际创建、启动、停止和删除虚拟机等计算资源。

如图 4.2 所示,这 3 个组件相互配合,共同完成虚拟机的创建任务,当用户请求创建一个虚拟机时,通过 API 向 Nova 请求创建、启动、停止或删除虚拟机等计算资源。Nova-API 接收到用户的请求,并根据请求的类型和参数等信息进行相应的处理。如果是创建虚拟机的请求,Nova-API 会通过消息中枢将请求转发给作为调度中枢的 Nova-Scheduler 组件进行调度。Nova-Scheduler 根据虚拟机的规格和要求等信息,选择最优的计算节点来创建虚拟机实例。实际的创建需要通过消息中枢将虚拟机创建请求发送给选定的计算节点上的 Nova-Compute 组件来完成。Nova-Compute 会通过底层虚拟化技术来创建虚拟机,同样通过消息中枢向 Nova-API 发送虚拟机状态和属性等信息。Nova-API 将虚拟机的状态、属性和其他信息保存到数据库中进行管理,并将虚拟机的信息数据返回给用户,等待下一步的操作。

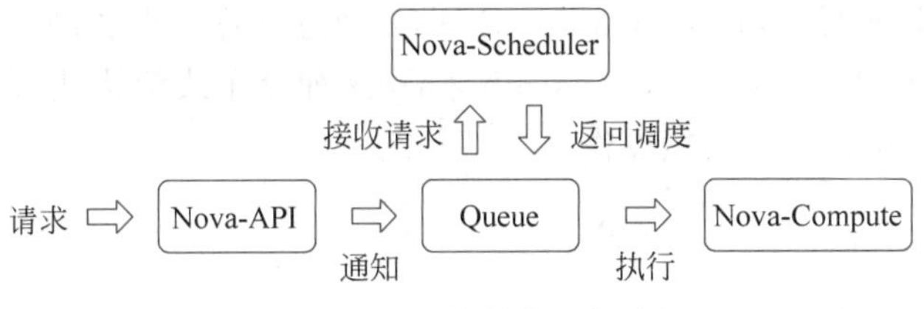

图 4.2 Nova 的基本运行过程

当用户需要修改虚拟机的状态、属性等信息时,可以通过 API 向 Nova 发送相应的请求。Nova-API 将通过消息中枢向 Nova-Compute 发送请求进行处理,并更新虚拟机的信息到数据库中。同样地,用户可以通过 API 向 Nova 发送请求来删除虚拟机。Nova-Compute 会执行删除操作并从数据库中移除虚拟机的状态。这样,用户可以方便地管理虚拟机并确保信息的准确性。

4.2.2 网络服务 Neutron

对于 OpenStack 来说,网络是必不可少的资源之一,因为它是虚拟机实例与外界进行通信的唯一途径。如果没有网络,虚拟机实例就会被隔离在一个孤立的环境中,无法与其他计算资源、应用程序和用户进行交互和通信,也无法访问互联网等外部资源。早期的 OpenStack 使用的是 Nova 中的 Nova-Network 组件来提供网络服务。但随着 OpenStack 的发展和应用场景的不断扩展,Nova-Network 功能相对比较有限,用户对网络服务的需求也越来越高,这促使开发了更加强大、灵活的网络服务组件 Neutron。Neutron 具有更多的功能和优势,逐渐取代了 Nova-Network 成为 OpenStack 的主要网络服务组件。

Neutron 在 OpenStack 云计算环境中扮演着关键角色,为虚拟机实例提供网络连接并管理虚拟网络基础设施。它与物理网络基础设施的接入层进行通信,确保连接和通信的顺畅。

Neutron 采用分布式架构,由多个组件共同为虚拟机提供网络服务,如图 4.3 所示。

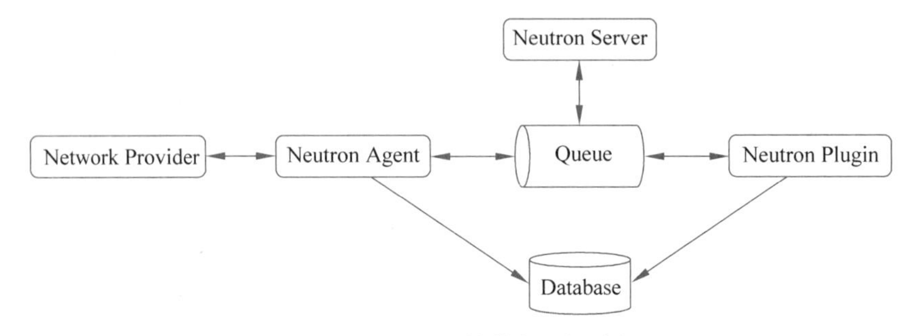

图 4.3 Neutron 的基本运行过程

Neutron 的组件构成如下:Neutron Server(Neutron 服务器)、Neutron Plugin(Neutron 插件)、Neutron Agent(Neutron 代理)、Network Provider(网络提供商)、Queue(消息中枢)、Database(数据库)。

1. Neutron Server

Neutron Server 是位于控制节点上的关键组件,作为访问 Neutron 的接口,提供网络 API。当它接收到请求后,调用适当的插件处理,并通过计算节点和网络节点上的各种代理来完成请求的最终处理,并调用 Neutron Plugin。这种分布式架构使得 Neutron 能够高效地提供网络服务,并执行各种功能操作。

2. Neutron Plugin

Neutron Plugin 是 Neutron 的插件接口,用于实现不同类型的网络服务,如 VLAN(Virtual Local Area Network,虚拟局域网)、GRE(Generic Routing Encapsulation,通用路由封装协议)、VXLAN(Virtual Extensible LAN,虚拟拓展局域网)等。

3. Neutron Agent

Neutron Agent 是 Neutron 的代理程序,负责在计算节点上实现虚拟网络和物理网络之间的转换。使用过程中接收 Neutron Plugin 通知的业务操作和参数，并转换为具体的设备级操作，以指导设备。

4. Network Provider

Network Provider 提供了各种类型的网络服务，Neutron 通过插件接口来实现对这些服务的支持。

5. Queue

Queue 是 Neutron 中使用的消息队列，用于实现异步通信和事件驱动。

6. Database

Database 是 Neutron 中用于存储网络资源的配置信息和状态信息的数据库。

基于上述 Neutron 的特点和其各个组件的不同功能，在用户的实际使用中，它提供了虚拟网络的创建和管理、虚拟网络的拓扑结构、IP 地址的管理和分配、路由和负载均衡服务、网络安全等功能，让 Neutron 满足了不同应用场景的需求并且提高了网络的安全性和可靠性。

4.2.3 块存储服务 Cinder

Cinder 是 OpenStack 的存储服务组件，提供持久性块存储。它管理存储卷的整个生命周期，包括创建卷、卷快照、挂载卷和卸载卷等操作。Cinder 与 OpenStack 计算部分协作，为虚拟机提供存储卷，功能类似于挂载在虚拟机上的硬盘。它还支持多种存储后端与其他组件的紧密集成，提供灵活和可扩展的存储解决方案。

作为 OpenStack 中模块化、分布式的组件，其中在 Cinder 工作中最主要的 3 个组件是 Cinder-API(Cinder-API 进程)、Cinder-Scheduler(Cinder 调度器)、Cinder-Volume(Cinder 卷服务)，下面详细介绍一下这 3 个组件。

1. Cinder-API

Cinder-API 主要作用是负责接收和处理外界的 API 请求，并将请求传给 Cinder-Scheduler，调用组件处理相应请求或接收处理的结果返回。

2. Cinder-Scheduler

Cinder-Scheduler 主要负责分配存储资源，调度 Cinder-Volume 来进行卷的管理，例如通过调度算法选择最合适的存储节点进行卷的创建，类似于 Nova-Scheduler 组件的功能。

3. Cinder-Volume

Cinder-Volume 运行在存储节点上，主要作用是管理存储空间，通过接收控制节点上 Cinder-Scheduler 发送过来的请求，执行卷的相关管理工作。

如图 4.4 所示，基于上述对 Cinder 中重要组件的介绍，通过各组件之间的协调工作，Cinder 的实际运行流程为：Cinder-API 接收用户请求后通过消息中枢传送给 Cinder-Scheduler，Cinder-Scheduler 执行调度算法，选择最终节点进行调度，Cinder-Volume 通过消息中枢收到调度信息后进行请求执行，执行成功后将结果返回。

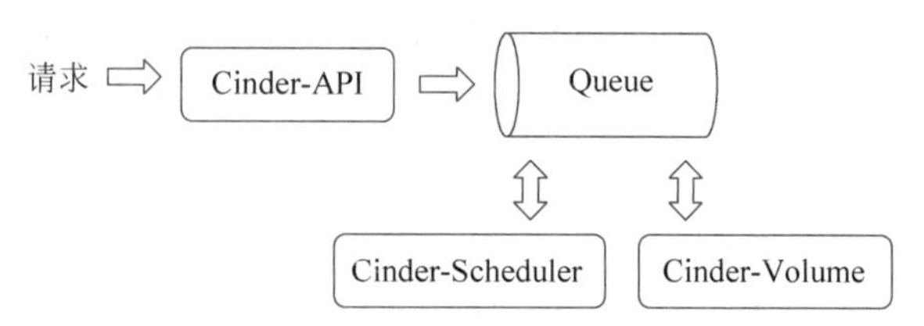

图 4.4 Cinder 的基本运行过程

为了满足不同的使用场景和需求，Cinder 支持多种存储后端设备的集成，常见的卷存储服务提供商包括：LVM(Logical Volume Manager，逻辑卷管理器)、iSCSI(Internet Small Computer System Interface，网络小型计算机系统接口)、FC(Fibre Channel，光纤通道)、NFS(Network File System，网络文件系统)、Ceph(Ceph Distributed Storage System，Ceph 分布式存储系统)等。除此之外，Cinder 还支持更多其他的存储后端设备，可以根据实际需求进行选择和集成。

4.2.4 对象存储服务 Swift

2010 年，NASA 和 Rackspace 公司合作开发并发布了 OpenStack。其中，NASA 贡献了虚拟服务器模块 Nova，而 Rackspace 公司提供了对象存储服务模块 Swift。这两个模块成为了 OpenStack 最早开发的核心服务之一，解决了云服务中大规模非结构化数据的存储和管理问题。

Nova 负责虚拟服务器的部署和业务计算，而 Swift 专注于对象存储服务，提供高效的数据存储和访问机制。对 OpenStack 中创建的对象存储资源进行管理，其中包括容器、对象和元数据等。基于 Swift 的"区域和副本"的机制，将数据分布在多个物理位置上，可以在出现问题时利用这种备份的机制避免某个物理位置出现单点故障情况的发生。

Swift 作为 OpenStack 中的一个对象存储服务，该系统的体系结构是一个分布式系统，其运行过程涉及将对象数据分散存储在多个存储节点上，并利用 Proxy Server(代理服务器)来协调请求和存储节点之间的通信。这种分布式的架构提供了高可用性和可扩展性，并允许系统能够处理大规模的数据存储和访问需求。如图 4.5 所示，整体结构主要由 5 个部分组成：Proxy Server、Object Server(对象服务器)、Ring(环)、Account Server(账户服务器)、Container Server(容器服务器)。

1. Proxy Server

Proxy Server 是 Swift 的核心组件，负责组件间的通信任务，它处理所有传入的服务请求，依赖 Ring 的功能将请求进行相应的转发执行，是 Swift 针对外部的统一请求入口和输出出口。Proxy Server 还负责处理身份验证和授权等任务。

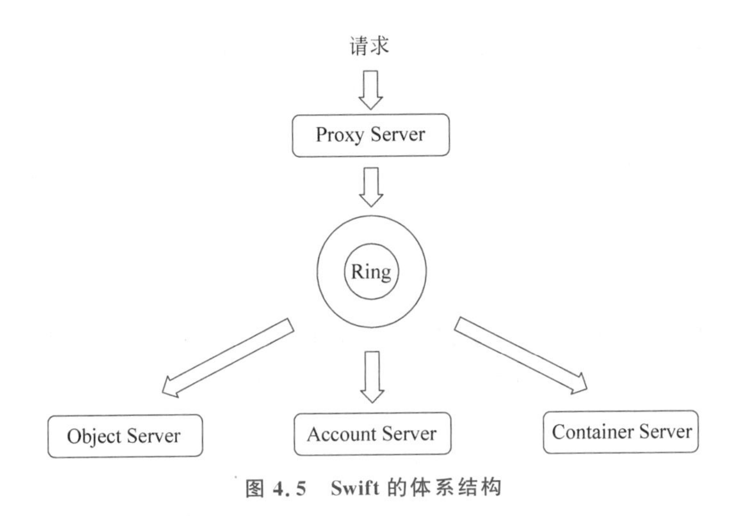

图 4.5　Swift 的体系结构

2. Object Server

Object Server 运行在 Swift 存储节点上，负责存储、检索和删除对象数据。对象以二进制的形式保存在文件系统。Object Server 在整个 Swift 系统中扮演着重要的角色，确保对象的可靠存储和高效访问。

3. Ring

Swift 使用一种名为“Ring”的技术来管理存储节点。Ring 是一个分布式哈希表，它将对象数据映射到不同的存储节点上。在运行时，Proxy Server 会查询 Ring 来确定对象存储在哪个节点上。

4. Account Server

通常情况下，Account Server 运行在 Proxy Server 上，其主要任务是存储 Swift 的账户数据，包括用户和容器等相关信息。这些数据信息使用 SQLite 数据库进行存储。在接收到请求时，Proxy Server 会查询 Account Server 进行身份验证和授权，以确保数据的安全性。通过这种方式，系统能够有效地管理和保护账户信息。

5. Container Server

Container Server 负责存储和管理 Swift 中的容器数据，包括容器中包含的对象列表、容器的使用情况等。

Swift 采用了层次数据模型，其中有 3 个逻辑结构：Account(账户)、Container(容器)和 Object(对象)。这样的数据模型允许用户将对象组织成多个层次结构，从而更好地管理和访问数据。

4.2.5　身份认证服务 Keystone

Keystone 是 OpenStack 的身份认证服务，该模块独立于 OpenStack 的其他模块，它在 OpenStack 的体系结构中充当注册表和服务总线的角色，为整个系统提供安全认证功能。

通过 Keystone,可以注册其他服务的 Endpoint(服务访问的 URL)。各服务之间相互调用获取 Endpoint 时,也需要通过 Keystone 进行身份认证,这种设计确保了服务间的安全通信和权限控制。

Keystone 的主要功能包含用户管理、身份验证、授权和访问控制、服务目录、跨域访问 5 个方面。

1. 用户管理

Keystone 可以管理 OpenStack 云环境中的用户、项目和角色。它提供了用户身份验证和访问控制,以确保只有经过授权的用户才能够使用 OpenStack 资源。

2. 身份验证

Keystone 支持多种身份验证方法,常见的包括用户名和密码验证、令牌认证以及证书认证等,实现不同身份验证系统的集成。这种多样性提供了更大的灵活性,使得 OpenStack 能够满足各种特定的身份验证需求。

3. 授权和访问控制

Keystone 使用角色和策略来管理用户和服务对 OpenStack 资源的访问权限。角色定义了用户或服务在项目中的权限级别,而策略规定了谁可以访问哪些资源以及操作的条件。管理员可以对角色进行定义,通过角色的授权,可以实现对资源的细粒度访问控制。并且还可以根据需要创建自定义的角色和权限规则,以满足特定的用户和项目需求。

4. 服务目录

Keystone 维护一个服务目录,用于跟踪 OpenStack 云环境中可用的服务。服务目录包括各种 OpenStack 组件,比如计算、网络、块存储等。用户和服务可以使用服务目录来发现和访问所需的服务。

5. 跨域访问

Keystone 支持跨域访问控制,它允许在不同域之间共享资源。这种功能对多租户环境或跨组织的 OpenStack 部署具有很大作用。

Keystone 的最大特点是集中式。它提供了一个集中式的身份认证和授权系统,为整个 OpenStack 环境中的各个服务和组件提供统一的用户身份管理。这种集中式的管理方式可以确保用户的身份验证和授权策略一致,并简化了用户管理和访问控制的配置。

以下流程是 Keystone 实现身份验证功能的过程,如图 4.6 所示。此过程确保 OpenStack 中只有经过身份验证的用户才能够访问服务和资源。

1. 发起认证请求

在身份认证过程中,客户端发送认证请求,包含用户名、密码和认证域信息。认证服务使用这些信息来验证用户身份并确定其认证范围,从而授权对系统资源和服务的访问。

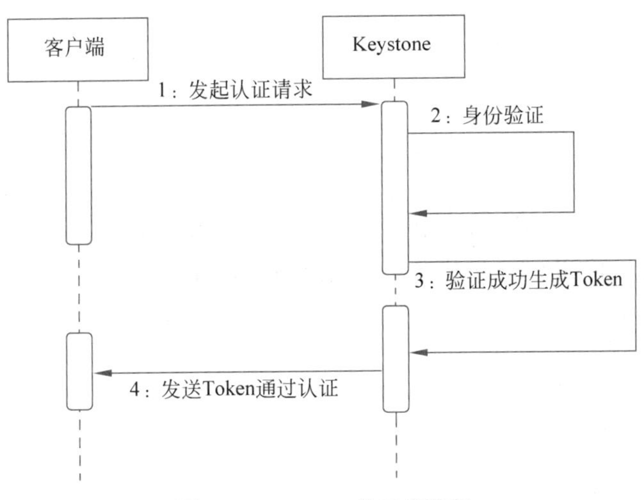

图 4.6 Keystone 的工作流程

2. 认证请求发送到 Keystone 服务

客户端向 Keystone 服务发送认证请求，Keystone 服务验证用户身份信息，并返回访问令牌，这确保了安全的身份验证和授权访问。

3. 身份验证

Keystone 服务接收认证请求后，通过检查提供的用户名、密码和其他认证机制来验证用户身份。

4. Keystone 服务生成 Token(令牌)

身份信息验证成功后，将生成一个 Token，该 Token 用于标识用户的身份。

5. Token 发送到客户端

Keystone 服务将 Token 发送给客户端，客户端收到令牌后可使用它来访问 OpenStack 中的其他服务。令牌作为身份验证的凭证，确保了便捷地授权访问和系统安全性。

4.2.6 镜像服务 Glance

Glance 是 OpenStack 中的镜像管理模块，用于管理云计算环境中的虚拟机镜像。它提供了查询、注册上传镜像、维护镜像信息等功能，并且支持多种存储方式，支持和简化了镜像的管理和使用。

1. 查询与获取数据

Glance 提供了 Glance API 和命令行工具，帮助用户能够查询镜像的元数据。依赖该工具，可以使用各种过滤条件例如镜像名称、标签、所有者等来查询满足特定要求的镜像。同时，还可以通过 API 或命令行工具获取镜像的实际内容。用户可以指定镜像的标识符或名称来获取相应的镜像文件。获取镜像文件可以通过 HTTP 或 HTTPS 协议进行，选择将镜像下载到本地系统或直接在云环境中使用。

2. 注册上传虚拟机镜像

Glance 允许用户注册虚拟机镜像到 Glance 服务中,将镜像的相关信息如名称、描述、格式、大小、元数据等记录到 Glance 的镜像注册表中,以便后续的使用和管理。通过注册镜像服务,可以方便地查找和识别可用的镜像资源。用户还可以使用 Glance API 或命令行工具将虚拟机镜像文件上传到 Glance 服务中,并存储在指定的后端存储系统中。

3. 维护镜像信息

为维护镜像信息,Glance 提供了一系列功能来管理镜像库中的镜像。用户可以更新、删除、查询镜像以及控制镜像的共享和访问权限。

4. 支持多种存储方式

Glance 允许用户自定义选择后端存储系统来存储镜像。其中包括文件系统存储、对象存储和块存储。如果将镜像存储在本地文件系统中,用户可以指定一个文件系统路径作为存储位置,Glance 将镜像文件保存在该路径下,这种存储方式适用于较小规模的部署,但不适合高可用性和容错性要求较高的环境。如果将镜像存储在对象存储系统中,如 OpenStack Swift 等,对象存储提供了可扩展性和容错性,适用于大规模部署和分布式存储需求,镜像文件被分解成对象,并存储在对象存储系统中。Glance 还支持在块存储系统中存储镜像,如 OpenStack Cinder 等,使镜像文件以块的形式存储在块存储设备中,这种存储方式适用于需要直接访问块设备的场景,例如高性能计算或大规模虚拟机部署的场景。

Glance 主要功能的实现依赖于 Glance-API、Glance-Registry(镜像注册表)、Store-Backend(存储后端)这 3 个核心组件。

1. Glance-API

Glance-API 提供了相关的标准化 API 接口和工具,让用户可以便捷地上传、下载、查看和删除镜像。

2. Glance-Registry

Glance-Registry 负责管理和存储 Glance 镜像服务的元数据信息。元数据是关于镜像的描述性信息,包括镜像的名称、描述、大小、格式、创建时间等,相当于对镜像的标识。同时 Glance-Registry 提供元数据的存储、检索和更新功能,以支持镜像的管理和查询。

3. Store-Backend

Store-Backend 是实际存储和管理镜像文件的后端存储系统。

图 4.7 所示为 Glance 对虚拟机镜像下载的简单工作流程,用户发出请求后通过 Glance-API 对 Glance-Registry 进行访问,然后对 Glance-Registry 后的 Data Base(数据库)中的镜像服务元数据信息的查询确定镜像的存储位置,最后通过查询到的具体存储位置在 Store-Backend 中进行镜像下载。

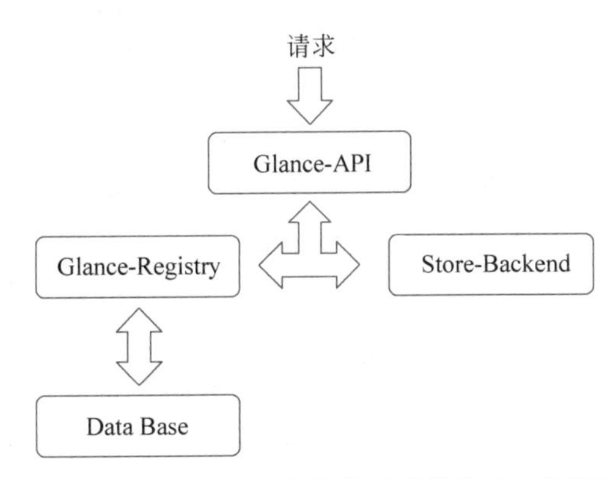

图 4.7 Glance 对虚拟机镜像下载的简单工作流程

4.3 OpenStack 的辅助组件

关于 OpenStack 的辅助组件有以下三方面内容：

- Web 界面 Horizon
- 编排服务 Heat
- 计量和监控服务 Ceilometer

4.3.1 Web 界面 Horizon

Horizon 是一种基于 Python Django 框架的 Web 应用程序，用于管理和监控 OpenStack 云环境，如图 4.8 所示，Horizon 位于其他 OpenStack 的组件之上管理它们。通过 Horizon 中的项目仪表盘服务，为 OpenStack 提供了一个 Web 前端的管理界面，用户可以通过浏览器来管理 OpenStack 的各个模块，并可视化结果与状态。

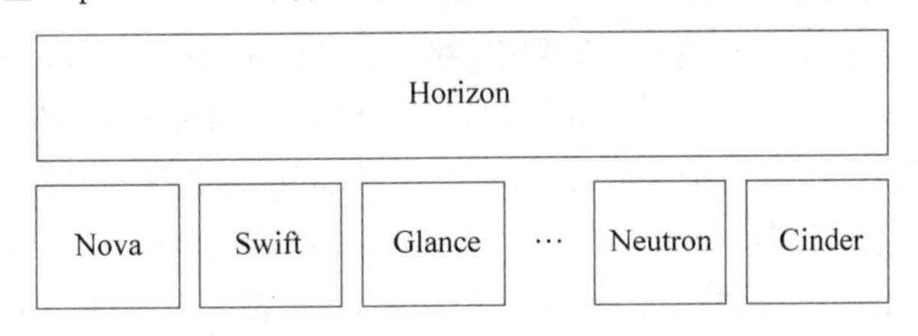

图 4.8 Horizon 和其他组件的关系

为了更好地管理和扩展，Horizon 将页面上的所有元素模块化。每个模块通常包含一个或多个面板或视图。每个模块都有一个 URL 路径，用于在 Horizon 中进行导航。用户可以通过导航菜单或 URL 直接访问模块。

Horizon 的内部结构是一个由多个组件组成的系统，每个组件都负责不同的功能。这些组件相互协作，它包括 Dashboard(项目仪表盘)、Panels(面板)、Views(视图)、Templates(模板)、Services(服务)这 5 个重要组件。

1. Dashboard

Dashboard 是 Horizon 中的主要界面，提供了一个可视化的控制台，用于管理和监控。

它由多个面板组成,每个面板提供不同的功能。

2. Panels

Panels 即面板,是 Horizon 的一个核心组件,每个面板通常由一个或多个视图组成,视图是面板的基本单元,负责处理用户的请求和显示内容。

3. Views

Views 即视图,是应用程序中处理用户请求和显示内容的组件。它由模板定义,用于生成页面内容。视图负责处理逻辑和显示逻辑的分离,提供灵活的用户体验。

4. Templates

Templates 即模板,它定义了视图的显示形式。Horizon 使用 Django 模板引擎来渲染模板。

5. Services

Services 即服务,它提供了与 OpenStack API 进行交互的功能。Horizon 使用 Python OpenStack SDK 库来访问 OpenStack API。

4.3.2 编排服务 Heat

Heat 是一种基于模板的自动化部署工具。其功能主要包括定义模板、配置参数、创建资源和管理依赖关系。它可以通过模板定义各种云资源,例如虚拟机和存储,然后通过自动化方式进行部署和配置。此外,Heat 还支持多种编排模式,如串行、并行和嵌套,以满足复杂应用部署和管理的需求。简而言之,Heat 能够根据用户定义的任务模板执行相关任务,并实现自动化的部署和配置。

Heat 目前支持两种格式的模板:YAML 格式的 Heat Orchestration Template(HOT)和 JSON 格式的 CloudFormation Template(CFN)模板。两种格式都可以使用,但 YAML 格式的 HOT 模板通常更易于阅读和编写,资源类型也更加丰富。

编排服务 Heat 包含了多个组件和工具,包括 Heat-API、Heat-Engine(Heat 引擎)、Heat-API CloudFormation(Heat 云编排 API)、Heat-Client(Heat 客户端)、Heat-Dashboard(Heat 仪表板)、Heat-Resource Plugins(Heat 资源插件)、Heat-Environment Files(Heat 环境文件)、Heat-Software Config(Heat 软件配置)等。其中负责主要任务的重要组件为 Heat-API、Heat-API CloudFormation、Heat-Engine。

1. Heat-API

Heat-API 是与其他组件沟通的接口,该组件通过把 API 请求传送给 Heat-Engine 来处理。

2. Heat-API CloudFormation

Heat-API CloudFormation 组件提供兼容 AWS CloudFormation 的 API,同时也会把 API 请求转发给 Heat-Engine。

3. Heat-Engine

Heat-Engine 是 Heat 服务的核心组件，负责管理和协调其他组件。它实现了资源调度和生命周期管理，将编排任务分发给其他组件处理。Heat-Engine 本身不创建资源，但通过协调和调度确保资源的可靠创建和管理，如图 4.9 所示。

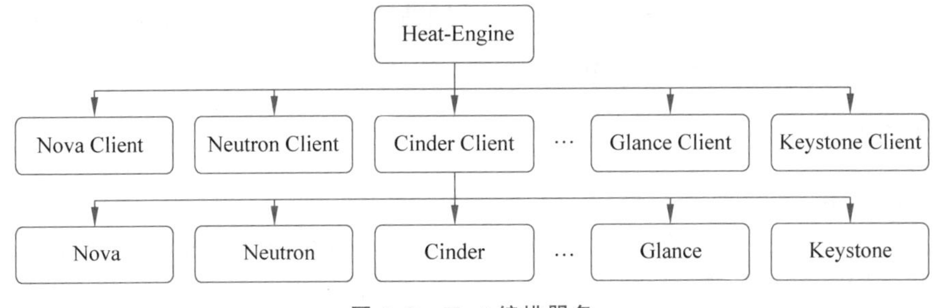

图 4.9 Heat 编排服务

4.3.3 计量和监控服务 Ceilometer

Ceilometer 是 OpenStack 中的监控与计量服务，它的目的是为云基础设施和云服务资源提供监控与计量功能，主要工作流程在于采集并处理来自各种 OpenStack 组件和资源的计量数据，以便用户和管理员能够监测其云环境的使用情况和性能。

Ceilometer 的结构由 Ceilometer-Agent-Computer（计算节点代理）、Ceilometer-Agent-Central（中央代理）、Ceilometer-Collector（收集器）、Storage（存储）、API Server（API 服务器）这 5 个重要的组件以及一个 Message Bus（消息总线）组成，如图 4.10 所示。

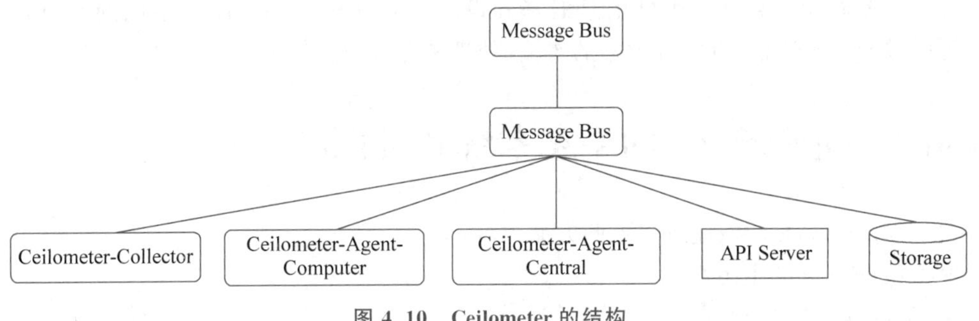

图 4.10 Ceilometer 的结构

1. Ceilometer-Agent-Computer

Ceilometer-Agent-Computer 作为一个代理程序运行在计算节点上。它的主要功能是收集和监控计算节点上的资源使用情况和性能数据，它采集与虚拟机实例相关的计量数据，并将其发送给 Ceilometer 服务进行处理和存储。Ceilometer-Agent-Computer 的运行有助于实时监控和优化计算节点的性能。

2. Ceilometer-Agent-Central

Ceilometer-Agent-Central 是在控制节点上运行的组件，它的主要功能是收集和汇总分布式环境中的资源使用情况和性能数据。作为 Ceilometer 服务和其他计量代理之间的中间层,它协调计量数据的收集、存储和分发,以便为用户和管理员提供全面的计量和监控功能。

3. Ceilometer-Collector

Ceilometer-Collector 运行在一个或多个控制节点上,主要作用是监控 Message Bus,并将接收到的消息及相关数据写入数据库。

4. Storage

Storage 是用于存储计量数据的后端系统或服务,支持通过 MySQL 等存储收集到的样本数据。Ceilometer 提供了多种存储选项,以满足用户选择最适合存储方式的需求。用户可以根据数据量、性能需求、查询需求和可用资源等因素来配置 Ceilometer 的存储设置。

5. API Server

API Server 运行在控制节点上,用于访问数据库中的数据。它提供了与 Ceilometer 进行交互的 API 接口,让用户和应用程序可以通过 API 来查询、操作和管理计量数据。并且通过 API 服务器提供的接口,让用户能够通过编程方式将 Ceilometer 功能集成到自己的应用程序或工具中。

6. Message Bus

Message Bus 作为计量数据的消息总线,用于收集数据并提供给 Ceilometer-Collector。它同时充当传输计量数据和事件消息的基础设施。通过 Message Bus,不同的 Ceilometer 组件可以进行异步通信,以实现数据的传输、处理和分发。

4.4 OpenStack 的生态系统和社区

关于 OpenStack 的概述有以下两方面内容:

- OpenStack 的生态系统
- 开放的开发和社区贡献机制

4.4.1 OpenStack 的生态系统

OpenStack 是一个开源云计算平台,由众多组件构成。从 2010 年开始,为了提供更好的性能、安全性和功能,OpenStack 不断发展和完善,每年都会进行版本更新,且开发和发布周期大约为 6 个月。新版本 OpenStack 每次发布都会添加新的功能、修复漏洞以及改进性能。版本命名按照 26 个英文字母的顺序来命名,以首字母顺序进行标识。2010 年发布的 OpenStack 的首个版本是 Austin,其中包括了 Nova 和 Swift 这两个组件。这种版本命名方式便于追踪和识别各个版本,并且展示了 OpenStack 不断演进和发展的历程。

2011 年 2 月发布了第二个版本 Bexar,添加了 Glance 镜像服务和 Horizon 管理界面。

2011 年 4 月发布了第三个版本 Cactus，引入了 Quantum 网络服务和 Keystone 身份认证服务。2011 年 9 月发布了第四个版本 Diablo，引入了 Cinder 块存储服务和 Swift 的容器复制和过期功能。2012 年 4 月发布了第五个版本 Essex，引入了 Nova 的分布式调度器和量化计算服务。2012 年 9 月发布了第六个版本 Folsom，引入了 Quantum 的虚拟路由器和 Neutron 网络服务。2013 年 4 月发布了第七个版本 Grizzly，引入了 Ceilometer 计量服务和 Heat 编排服务……

截至 2024 年上半年，OpenStack 目前已经发布了 28 个版本，包含上述介绍的 7 个版本，所有版本按发布时间顺序如表 4.1 所示。

表 4.1　OpenStack 已发布的 28 个版本

名　　称	发布日期
Austin	2010.10
Bexar	2011.02
Cactus	2011.04
Diablo	2011.09
Essex	2012.04
Folsom	2012.09
Grizzly	2013.04
Havana	2013.10
Icehouse	2014.04
Juno	2014.10
Kilo	2015.04
Liberty	2015.10
Mitaka	2016.04
Newton	2016.10
Ocata	2017.02
Pike	2017.08
Queens	2018.02
Rocky	2018.08
Stein	2019.04
Train	2019.10
Ussuri	2020.05
Victoria	2020.10
Wallaby	2021.04
Xena	2021.10
Yoga	2022.03
Zed	2022.10
Antelope	2023.03
Bobcat	2023.10

未来，OpenStack 还会继续进行新版本的更新与发布，不断增强和巩固 OpenStack 的功能和稳定性，以满足不断变化的云计算需求。

4.4.2　开放的开发和社区贡献机制

OpenStack 是一个由全球社区共同维护的开源项目。采用 Apache 许可证作为开源许可证。这意味着用户可以自由使用、修改和分发 OpenStack 的代码。根据该许可证,用户可以将 OpenStack 的代码用于商业或非商业目的,而无须支付许可费用。

OpenStack 这种开放的开发由它的社区贡献机制维护。在创建初期,NASA 和 Rackspace 公司联合发布了最初的 OpenStack,并吸引了全球范围内众多云计算领域中的组织、企业和个人的广泛兴趣。随着他们的加入与参与,逐渐形成了开放、合作的 OpenStack 社区。社区成员也越来越多样化,包括全球范围内的开发者、用户、贡献者、运营商、组织机构和技术爱好者等。我国也有众多企业和机构积极参与 OpenStack 的开发、推广和贡献,如中国电信、华为、中国移动、阿里云等。为了确保社区的发展和运作,OpenStack 成立了非营利性的基金会,负责管理和支持 OpenStack 社区的发展以及推动 OpenStack 技术的创新和采用。同时,也设立了各种工作组和委员会,与基金会协同合作,帮助 OpenStack 社区快速发展、稳定运行。

历年来,社区定期举行开发者峰会、用户大会、发布倒计时等活动,吸引更多的社区成员参与其中,共同合作推动 OpenStack 的持续发展和创新。社区中采用民主的方式进行决策,社区决策通常涉及重大的技术变更、发行计划、社区治理等,任何社区成员都可以参与投票。

4.5 本章小结

本章首先介绍了 OpenStack 开源云计算管理平台的由来、主要特点和一些应用场景,接着向读者介绍了 OpenStack 中的六大核心组件和其他辅助组件,帮助读者了解了这些组件的主要功能、结构和使用。最后向读者介绍了 OpenStack 独特的生态系统和其开放的开发与社区贡献机制。

习题 4

1. OpenStack 云计算管理平台有怎样的特点?
2. 计算服务 Nova 组件的基本运行过程是怎样的?
3. 对象存储服务 Swift 组件的基本功能是什么?
4. 身份认证服务 Keystone 组件的主要功能是什么?
5. 镜像服务 Glance 组件支持哪几种镜像存储方式?

第5章

容　器

CHAPTER 5

本章学习目标

- 了解容器的基本知识
- 成功安装 Docker 容器
- 熟练掌握 Docker 的使用方法

本章首先介绍了容器的基础知识，然后重点讲述了 Docker 容器的安装及使用。

5.1 容器

关于容器有以下三方面内容:

- 容器的概念
- 容器与虚拟机的对比
- 容器的发展史

5.1.1 容器的概念

容器作为一种新型的虚拟化技术,它的方便快捷已经得到了业内的广泛认可。容器可以模拟出整个虚拟机,应用程序运行在虚拟机中便像是运行在一台完整的物理机上一样。容器是一种更加轻量化更加便利的操作系统虚拟化技术,它不会模拟出整个机器而是只模拟程序运行所必需的环境。

"一次包装,处处运行",这便是容器便利的原因。容器会将应用程序以及其运行所必需的运行环境封装为一个镜像文件。当人们需要在另一台"崭新"的物理机或者虚拟机上运行程序时,只需要在这台"崭新"的机器上利用镜像文件生成一个容器,程序便运行起来了。所有的要求便是新机器上要安装容器引擎,这省去了在新机器上为应用程序配置运行环境这一复杂的步骤,让用户运行程序更加便捷。

5.1.2 容器与虚拟机的对比

容器相较于虚拟机有着很多的优势,比如更加轻量化。虚拟机和容器的结构如图 5.1 所示。

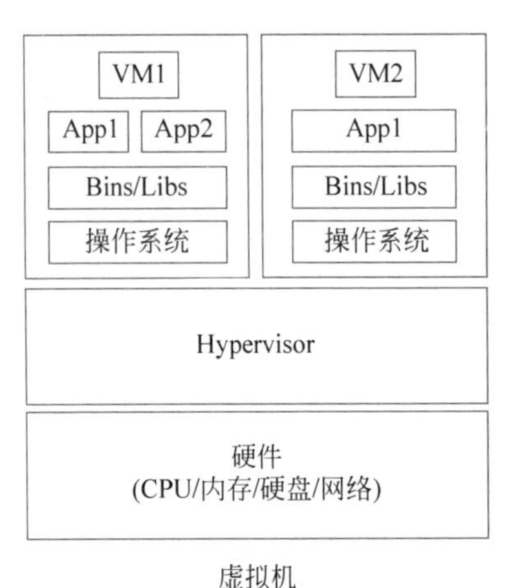

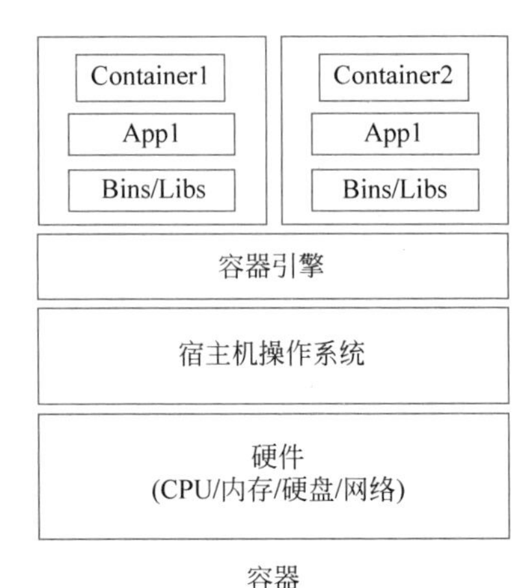

图 5.1 虚拟机和容器的结构

从图中可以看到,虚拟机拥有独立的操作系统,而容器共享宿主机的操作系统。

容器利用宿主机操作系统带来多项优势。第一,消耗的资源会更少,这就意味着在同一台物理机上可以启动更多的容器。第二,启动速度快,因为容器在启动时不用启动自己的操作系统,其启动速度超过虚拟机的分钟级并且能够达到毫秒级。第三,相比于虚拟机,容器更容易迁移，因为容器更加轻量。但容器的安全性较弱，这是因为虚拟机采用操作系统级的隔离，而容器则是进程级隔离，这需要额外的机制进行弥补。

5.1.3　容器的发展史

容器的历史可以追溯到 1979 年提出的 UNIX chroot。chroot 即 change root 的缩写，是一个系统命令。chroot 命令可以更改系统的根目录，并且在更改后，用户的所有操作都不会对旧系统产生影响。chroot 可以创建出一个相对隔离的环境，但不会创建一个新的操作系统，用户仍然在使用旧系统的操作系统内核，这与容器有几分相似。

chroot 之后，容器经过了多年的发展，直到 2008 年推出了一款功能比较完善的容器——LXC。LXC 是 Linux Container 的缩写，它依赖于 Linux 内核的 cgroup 和 namespace 组件进行资源的管理和隔离，为进程提供虚拟的运行环境。

LXC 只注重于虚拟环境的实现，而没有考虑标准化与可移植性的问题，这个问题最终由 2013 年推出的 Docker 解决了。在 Docker 出世之前，容器技术一直默默无闻，这主要是因为管理容器太过复杂。直到 Docker 出现，容器技术才真正走上了快车道，现如今，Docker 几乎成了容器的代名词，这都得益于 Docker 的强大。

5.2　Docker 简介

关于 Docker 简介有以下 3 方面内容：

- Docker 的概念
- Docker 公司
- Docker 的发展史

5.2.1　Docker 的概念

Docker 是一款开源的容器引擎，由 Docker 公司(当时叫 dotCloud)于 2013 年 3 月发布。Docker 目前已经在 Github 上以开源方式发布，它的源代码为 go 语言，并且遵循 Apache2.0 协议。

用户可以基于 Docker 操作容器，如创建、管理和删除容器，所有这些操作都只需要一行或几行命令，简单易学。Docker 的理念是将应用的交付视作海运，Docker 便像货轮，容器便像货轮上的集装箱，不同的集装箱装着不同的程序，程序之间环境是相互隔离的。而 Docker 的任务就是将载满集装箱的货轮从海的这一端送到另一端，就像将程序从一个系统迁移到另一个系统，这也是图 5.2 中 Docker 图标的由来。

容器即应用，但是容器中不仅包含了要运行的应用程序还包含了程序的运行环境，那为什么还说容器即应用呢？因为一般来讲一个容器中只包含一种应用，所以可以将一个容器与其中的应用做等价处理，操作容器便是在操作应用，通过 Docker 可以将应用迅速地部署起来。

图 5.2　Docker 图标

5.2.2 Docker 公司

Docker 公司于 2010 年创立,位于旧金山硅谷,由法裔美籍企业家 Solomon Hykes 创立。当时是一家平台即服务提供商。因为业务关系,dotCloud 需要使用 Linux 容器,因此开发了一套内部工具便于管理,这便是之后的 Docker。

2013 年作为初创公司的 dotCloud 运营得并不好,发展十分困难,在迫不得已的情况下他们将 Docker 项目开源。在 Docker 开源之后,众多的开发者都觉察到了 Docker 的优秀之处——其真正解决了容器的管理困难问题,纷纷加入 Docker 开源社区,该公司也因此迎来了转机,dotCloud 借此机会将公司名字改为了 Docker 并重新振作起来。

Docker 公司恢复后,进行了多次融资,融资金额超过了 2.4 亿美元。Docker 公司一直致力于维护 Docker 项目,并构建 Docker 生态,促进了容器技术的发展。

但一山更比一山高,总有更好的技术出现。随着谷歌公司开源了 Kubernetes,Docker 公司开始逐渐式微。2019 年,Mirantis 收购了 Docker 的企业业务和团队,Docker 公司任命了新的 CEO 并表示将继续开发新的工具。

5.2.3 Docker 的发展史

在 Docker 刚开源时,每一个月更新一个版本,其中有几个重要的版本更新。

Docker 0.1 是 Docker 的第一个版本。在 Docker 0.9 时 Docker 将底层的容器依赖从 LXC 改为了 Libcontainer。LXC 是一款 Linux 容器,在 0.9 版本之前 Docker 底层便是由 LXC 实现的,但后来 Docker 的开发者们发现 LXC 的性能已经跟不上 Docker 的需求了,于是便自己开发了 Libcontainer 用来替代 LXC。但 LXC 没有被立刻剔除,而是成了可选项,一直到 Docker 1.10 时才彻底出局。

在 Docker1.13.1 之后,Docker 发布了企业版(docker-ee),开源的版本为社区版(docker-ce)。Docker 的版本命名方式也发生了变化,现在的版本号用[YY.MM-xx]的方式进行命名,比如 2017 年 3 月发布的社区版,版本号便是 17.03.0-ce。发布企业版后不久,Docker 公司将 Docker 开源项目改名为 Moby,Moby 项目旨在成为 Docker 的上游,并将 Docker 拆分为了许多模块化组件。

开放容器计划(The Open Container Initiative,OCI)对 Docker 的发展产生了很大的影响。OCI 是一个旨在规范容器基础组件的管理委员会。OCI 在 Linux 基金会的支持下运作,其主要成员包括 Docker、Red Hat、Microsoft、Google、IBM 等,另外在 2018 年阿里云也加入了此计划。OCI 于 2017 年 7 月发布了容器镜像规范和容器运行时规范的 1.0 版本,而 Docker 早在 Docker 1.11 版本时便已经遵守 OCI 的规范运行了。

5.3 一个简单的 Docker 实例

关于一个简单的 Docker 实例有以下两方面内容:

- 安装 Docker
- 运行一个 Docker 实例

5.3.1 安装 Docker

现在的 Docker 支持 Linux、Windows、macOS 等多种操作系统，本节介绍的实例都是运行在 Linux 系统下。所以在安装 Docker 之前，需要准备好一台 Linux 机器或者虚拟机，并且保证这台机器能够正常上网。

本实验使用 CentOS 系统，在 CentOS 上安装 Docker 的官方文档可以在这个网址找到：https://docs.docker.com/engine/install/centos/。如果不是 CentOS 系统，在上述网址中回到上一级选择你所使用的系统。官网上的步骤非常详细，在这里，只介绍一些关键步骤。

1. 保证操作系统满足安装 Docker 的要求

首先需要保证操作系统满足安装 Docker 的要求，这些要求在官方文档的最开始。然后卸载旧的 Docker 版本，如果之前没有安装过 Docker 忽略此步骤。

2. 安装 gcc 相关

使用 sudo yum -y install gcc 和 sudo yum -y install gcc-c++ 命令。安装 yum-utils 包，使用 sudo yum install -y yum-utils 命令。

3. 设置 stable 镜像仓库

对 stable 镜像仓库进行设置(在这里可以暂时把镜像理解为在服务器上存储的程序包，而镜像仓库便是存储镜像的地方)。注意，官方命令将使用 Docker hub 作为镜像仓库，但该仓库位于国外，可能在国内使用时速度较慢。为了提高速度，可以通过下列命令切换至阿里云镜像仓库，它位于国内并提供快速的镜像下载服务。

```
sudo yum-config-manager \
--add-repo     \
http://mirrors.aliyun.com/docker-ce/linux/centos/docker-ce.repo
```

4. 安装 Docker ce

使用 sudo yum install docker-ce 命令。

另外为了进一步提高镜像的拉取速度，可以为 Docker 配置镜像加速器。阿里云提供了阿里云镜像加速器，具体需要前往阿里云官网，账户登录后选择控制台选项，选择产品与服务，找到容器镜像服务，选择镜像工具便可以看到镜像加速器，按其文档的步骤进行配置，该步骤是可选步骤。

至此 Docker 安装完成，使用 sudo systemctl start docker 命令启动 Docker。

使用 docker --version 命令确认是否安装成功。如果正确显示了 Docker 版本则表示安装成功了，如图 5.3 所示。

```
[root@localhost ~]# docker --version
Docker version 20.10.12, build e91ed57
```

图 5.3 查看 Docker 版本

运行一个简单的 Docker 实例——Hello World 进行尝试。输入 docker run hello-world 命令。运行之后，需要稍等片刻，因为 Docker 需要先从镜像仓库中拉取镜像。等待完毕之后，如果看到如图 5.4 所示的消息，那么 Hello World 运行成功了。

```
[root@localhost ~]# docker run hello-world
Unable to find image 'hello-world:latest' locally

latest: Pulling from library/hello-world
2db29710123e: Pull complete
Digest: sha256:2498fce14358aa50ead0cc6c19990fc6ff866ce72aeb5546e1d59caac3d0d60f
Status: Downloaded newer image for hello-world:latest

Hello from Docker!
This message shows that your installation appears to be working correctly.

To generate this message, Docker took the following steps:
 1. The Docker client contacted the Docker daemon.
 2. The Docker daemon pulled the "hello-world" image from the Docker Hub.
    (amd64)
 3. The Docker daemon created a new container from that image which runs the
    executable that produces the output you are currently reading.
 4. The Docker daemon streamed that output to the Docker client, which sent it
    to your terminal.

To try something more ambitious, you can run an Ubuntu container with:
 $ docker run -it ubuntu bash

Share images, automate workflows, and more with a free Docker ID:
 https://hub.docker.com/

For more examples and ideas, visit:
 https://docs.docker.com/get-started/
```

图 5.4　Hello World

如果没有合适的 Linux 机器来安装 Docker,https://labs.play-with-docker.com/提供了一种快速试用 Docker 的方式,但需要注册一个 Docker Hub 账号。要注意的是 PWD 的服务器是在国外,所以连接速度较慢。

5.3.2　运行一个 Docker 实例

成功安装 Docker 后,本节将介绍如何运行一个简单的 Docker 实例,并通过这个实例介绍 Docker 的一些常用命令。

首先分析一下运行 Hello World 时输出的消息。在运行了 run 命令之后,它首先输出了"Unable to find image 'hello-world:latest' locally",即"在本地没有发现镜像'hello-world:latest'"。之后命令行便卡顿了一会,该卡顿是 Docker 正在从远程的镜像仓库拉取镜像'hello-world:latest',在拉取完成之后镜像被存在了本地,并依靠此镜像成功创建了容器。输出消息的 2-5 行便是拉取镜像时输出的消息,"Hello from Docker!"及之后的内容是容器运行后输出的消息。

通过上面的分析可以看出,当运行 run 命令之后,Docker 创建容器会经过几个步骤。首先,Docker 会检测本地镜像,如果本地镜像中存在所需镜像的话便直接创建容器,否则就需要先去远程镜像仓库中下载镜像,如果远程镜像仓库中也没有需要的镜像就会报错。

除了运行 run 命令让 Docker 自动拉取镜像外,也可以手动拉取镜像,这就需要使用 pull 命令。运行 docker pull ubuntu,从镜像仓库拉取 Ubuntu。

使用 docker images 命令查看本地镜像,如图 5.5 所示。

```
[root@localhost ~]# docker images
REPOSITORY    TAG       IMAGE ID       CREATED        SIZE
ubuntu        latest    ba6acccedd29   3 months ago   72.8MB
hello-world   latest    feb5d9fea6a5   4 months ago   13.3kB
```

图 5.5　显示镜像列表

使用新拉取的镜像创建容器，docker run ubuntu。运行命令后，我们发现无事发生，Ubuntu 似乎并没有运行，为什么会这样？使用 docker ps 命令查看所有正在运行的容器，结果显示并没有容器处于运行状态，再使用 docker ps -a 查看所有运行过的容器，如图 5.6 所示。

```
[root@localhost ~]# docker ps -a
CONTAINER ID   IMAGE         COMMAND     CREATED          STATUS                     PORTS     NAMES
42f4031e5d57   ubuntu        "bash"      8 minutes ago    Exited (0) 8 minutes ago             recursing_bose
45ecacf014ee   hello-world   "/hello"    9 minutes ago    Exited (0) 9 minutes ago             zealous_cannon
```

图 5.6　显示容器列表

两个容器的状态都为 Exited，其中包括了我们刚刚运行的 Ubuntu。Ubuntu 并不是没有运行，而是在运行完之后自动结束了。这也印证了"容器即应用"这一点，容器和容器中的应用的生命周期是相同的，当容器中的应用运行结束后，容器认为自己无事可做便会自动退出。

那如果想得到运行中的 Ubuntu 怎么办？这需要使用到 run 命令中提供的两个参数。运行 docker run -it ubuntu /bin/bash。-it 表示以交互模式运行容器，并且为容器分配一个伪终端。/bin/bash 是我们指定的容器创建之后第一时间运行的应用，如果我们不指定它会运行默认应用。

运行上述命令后，便进入到了一个虚拟的 Ubuntu 系统，输入 cat /etc/issue 查看系统版本信息，验证我们的猜想，如图 5.7 所示。

```
[root@localhost ~]# docker run -it ubuntu /bin/bash
root@510e32a5e03b:/# cat /etc/issue
Ubuntu 20.04.3 LTS \n \l
```

图 5.7　查看容器中的 Ubuntu 版本

可以通过输入 exit 退出 Ubuntu 回到宿主机系统，但这样容器也一并退出了。另一种退出方法是按下 Ctrl+P+Q 组合键。使用这种方法退出后，容器仍然在后台继续运行。使用 docker ps 命令可以验证容器是否仍在运行。

如果想重新进入容器，可以使用 docker exec -it CONTAINER ID /bin/bash 命令。其中 CONTAINER ID 为容器 ID，可以通过 docker ps 查看。

再次按下 Ctrl+P+Q 组合键退出后输入 docker stop CONTAINER ID 停止容器。运行命令之后可以看到，容器已经被停止了，如图 5.8 所示。

```
[root@localhost ~]# docker stop 510e32a5e03b
510e32a5e03b
[root@localhost ~]# docker ps
CONTAINER ID   IMAGE     COMMAND   CREATED   STATUS    PORTS     NAMES
[root@localhost ~]#
```

图 5.8　停止容器

5.4　Docker 组件

关于 Docker 组件有以下四方面内容：

- Docker 整体架构
- Docker Client
- Docker Server

- Docker Registry

5.4.1 Docker 整体架构

Docker 是一种 C/S 架构，其组件包括客户端、服务端和镜像仓库服务。其组件之间的协同关系如图 5.9 所示。

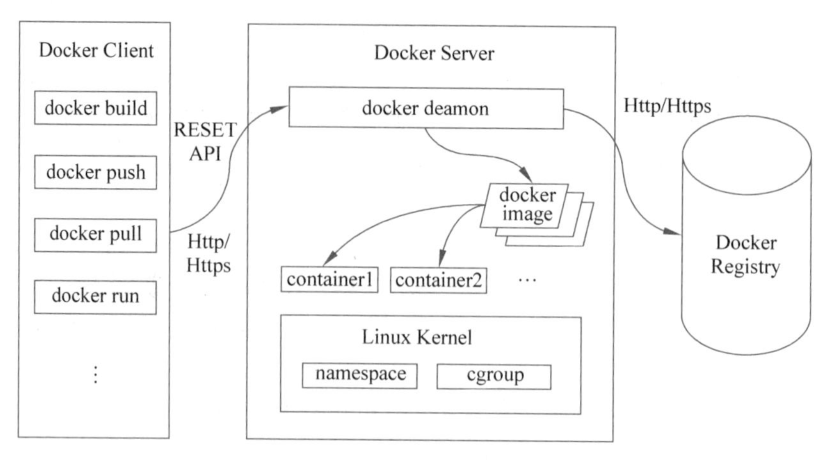

图 5.9 Docker 组件之间的关系

客户端用于输入命令，服务端接收客户端的命令对容器进行管理。镜像仓库主要用于存储镜像，服务端可以从镜像仓库中拉取镜像以便创建容器，当然也可以向镜像仓库中添加新的镜像。

5.3 节中在安装 Docker 时便安装了 Docker 的客户端和服务端，客户端和服务端一起便称为 Docker 引擎。在之前安装好 Docker 的机器上输入 docker version，便会得到如图 5.10 所示信息。

```
[root@localhost ~]# docker version
Client: Docker Engine - Community
 Version:           20.10.12
 API version:       1.41
 Go version:        go1.16.12
 Git commit:        e91ed57
 Built:             Mon Dec 13 11:45:41 2021
 OS/Arch:           linux/amd64
 Context:           default
 Experimental:      true

Server: Docker Engine - Community
 Engine:
  Version:          20.10.12
  API version:      1.41 (minimum version 1.12)
  Go version:       go1.16.12
  Git commit:       459d0df
  Built:            Mon Dec 13 11:44:05 2021
  OS/Arch:          linux/amd64
  Experimental:     false
 containerd:
  Version:          1.4.12
  GitCommit:        7b11cfaabd73bb80907dd23182b9347b4245eb5d
 runc:
  Version:          1.0.2
  GitCommit:        v1.0.2-0-g52b36a2
 docker-init:
  Version:          0.19.0
  GitCommit:        de40ad0
```

图 5.10 Docker 版本详情

可以看到有两部分的信息，一部分是 Client 也就是客户端，另一部分是 Server 也就是服务端，这也证明了我们已经安装好了 Docker 的客户端和服务端。镜像仓库不需要安装，它远程提供服务。

5.4.2 Docker Client

Docker Client 也就是 Docker 的客户端，是 Docker 的管理者。Docker 管理员可以通过在 Docker Client 中输入相应的 Docker 命令对 Docker 服务进行使用和管理。Docker Client 通过 HTTP 或 REST API 等方式与 docker daemon 通信，最终实现对容器的管理。

5.4.3 Docker Server

Docker Server 也就是 Docker 的服务端，是 Docker 的核心组件，它提供对容器的创建和管理。其中又包括诸多组件。

Docker 守护进程(docker daemon)是 Docker 的核心组件之一。它负责监听客户端的消息并根据命令管理容器。守护进程创建和销毁容器，监控容器状态和资源使用情况，并处理容器间的通信和网络配置。它是 Docker 引擎的关键部分，实现了容器的高效管理和运行。

docker image 即镜像文件，它提供容器运行所需要的所有文件。

namespace 和 cgroup 为 Linux 内核组件。Docker 利用 namespace 进行容器资源的隔离，利用 cgroup 限制容器的资源使用。

5.4.4 Docker Registry

Docker Registry 也就是 Docker 镜像仓库服务，负责存储镜像。最常用的镜像仓库服务是 Docker hub 也就是 Docker 官方的镜像仓库服务，另外还有一些其他的镜像仓库服务，比如 5.3 节安装 Docker 时配置的阿里云镜像仓库服务。

一个镜像仓库服务中可以有多个镜像仓库，一个镜像仓库中可以有多个镜像，这可以做一个实验来验证。5.3 节已经拉取了两个镜像，现在再拉取一个，docker pull ubuntu: 12.04，拉取完成后使用 docker images 查看所有本地镜像。

如图 5.11 所示，可以看到本地现在拥有三个镜像，其中有一个来自 hello-world 这个仓库(其 REPOSITORY 为 hello-world)，另外两个都来自 Ubuntu 这个仓库。显然它们三个都来自阿里云镜像仓库服务，因为我们在安装 Docker 时进行了设置(如果是按照官方教程的操作，那么镜像都来自 Docker hub)。

```
[root@localhost ~]# docker images
REPOSITORY    TAG       IMAGE ID       CREATED        SIZE
ubuntu        latest    ba6acccedd29   3 months ago   72.8MB
hello-world   latest    feb5d9fea6a5   4 months ago   13.3kB
ubuntu        12.04     5b117edd0b76   4 years ago    104MB
```

图 5.11　本地镜像列表

来自不同镜像仓库的镜像可以用仓库名进行区分，那么来自同一个仓库的镜像需要通过镜像的命名规则进行区分。

1. 镜像的命名

使用仓库名和标签可以在仓库服务中精准定位一个镜像,标签一般为镜像的版本信息。仓库名和标签之间用":"分割,格式为< repository >:< tag >。所以使用过多次的 pull 命令的完整格式可以表示为 docker pull < repository >:< tag >。

值得注意的是如果使用 pull 命令且没有添加标签(比如之前用过的 docker pull ubuntu),Docker 会默认使用 latest 标签。latest 字面意思为最新的,但实际使用中带有 latest 标签的镜像并不一定是最新的。

docker pull ubuntu 会拉取 Ubuntu 仓库下标签为 latest 的镜像,而 docker pull ubuntu:12.04 则会拉取 Ubuntu 仓库下标签为 12.04 的镜像。

另外要说明的一点是,因为 Ubuntu 和 hello-world 都在镜像仓库服务的顶级命令空间中,所以我们可以直接使用仓库名。但有一些镜像仓库在二级命名空间中,比如微软的一些镜像仓库都在 microsoft 这个二级空间下,拉取这些镜像时需要在仓库名称前增加路径,比如拉取 dotnet:latest 镜像:docker pull microsoft/dotnet:latest。

如果要从第三方镜像仓库服务中拉取镜像,需要在仓库名称前添加该服务的 DNS 名称。这样做能确保 Docker 定位和正确的镜像访问,以获取所需的镜像内容。

一个镜像可以有多个标签,但一个标签只能定位一个镜像,正因如此所以可能产生虚悬镜像。虚悬镜像指在仓库中存在但没有被标注任何标签的镜像,换言之,人们不可能从镜像仓库中拉取到它。虚悬镜像产生的原因大多数是管理者在给新的镜像打标签时不小心使用了已经存在的标签。这时候 Docker 便会将旧镜像上的标签抹掉,并为新镜像添加此标签,因为一个标签只能标注一个镜像。当虚悬镜像产生后,管理员可以视情况为虚悬镜像打上新标签或者直接移除虚悬镜像。

2. 镜像的分层

镜像是如何存储的呢?最简单的方法是一个镜像打一个包,然后给每个包一个标签,需要哪个包就拿哪个包。这种方式虽然简单但存在存储浪费的缺点。因为镜像和镜像之间可能有很多共用的程序,尤其是在镜像的版本迭代中体现得更为明显。可能这个版本的镜像只是对上个版本进行了简单的修复,以及添加了新的小功能,只为了这一点改变就需要复制整个程序是不值得的。因此 Docker 采用了一种更加巧妙的方式存储镜像,那就是将镜像分层。

Docker 将镜像分为一些低耦合的只读镜像层,不同镜像之间可以共用镜像层,这样可以有效节省存储空间并提高性能。Docker 利用分层的联合文件系统 UnionFS 记录哪些镜像层会组合成一个镜像,并将这些镜像层对外暴露为一个完整的镜像文件。早期 Docker 在 Linux 中默认的文件系统是 AUFS,后来改为了 OverlayFS。

Docker 镜像采用分层结构构建,起源于基础镜像层,每次修改都在其上添加新的镜像层。这种方式高效且灵活,节省时间和存储空间,并且分层结构还支持镜像的复用和共享。比如我们可以将 ubuntu:12.04 作为一个基础镜像层,然后在 Ubuntu 中安装 python,这就需要增加一个镜像层,再在 python 中安装 pytorch,这便又需要增加一层,最终结果如图 5.12 所示。

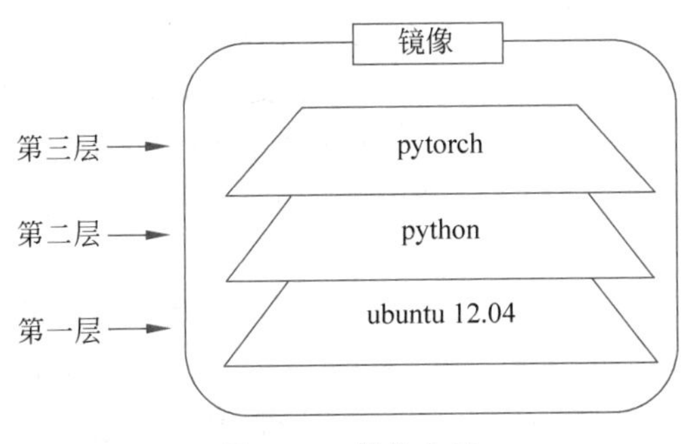

图 5.12　镜像分层

镜像的各层都是只读的，也就是说镜像层一旦创建便不能修改了，那如果想修改程序怎么办？Docker 提供了覆盖机制解决这个问题，例如图 5.13 中的这个例子。

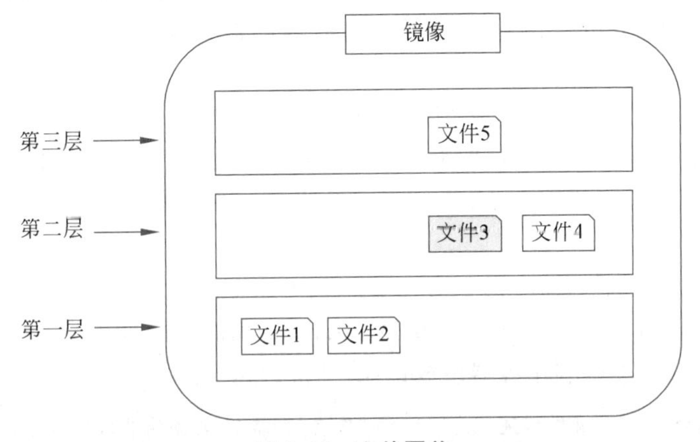

图 5.13　文件覆盖

在镜像的第一层有两个文件，在第二层又添加了两个文件。但是后来发现文件 3 并不符合需求，需要进行修改。直接修改文件 3 显然是行不通的，因为镜像层是只读的，所以这时便需要再添加第三层，并用文件 5 覆盖文件 3。Docker 会记录这种覆盖关系，并在对外暴露镜像时体现出来。图 5.14 是上述例子对外暴露结果。

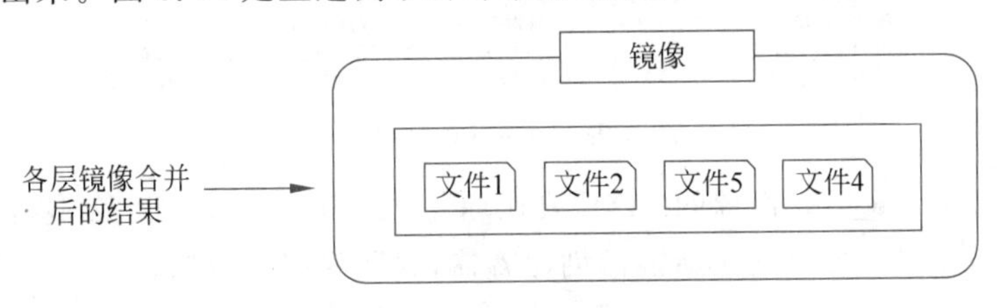

图 5.14　在外部看到的镜像

3. 镜像的构建

1）使用 commit 命令更改容器作为一个新的镜像

Docker 镜像文件是不可修改的，但使用这些镜像创建的容器是可以进行修改的。每个容器在镜像层之上创建了一个可修改的容器层，可以在其中进行个性化的定制和配置。这使得容器变得更加灵活，且不会改变原始镜像文件，如图 5.15 所示。

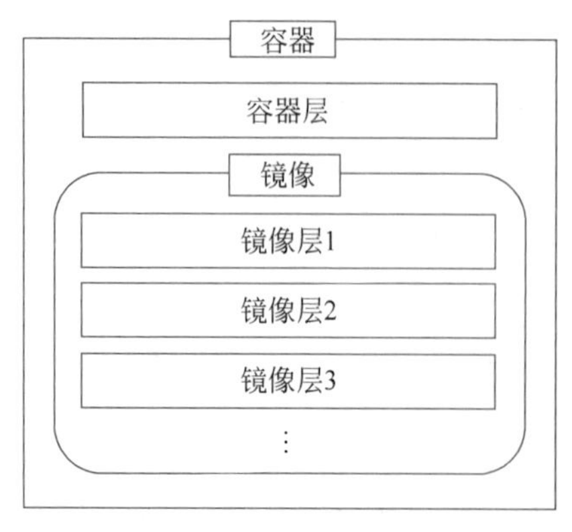

图 5.15　容器层

创建容器后对容器的所有操作只会更改容器层，而不会更改镜像当中的内容。

在对容器层做过修改之后，如果需要将更改后的容器当作一个新的镜像，可以使用 commit 命令。下面用一个例子来介绍一下 commit 的用法。

（1）使用之前下载好的 Ubuntu 镜像创建容器：docker run -it ubuntu /bin/bash。

（2）之前从镜像仓库下载的 Ubuntu 镜像里是不含 vim 命令的。可以测试一下，输入 vim a. txt 其会提示 command not found。

但 vim 是很好用的一个命令，我们希望安装它，并把安装好 vim 的 Ubuntu 保存为一个新的镜像并命名为 ubuntu_vim，之后只要使用 ubuntu_vim 镜像创建的容器就都自带 vim 命令了。

为了完成上面的需求，需要先在当前容器里安装 vim。

使用 apt-get update 更新包管理工具，之后使用 apt-get -y install vim 安装 vim。

安装可能需要一定的时间，请耐心等待。安装完成后再输入 vim a. txt 测试一下是否安装成功。

（3）安装 vim 成功后，使用 Ctrl＋P＋Q 退出 Ubuntu。然后输入 docker commit -m＝"vim add successfully" -a＝"auru" e46ba733bf9b ubuntu_vim：1.0。

（4）commit 命令可以利用容器生成镜像，其格式如下：

```
docker commit - m = "提交的描述信息" - a = "作者"容器 ID 要创建的目标镜像名[:标签名]
```

上述过程中需要特别注意的是使用命令时要把 e46ba733bf9b 替换为自己的容器 ID，容器 ID 可以使用 docker ps 查看。

（5）运行完成后，使用 docker images 查看镜像，可以看到新创建的 ubuntu_vim 镜像，如图 5.16 所示。

```
[root@localhost ~]# docker images
REPOSITORY     TAG       IMAGE ID       CREATED          SIZE
ubuntu_vim     1.0       19faba3bbb3a   8 seconds ago    174MB
ubuntu         latest    ba6acccedd29   3 months ago     72.8MB
```

图 5.16　ubuntu_vim 镜像

可以看到，ubuntu_vim 镜像的 SIZE 要比原始镜像 ubuntu 大很多，这是因为 ubuntu_vim 中包含了 vim 包。可以利用新镜像创建容器，验证我们的猜想。

使用 docker run -it ubuntu_vim：1.0 /bin/bash 创建容器，输入 vim b. txt，验证 vim 是否存在。

2）使用 Dockerfile 创建镜像

除了使用 commit 命令创建镜像外，还可以使用 Dockerfile 创建镜像。Dockerfile 是一个脚本文件，专门用来创建镜像，它可以指导 Docker 创建镜像。

Dockerfile 中由一条条指令组成，Docker 会顺序执行这些指令，并依据这些指令创建镜像。如下是一个 Dockerfile 文件，它同样可以创建一个包含了 vim 的 Ubuntu 镜像。

```
1.  FROM ubuntu
2.  MAINTAINER auru<auru@126.com>
3.
4.  #创建目录
5.  RUN mkdir /usr/local/mysh
6.
7.  ENV MYPATH /usr/local/mysh/
8.  WORKDIR $MYPATH
9.
10. #更新软件源
11. RUN apt-get update
12. #安装 vim
13. RUN apt-get -y install vim
14.
15. #复制文件到目录
16. COPY * $MYPATH
17.
18. #设定默认入口命令
19. ENTRYPOINT /usr/local/mysh/hello.sh
```

上面的 Dockerfile 文件使用 Ubuntu 为基础镜像，在其基础上安装了 vim，然后将一些文件复制到镜像中，并设定在启动容器时运行/usr/local/mysh/目录下的 hello.sh 脚本。下面介绍一下文件中出现的指令，它们都是一些常用指令。

(1) FROM 指令可以指定 Docker 镜像的基础镜像，它是构建过程的起点。每个 Dockerfile 都需要包含这个指令，并且通常是第一条指令。基础镜像决定了镜像的基础环境和后续操作的基础。选择适当的基础镜像可以简化构建过程，并确保镜像的稳定性和一致性。

(2) MAINTAINER 指令用来指定镜像作者。

(3) ENV 指令用来指定环境变量，本例中 MYPATH 为变量名，/usr/local/mysh/为值。

(4) WORKDIR 指令用来指定工作路径，即容器创建之后进入的目录，$MYPATH 是之前创建的环境变量。

(5) RUN 指令用来运行指定的 shell 命令，其还有一种形式，以 RUN apt-get update 为例便还可以写成 RUN ["apt-get","update"]。后面的写法不需要 shell 环境，而是使用 exec 执行。每运行一次 RUN 命令，Docker 便会为此镜像创建一个新的镜像层，RUN 命令所做的操作都存储在新镜像层中。

(6) COPY 指令用来复制宿主机的文件到镜像当中，第一个参数为宿主机文件路径，第二个参数为目标路径，此路径在镜像当中。*代表当前目录的所有文件，$MYPATH 为之前定义的环境变量。COPY 指令也会创建一个新的镜像层，用来存储复制的文件。

(7) ENTRYPOINT 指令用来指定镜像的默认入口命令。

除了上述命令外，Dockerfile 还有很多指令，比如 CMD、ADD、VOLUME 等。

接下来我们使用上述 Dockerfile 文件创建一个镜像。

(1) 首先在宿主机根目录下创建一个文件夹 myubuntu：mkdir myubuntu。

进入 myubuntu 当中，创建 hello.sh，并给它可执行权限。在 hello.sh 中添加如下内容：

```
1.  #!/bin/bash
2.  vim hello.txt
```

(2) 再创建 hello.txt，在 hello.txt 中写入“hello Dockerfile!”。

(3) 最后创建 Dockerfile，在文件的内容与之前相同。现在 myubuntu 目录中包含如图 5.17 中所示文件。

```
-rw-r--r--. 1 root root 303 2月  3 00:53 Dockerfile
-rwxrwxrwx. 1 root root  30 2月  2 22:53 hello.sh
-rw-r--r--. 1 root root  18 2月  2 22:54 hello.txt
```

图 5.17 构建镜像所需文件列表

(4) 在此目录中使用 build 命令创建镜像：docker build -t ubuntu_vim2:1.1 . 。

build 命令可以根据 Dockerfille 创建镜像，-t 之后跟的是新创建的镜像的名字和标签，注意不要忘记最后的“.”，它代表以当前目录为关联上下文创建镜像。

(5) 创建镜像可能需要一定的时间，如果成功创建会显示成功的信息。

使用 docker images 查看得到的镜像如图 5.18 所示。

```
[root@localhost ubuntu_vim2]# docker images
REPOSITORY                           TAG       IMAGE ID       CREATED       SIZE
ubuntu vim2                          1.1       c0b7ed7e8317   2 hours ago   174MB
```

图 5.18 使用 Dockerfile 新建的镜像

(6) 利用此镜像创建容器：docker run -it ubuntu_vim2:1.1，其结果如图 5.19 所示。

```
[root@localhost ubuntu_vim2]# docker run -it ubuntu_vim2:1.1

hello Dockerfile!
~
~
~
```

图 5.19 运行自定义容器

因为 Dockerfile 中使用了 ENTRYPOINT 设定了 hello.sh 为默认启动命令，所以一旦容器运行，hello.sh 中的命令便会被执行。又因为 hello.sh 中只有一个命令 vim hello.txt，所以容器创建后，vim hello.txt 被立即执行，屏幕上便显示出了在 hello.txt 中保存的内容。

4. 将镜像推送到仓库

经过上面的步骤后新镜像创建成功了，但此镜像还只是存储在本地，我们还可以将新镜像推送到镜像仓库。Docker hub 和其他镜像仓库服务与阿里云的操作步骤大同小异，这里用阿里云镜像仓库服务为例。下面的步骤会将 ubuntu_vim 镜像推送到阿里云镜像仓库。

1) 创建镜像仓库

首先需要在阿里云创建一个镜像仓库。登录到阿里云官网，选择控制台，进入容器镜像服务，创建一个个人实例。实例创建完成后，先创建一个命名空间(名字可以自己填写，这里使用 auru)，再在此命名空间下创建一个名为 ubuntu_vim 的镜像仓库，创建完成后如图 5.20 所示。

2) 镜像推送

在图 5.20 所示的界面下单击管理，进入 ubuntu_vim 仓库的详情页查看。页面中有操作指南，接下来使用“将镜像推送到 Registry”中的 3 项操作。

图 5.20　阿里云下创建镜像仓库

3）登录镜像仓库

镜像仓库创建完成后，回到 Linux 机器，登录阿里云镜像仓库：docker login --username=auru **** registry.cn-hangzhou.aliyuncs.com。

在上述操作中注意将 auru **** 改为自己的阿里云账号，registry.cn-hangzhou.aliyuncs.com 改为自己仓库的所在地址。

4）设置镜像标签

登录完成后，设置镜像标签：

```
docker tag [ImageId] registry.cn-hangzhou.aliyuncs.com/auru/ubuntu_vim:[镜像版本号]
```

这条命令可以直接复制操作指南中生成的命令，因为每个人都不一样，注意将[ImageId]改为自己的镜像 ID，可以使用 docker images 查看镜像 ID，[镜像版本号]改为 1.0。这里使用的命令如下：

```
docker tag 19faba3bbb3a registry.cn-hangzhou.aliyuncs.com/auru/ubuntu_vim:1.0
```

之后将镜像推送到镜像仓库：

```
docker push registry.cn-hangzhou.aliyuncs.com/auru/ubuntu_vim:[镜像版本号]
```

[镜像版本号]改为 1.0。

看到如图 5.21 所示信息便表示推送成功了。

```
The push refers to repository [registry.cn-hangzhou.aliyuncs.com/auru/ubuntu_vim]
3861ab9d7245: Pushed
9f54eef41275: Pushed
1.0: digest: sha256:99bd52aab04af1d0b6bb65e49f1a7c88cd478f00e42eab09afc60ec5178f3d19 size: 741
```

图 5.21　推送镜像到镜像仓库

5. 镜像命令

本节汇总了之前用过的镜像命令，并补充一些常用的命令。

- docker images：查看本地所有镜像文件。
- docker images -q：只显示镜像 ID。
- docker search [image]：在远程镜像仓库中搜索镜像，比如 docker search redis。还可以使用--limit 参数限制搜索出来的数量，比如 docker search --limit 5 redis，如图 5.22 所示。
- docker pull [image]：从仓库中拉取镜像，比如 docker pull ubuntu。不添加标签时默认标签为 latest，也可以显式添加标签，比如 docker pull ubuntu:12.04。
- docker system df：查看镜像/容器/数据卷所占空间。
- docker rmi [image...]：删除一个或多个镜像，比如 docker rmi ubuntu。但有时候

```
[root@localhost ubuntu_vim2]# docker search --limit 5 redis
NAME                              DESCRIPTION                                      STARS    OFFICIAL   AUTOMATED
redis                             Redis is an open source key-value store that…    10504    [OK]
rediscommander/redis-commander    Alpine image for redis-commander - Redis man…    74                  [OK]
redislabs/redisearch              Redis With the RedisSearch module pre-loaded…    49
oliver006/redis_exporter           Prometheus Exporter for Redis Metrics. Supp…    31
redislabs/redismod                An automated build of redismod - latest Redi…    18                  [OK]
[root@localhost ubuntu_vim2]#
```

图 5.22　从镜像仓库搜索镜像

有多个同名的镜像,所以一般更习惯使用镜像 ID 删除镜像,比如 docker rmi c0b7ed7e8317。

- docker rmi -f [image...]:强制删除一个或多个镜像。要删除的镜像创建过容器,当容器已停止时可以使用-f 参数强制删除镜像,当创建的容器还在运行时,使用-f 也不能删除镜像。
- docker commit [container][image]:提交容器副本使之成为一个新的镜像,比如 docker commit e46ba733bf9b ubuntu_vim:1.0。常用参数-m 后加描述信息,-a 后加作者信息。
- docker build -t [image] [src]:使用 Dockerfile 创建镜像,src 为 Dockerfile 文件所在目录,比如 docker build -t ubuntu_vim2:1.1 .。

5.5　Docker 引擎

关于 Docker 引擎有以下三方面内容:

- 旧版引擎
- 进化后的引擎
- 容器命令

5.5.1　旧版引擎

Docker 组件中的客户端和服务端,即 Docker 引擎。Docker 引擎是 Docker 管理容器的关键组件,Docker 通过 Docker 引擎创建、管理容器。直观来看,Docker 引擎便是一个软件程序,这个程序的功能便是管理容器。Docker 引擎经历过一个演化的过程,在最初只有 Docker daemon 和 LXC 两个组件。

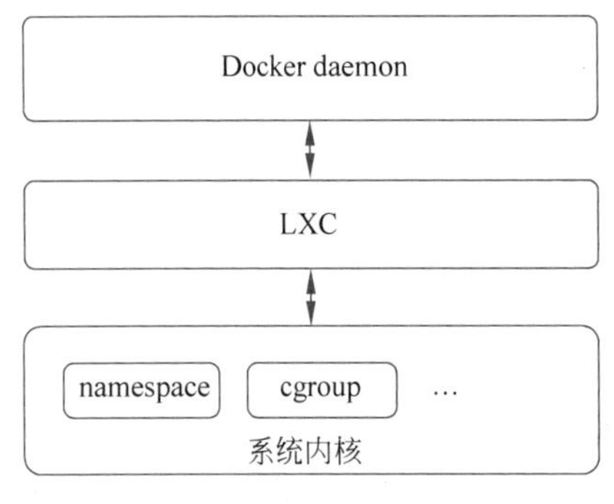

图 5.23　旧版 Docker 引擎

Docker daemon 即 docker 守护进程,是一个在宿主机中持续运行的进程,其功能包括向外部提供管理 API、容器生命周期管理、镜像创建等。

LXC 是基于 Linux 的容器虚拟化技术,它利用系统内核的 namespace 和 cgroup 等组件实现容器的具体策略。最初,Docker 底层基于 LXC 实现,Docker daemon 在逻辑上管理容器,LXC 负责具体的实现。

Docker daemon、LXC 和 Linux 系统的交互关系如图 5.23 所示。

5.5.2 进化后的引擎

早期 Docker 依赖于 LXC，但 LXC 有一个致命的缺点，那就是只能运用于 Linux 平台，而 Docker 致力于成为一个跨平台的应用。所以 Docker 公司开发了 Libcontainer 替代 LXC。它解决了 LXC 的不足，并且性能更高。

Docker 早期的 Docker daemon 功能复杂，各功能模块之间耦合性强。这就导致对各功能模块进行修改时非常困难。为了解决这个问题，Docker 公司对 Docker daemon 进行了拆解。Docker 公司将 Docker daemon 的部分功能拆解出来用专门的工具进行实现。这样做的好处是各功能模块之间耦合性降低了，运行效率提高，并且还支持第三方模块的替换。

Docker daemon 拆解后的结构如图 5.24 所示，主要分为 Docker client、Docker daemon、Containerd、Shim 和 RunC 5 部分。

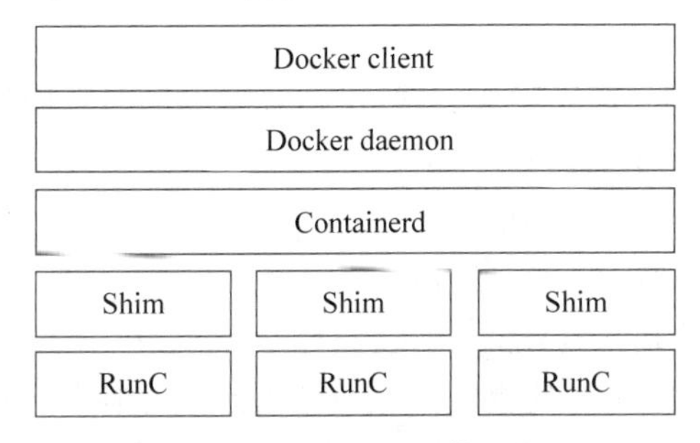

图 5.24 Docker 引擎架构

1. Docker client

client 对外提供容器管理 API，管理人员通过在 client 输入容器管理命令管理容器。

2. Docker daemon

在拆解后 Docker daemon 还剩下的主要功能包括镜像的创建和管理、网络管理、存储管理、安全管理等。当然对 Docker daemon 的拆分工作仍在进行中，之后 Docker daemon 中的功能将越来越精简。

3. Containerd

负责容器的生命周期管理，包括容器的创建、停止、删除等。为了适应更多的需求，Containerd 中也可以添加其他的功能，比如镜像管理，这些额外的功能都是可选项。

4. Shim

Shim 组件用于实现容器与守护进程的解耦。当需要创建容器时，Containerd 会创建一个 RunC 进程用于创建容器。此时容器的父进程为 RunC，而一旦容器创建成功，RunC 进程便会终止，容器的父进程会变为各自的 Shim 进程。如果没有 Shim，在 RunC 退出后容器的父进程就变为了 Docker 守护进程，而这个守护进程是唯一的。可以想象，在实际应用中我们可能创建成百上千个容器，如果所有容器的父进程都指向了一个守护进程，一旦守护进程停止,则所有的容器都将被停止,这显然是不合理的。因此,Docker 添加了 Shim 组件,当 RunC 进程停止时,容器的父进程不会指向守护进程,而是指向相应的 Shim 进程,借此实现容器与守护进程的解耦。

5. RunC

容器运行时(Runtime),基于 OCI 标准实现的容器创建工具。RunC 最初来源于 Libcontainer 的一个内置工具 nsinit,后来逐渐发展为 RunC。RunC 通过调用 Libcontainer 进行容器的创建。另外,为了解决 Docker 容器的安全性问题,RunC 可以被替换为 Kata、gVisor 等安全容器技术。

5.5.3 容器命令

本节将介绍常用的容器命令。

- docker run [image]:使用镜像创建容器,其后可接的常用参数如下。

--name:为容器指定一个名称;

-d:后台运行容器并返回容器 ID;

-i:以交互模式运行容器;

-t:为容器分配一个伪输入终端;

-P:随机端口映射,将宿主机任意一个端口映射到内部容器开放的网络端口;

-p:指定端口映射,比如 -p 12000:80,即将宿主机的 12000 端口映射到容器的 80 端口。

- docker ps:列出所有正在运行的容器实例,其后可接的常用参数如下。

-a:列出所有容器,不管是正在运行的还是已经停止的;

-n:显示最近 n 个创建的容器;

-q:只显示容器 ID。

- docker start [container...]:启动已停止的一个或多个容器,可接容器 ID 或者容器名。
- docker restart [container...]:重启一个或多个容器。
- docker stop [container...]:停止一个或多个容器。
- docker kill [container...]:强制停止一个或多个容器。
- docker rm [container...]:删除已停止的一个或多个容器。后可接参数-f,强制删除,即未停止的容器也可删除。
- docker logs [container]:获取容器的日志。
- docker inspect [container...]:显示一个或多个容器的详细信息。

5.6 持久化存储数据

关于持久化存储数据有以下两方面内容:

- 绑定挂载
- 卷

5.6.1 持久化存储

一般情况下，容器中的数据保存在容器中，与容器的生命周期相同。也就是说如果删除容器，容器中的数据也就随着删除了。但持久化保存数据的需求是存在的，持久化保存的数据能够独立地保存在容器外，即使容器被删除了数据仍然存在。使用持久化方式存储的数据将更加安全，也更容易在多容器之间分享。

常用的持久化存储数据的方式有两种，绑定挂载(Bind)和卷挂载(Volume)。这两种方式的主体思想相同。直观来看，绑定和卷两种方式都是维护两个有映射关系的目录，一个位于容器内，一个位于容器外，并保证这两个目录中保存的数据是相同的。

绑定和卷的作用都是实现数据持久性和容器间的数据共享。绑定和卷也有一些区别。首先，Docker允许用户指定在宿主机中的目录作为卷，用户无法随意更改该目录。然而，通过绑定操作，用户仍可以自行选择宿主机中的目录。另一个区别是，如果挂载的卷为空，而容器中的目录包含数据，Docker会将容器目录中的数据复制到卷中，但如果卷中已存在数据，Docker会将容器中的目录覆盖。但绑定操作不管宿主机目录中是否有数据，在挂载时一定会覆盖容器中目录里的数据。所以如果容器目录中有数据并且希望保存的话，建议使用卷的方式。

绑定和卷各有优缺点，绑定更加灵活，卷更加稳定，在选用时可以视情况而定。

5.6.2 绑定挂载

使用绑定挂载方式持久化存储数据，只需要在run容器时使用-v参数，其格式为：-v 宿主机中的目录：容器中的目录。

```
docker run -it --privileged=true -v /tmp/host_v:/tmp/container_v --name u1 ubuntu
```

上面的命令使用绑定挂载方式创建了一个容器。其中--privileged=true解决权限不足的问题。-v /tmp/host_v:/tmp/container_v设定绑定，其将宿主机中的/tmp/host_v目录和容器中的/tmp/container_v目录关联，之后一旦更改host_v目录下的数据Docker便会自动将此更改同步到container_v目录下，反之亦然。值得注意的是，在设定绑定时不需要提前创建目录，Docker会自动创建，前提是当前登录的用户有创建目录的权限。

容器创建完成后，移动到/tmp/container_v目录下，输入命令cd /tmp/container_v。在此目录下创建一个文件，输入命令touch u1.txt。需要注意的是我们是在容器中container_v目录下创建的文件，现在前往宿主机中的host_v目录下，查看是否存在该文件。

如图5.25所示，文件存在，这说明绑定挂载方式确实将容器中的数据同步到了宿主机中。现在再在host_v目录下创建一个文件，看看是否能同步到u1_v中。

```
[root@localhost host_v]# ll
总用量 0
-rw-r--r--. 1 root root 0 2月  9 19:44 u1.txt
```

图5.25 宿主机查看文件

在 host_v 目录下输入命令 touch host.txt,回到 u1_v 目录中查看是否存在 host.txt 文件,如图 5.26 所示。

```
root@d1c8f31ae388:/tmp/container_v# ls -l
total 0
-rw-r--r--. 1 root root 0 Feb  9 12:10 host.txt
-rw-r--r--. 1 root root 0 Feb  9 12:09 u1.txt
```

图 5.26 容器查看文件

经过上面的验证,宿主机和容器中绑定的目录是完全同步的,一方修改另一方也跟着修改。但有时我们不希望容器对绑定目录中的数据进行修改,而是只能读取其中的数据。为了实现这样的需求,可以在创建容器时使用 ro 这个参数。

```
docker run -it --privileged=true -v /tmp/host_v:/tmp/container_v:ro --name u2 ubuntu
```

使用上面的命令再次创建一个容器,创建完成后进入 container_v 目录下,尝试添加一个文件,发现会报如下信息: cannot touch 'u2.txt': Read-only file system。

系统提示这是一个只读(Read-only)的目录,因此不能创建文件。在 host_v 目录下仍然可以创建文件,读者可以自行尝试。

除了自己指定绑定外,容器还可以继承其他容器的绑定,这通过--volumes-from 参数来实现。

```
docker run -it --privileged=true --volumes-from u1 --name u3 ubuntu
```

上面的命令创建了一个名为 u3 的容器,其绑定规则继承于容器 u1,即 u3 和 u1 挂载了同样的宿主机目录。

创建完成后,进入/tmp/container_v 目录下查看文件,发现其内容与 u1 中的内容完全相同。

5.6.3 卷

使用卷之前需要先创建卷,因为还没有容器,所以此时的卷只是一个宿主机中的目录,等待被挂载到容器中。

创建卷的命令如下:

```
docker volume create my_volume
```

创建完成后使用 docker volume ls 命令查看所有卷。如图 5.27 所示。

```
[root@localhost ~]# docker volume ls
DRIVER    VOLUME NAME
local     my_volume
```

图 5.27 查看卷列表

可以看到 my_volume 的驱动为 local,该驱动为 Docker 默认内置驱动。使用 local 驱动的卷仅限于本地容器访问。通过使用-d 参数,可以为卷指定其他由第三方提供的外部驱动。卷的表现形式就是一个目录,那么创建的卷的所在目录可以使用 docker volume inspect my_volume 查看卷的详情,如图 5.28 所示。

可以看到,卷的目录位于/var/lib/docker/volumes/my_volume/_data 目录下。这是 Docker 默认为我们创建的路径。

另外还有一些对卷进行操作的命令。

- docker volume rm [volume...]: 用于删除指定卷。
- docker volume prune: 用于删除所有闲置的卷。

```
[root@localhost ~]# docker volume inspect my_volume
[
    {
        "CreatedAt": "2022-02-12T23:37:30+08:00",
        "Driver": "local",
        "Labels": {},
        "Mountpoint": "/var/lib/docker/volumes/my_volume/_data",
        "Name": "my_volume",
        "Options": {},
        "Scope": "local"
    }
]
```

图 5.28　查看卷详情

卷创建完成后便可以将其挂载到容器中，为容器挂载卷同样需要在创建容器时添加-v 参数。命令如下：

```
docker run -it -v my_volume:/tmp/container_v ubuntu
```

上述命令创建了一个容器，并将 my_volume 挂载到了容器的/tmp/container_v 目录下。卷与绑定的功能大同小异，这里不再验证。

如果 my_volume 并不存在，Docker 会自动创建它。不同的容器可以挂载相同的卷，与绑定相同，其同样支持只读参数的添加和卷规则的继承。

5.7　Docker 网络

关于 Docker 网络有以下七方面内容：

- Docker 网络的类型
- bridge 模式
- host 模式
- none 模式
- container 模式
- 自定义网络
- 网络命令

5.7.1　Docker 网络的类型

每个 Docker 容器都是一个相对独立的环境，Docker 网络用于实现容器间的通信。它包括单机网络和多机网络。单机网络解决了在同一台宿主机上的容器之间的网络通信问题，多机网络则解决不同宿主机之间容器的网络通信问题。本节主要介绍单机网络。

Docker 默认创建了 3 个网络，使用 docker network ls 命令可以查看它们，如图 5.29 所示。

可以看到 Docker 默认创建了 bridge、host、none 3 个网络模式，它们的驱动分别是 bridge、host 和 null。除了上面的 3 个网络模式，另外还有 container 和自定义两种模式。

```
[root@localhost ~]# docker network ls
NETWORK ID     NAME     DRIVER   SCOPE
e4ea72f4081c   bridge   bridge   local
8c51891133b2   host     host     local
73bf66fbbe32   none     null     local
```

图 5.29　查看 Docker 网络

5.7.2　bridge 模式

bridge 即虚拟网桥，在此种网络模式下，Docker 会为每个容器分配虚拟网卡和 IP 地址。容器会通过虚拟网卡连接到一个虚拟网桥，这个虚拟网桥与宿主机相连，以此实现了容器与容器、容器与宿主机之间的互联互通，如图 5.30 所示。

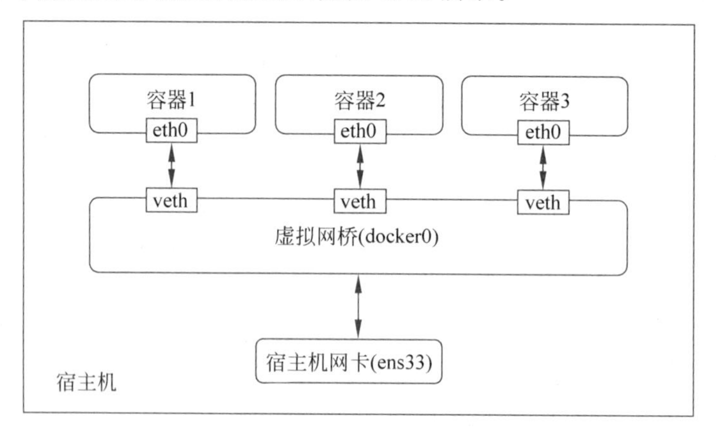

图 5.30　bridge 网络模式

在这里，虚拟网桥为 docker0，docker0 为安装 Docker 时默认创建的网桥。宿主机网卡因人而异，这里是 ens33。每个容器都有一个 eth0 虚拟网卡，并与虚拟网桥的 veth 接口相连。如果做一下类比，虚拟网桥便相当于交换机，容器便相当于主机，所有主机通过交换机相连实现网络通信。

bridge 模式为 Docker 的默认网络模式，如果不显示设定网络模式，容器便使用这种模式。

5.7.3　host 模式

host 模式是另外一种网络模式，相较于 bridge 模式，处于 host 模式下的容器使用宿主机的网卡和 IP，没有自己的 IP 地址，也不会虚拟出自己的网卡。

想要创建使用 host 网络模式的容器可以使用--network 参数。

可以通过 docker run -it --network host --name host_alpine alpine /bin/sh 这条命令创建一个网络模式为 host 的 alpine 容器。alpine 也是一种 Linux 的操作系统，alpine 镜像很小但上面包含的命令很齐全，所以很适合做演示。

创建完成后，输入 ip addr 查看容器的网络配置，结果如图 5.31 所示。

回到宿主机中输入同样的命令查看网络配置。如果不出意外，在宿主机中显示的内容与容器中的完全一致，这证明了处于 host 模式下的容器，确实使用的是宿主机的网卡和 IP。

5.7.4　none 模式

处于 none 模式下的容器有自己独立的 network namespace，这一点类似于 bridge 模式，但它并没有进行任何的网络设置。也就是说这种模式下，容器的网络只有一副空架子，既没有连接网桥也没有分配 IP 地址。在这种模式下，新创建的容器并不能"上网"，如果想

```
/ # ip addr
1: lo: <LOOPBACK,UP,LOWER_UP> mtu 65536 qdisc noqueue state UNKNOWN qlen 1000
    link/loopback 00:00:00:00:00:00 brd 00:00:00:00:00:00
    inet 127.0.0.1/8 scope host lo
       valid_lft forever preferred_lft forever
    inet6 ::1/128 scope host
       valid_lft forever preferred_lft forever
2: ens33: <BROADCAST,MULTICAST,UP,LOWER_UP> mtu 1500 qdisc pfifo_fast state UP qlen 1000
    link/ether 00:0c:29:41:ee:74 brd ff:ff:ff:ff:ff:ff
    inet 192.168.10.111/24 brd 192.168.10.255 scope global noprefixroute ens33
       valid_lft forever preferred_lft forever
    inet6 fe80::41c7:990c:eec2:cd92/64 scope link noprefixroute
       valid_lft forever preferred_lft forever
3: virbr0: <NO-CARRIER,BROADCAST,MULTICAST,UP> mtu 1500 qdisc noqueue state DOWN qlen 1000
    link/ether 52:54:00:d1:4b:75 brd ff:ff:ff:ff:ff:ff
    inet 192.168.122.1/24 brd 192.168.122.255 scope global virbr0
       valid_lft forever preferred_lft forever
4: virbr0-nic: <BROADCAST,MULTICAST> mtu 1500 qdisc pfifo_fast master virbr0 state DOWN qlen 1000
    link/ether 52:54:00:d1:4b:75 brd ff:ff:ff:ff:ff:ff
5: docker0: <NO-CARRIER,BROADCAST,MULTICAST,UP> mtu 1500 qdisc noqueue state DOWN
    link/ether 02:42:4e:b9:52:81 brd ff:ff:ff:ff:ff:ff
    inet 172.17.0.1/16 brd 172.17.255.255 scope global docker0
       valid_lft forever preferred_lft forever
    inet6 fe80::42:4eff:feb9:5281/64 scope link
       valid_lft forever preferred_lft forever
```

图 5.31　host_alpine 的网络配置

要连通网络,便需要手动进行网络配置,所以这种模式并不常用。

同样可以使用--network 参数创建一个处于 none 网络模式下的容器。

可以通过 docker run -it --network none --name none_alpine alpine /bin/sh 这条命令创建。

创建完成后再输入 ip addr 查看网络配置。如图 5.32 所示,可以发现其只有本地回环测试地址的配置 lo,并无其他网络配置。

```
/ # ip addr
1: lo: <LOOPBACK,UP,LOWER_UP> mtu 65536 qdisc noqueue state UNKNOWN qlen 1000
    link/loopback 00:00:00:00:00:00 brd 00:00:00:00:00:00
    inet 127.0.0.1/8 scope host lo
       valid_lft forever preferred_lft forever
```

图 5.32　none_alpine 的网络配置

5.7.5　container 模式

处于 container 模式下的容器不会创建自己的虚拟网卡并设置自己的 IP,这一点类似于 host 模式,但与 host 模式不同,它不会借用宿主机的网卡和 IP 而是借用另外一个容器的网卡和 IP,如图 5.33 所示,图中的容器 2 处于 container 模式下。

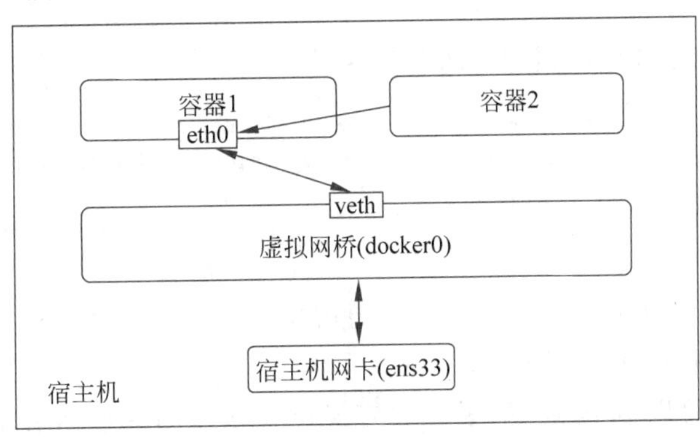

图 5.33　container 网络模式

使用 docker run -it --network bridge --name bridge_alpine alpine /bin/sh 创建一个 bridge 模式的容器。虽然不指定--network bridge,其默认也会创建 bridge,但为了看起来更加清晰,也可以加上。

创建完成之后查看其网络配置,如图 5.34 所示。

```
/ # ip addr
1: lo: <LOOPBACK,UP,LOWER_UP> mtu 65536 qdisc noqueue state UNKNOWN qlen 1000
    link/loopback 00:00:00:00:00:00 brd 00:00:00:00:00:00
    inet 127.0.0.1/8 scope host lo
       valid_lft forever preferred_lft forever
8: eth0@if9: <BROADCAST,MULTICAST,UP,LOWER_UP,M-DOWN> mtu 1500 qdisc noqueue state UP
    link/ether 02:42:ac:11:00:02 brd ff:ff:ff:ff:ff:ff
    inet 172.17.0.2/16 brd 172.17.255.255 scope global eth0
       valid_lft forever preferred_lft forever
```

图 5.34 bridge_alpine 的网络配置

再使用 docker run -it --network container: bridge_alpine --name container_alpine alpine /bin/sh 命令创建一个 container 模式下的容器,注意 container: 后面跟的是被借用网络的容器,这里我们借用上面刚刚创建的 bridge_alpine。

创建完成后再查看其网络配置,其应当与 bridge_alpine 相同。

5.7.6 自定义网络

除了使用上面 4 种网络模式外,还可以自定义网络。自定义网络也使用虚拟网桥进行通信。但与 Docker 默认创建的 bridge 不同,自定义网络支持自动 DNS 域名解析,即将容器名称解析到 IP 地址。

1. 自定义网络

使用 docker network create NETWORKNAME 创建自定义网络。

```
[root@localhost ~]# docker network ls
NETWORK ID     NAME         DRIVER    SCOPE
e4ea72f4081c   bridge       bridge    local
8c51891133b2   host         host      local
c037f2bb34f5   my_network   bridge    local
73bf66fbbe32   none         null      local
```

图 5.35 查看自定义网络

输入 docker network create my_network 创建一个自定义网络。

输入 docker network ls 查看网络。

如图 5.35 所示的新创建的网络已经显示出来了,其驱动也是 bridge,说明其使用虚拟网桥进行通信。

2. 创建容器

接下来使用自己创建的网络创建两个容器。

```
docker run -it --network my_network --name my_alpine1 alpine /bin/sh
docker run -it --network my_network --name my_alpine2 alpine /bin/sh
```

3. 容器通信

尝试两个容器能不能通过容器名称进行通信。

在 my_alpine1 中 ping 一下 my_alpine2。

如图 5.36 所示可以 ping 通,这说明自定义网络确实可以将容器名称自动解析为 IP 地址。

```
/ # ping my_alpine2
PING my_alpine2 (172.18.0.3): 56 data bytes
64 bytes from 172.18.0.3: seq=0 ttl=64 time=0.173 ms
64 bytes from 172.18.0.3: seq=1 ttl=64 time=0.067 ms
64 bytes from 172.18.0.3: seq=2 ttl=64 time=0.068 ms
64 bytes from 172.18.0.3: seq=3 ttl=64 time=0.068 ms
64 bytes from 172.18.0.3: seq=4 ttl=64 time=0.100 ms
```

图 5.36　两容器之间的通信

5.7.7　网络命令

Docker 中关于 Docker 网络的命令有如下几个。

- docker network connect [network] [container]：将一个已存在的容器连接到某一个网络。
- docker network create [network]：创建一个新的网络。比如 docker network create my_network。
- docker network disconnect [network] [container]：将一个容器从某个网络中断开。
- docker network inspect [network...]：查看一个或多个网络的详细信息。比如 docker network inspect my_network。
- docker network ls：列出所有网络。
- docker network prune：删除所有闲置的网络。
- docker network rm [network...]：删除一个或多个网络。

5.8　Docker Compose

关于 Docker Compose 有以下四方面内容：

- Docker Compose 概述
- 安装 Docker Compose
- 配置文件介绍
- Compose 命令

5.8.1　Docker Compose 概述

为了保证容器尽可能小巧，一般建议一个容器中只提供一种功能，所以一个完整的应用是由很多个容器组成。管理这些容器是一件非常麻烦的事情，好在 Docker Compose 可以帮助我们更好地完成这项工作。

Docker Compose 是 Docker 的容器编排工具，它通过一个 YAML 格式的配置文件来管理多个容器，组成完整的应用。Docker Compose 简化了容器的创建和管理过程，只需一条命令即可启动、停止和更新应用。Compose 提供了灵活的扩展性，可以定义容器之间的依赖关系和协作方式。通过简单的配置，实现快速搭建和部署复杂的应用环境。

5.8.2　安装 Docker Compose

Docker Compose 的安装可以参考官网 https://docs.docker.com/compose/install/。

这里只说明在 Linux 系统中的安装步骤。

1. 下载

从 github 上下载 Docker Compose 的稳定版本。如果连接不到 github,请多试几次。

```
sudo curl -L \
"https://github.com/docker/compose/releases/download/1.29.2/docker-compose-$(\
uname -s)-$(uname -m)" -o /usr/local/bin/docker-compose
```

2. 增加权限

通过以下命令增加可执行权限。

```
sudo chmod +x /usr/local/bin/docker-compose
```

3. 测试

通过以下命令测试是否安装成功。

```
docker-compose --version
```

5.8.3 配置文件介绍

Compose 使用 YAML 文件来配置容器,默认的文件名为 docker-compose.yml,用户也可以在运行时使用-f 参数指定其他的配置文件。

想详细了解 Compose 配置文件的具体规则,可以登录官网查看 https://docs.docker.com/compose/compose-file/compose-file-v3/。这里只进行简单的介绍。

下面是从官网例子中截取的部分内容,将用于接下来的说明。

```
1.  version: "3.9"
2.  services:
3.
4.  redis:
5.    image: redis:alpine
6.    ports:
7.      - "6379"
8.    networks:
9.      - frontend
10.   deploy:
11.     replicas: 2
12.     update_config:
13.       parallelism: 2
14.       delay: 10s
15.     restart_policy:
16.       condition: on-failure
17.
18. db:
19.   image: postgres:9.4
20.   volumes:
21.     - db-data:/var/lib/postgresql/data
22.   networks:
```

```
23.          - backend
24.      deploy:
25.        placement:
26.          max_replicas_per_node: 1
27.          constraints:
28.            - "node.role == manager"
29.
30.  networks:
31.    frontend:
32.    backend:
33.
34.  volumes:
35.    db-data:
```

1. 顶级 Key

可以看到,这个例子中包含了 4 个顶级 Key,也是最常用的 4 个 Key。

1) version

表示 Compose 配置文件的版本。每个 Compose 文件中必须包含 version,并且需要放在第一行。注意,这里指定的是 Compose 配置文件的版本,不是 Compose 的版本,Compose 配置文件格式在不同版本都有不同的区别,这里使用的是 3.9 版本。

2) services

services 指定需要创建的服务,每个服务便是一个容器。其下的每一个二级 Key 便是一个服务,也就是一个容器。可以看到上例中指定了两个容器,redis 和 db。在 services 下每指定一个容器,便相当于执行了一条 docker run 命令。

3) networks

networks 指定需要创建的网络。这里创建了 frontend 和 backend 两个网络。在 networks 下每指定一个网络,便相当于执行了一条 docker network create 命令。

4) volumes

volumes 指定需要创建卷,这里创建了一个名为 db-data 的卷。在 volumes 下每指定一个卷,便相当于执行了一条 docker volume create 命令。

2. services 下配置容器的指定信息

从例子中可以看出,在 services 下配置需要创建的容器时,也可以指定很多信息。

1) image

image 指定创建容器时使用的镜像。

2) volumes

volumes 指定容器使用的卷。

3) networks

networks 指定容器的网络。这个网络必须是已经存在的或者是在顶级 Key 中创建的。

4) ports

ports 指定端口映射。指定格式为 Host 端口号: Container 端口号,意思是将主机中的指定端口号映射到容器中的指定端口号。例子中仅指定了容器端口号6379,因此Docker会随机选择一个临时主机端口映射到容器端口6379。

5) deploy

deploy指定与服务的部署和运行相关的配置。这仅在使用docker stack deploy部署到swarm时生效,这里暂时不提。

3. 其他几个常用Key

除了上面的Key还有几个Key在配置容器时很常用,比如build、command等。

1) build

build可以使用Dockerfile创建容器。

2) command

command指定容器运行后的默认运行程序。

5.8.4 Compose命令

- docker-compose -h:查看帮助。
- docker-compose up:启动docker-compose服务。默认情况下,运行docker-compose up后,Compose将查找名为docker-compose.yml或者docker-compose.yaml的配置文件,并借此启动配置文件中配置好的容器。其常用参数如下。

-d:后台运行所有容器。

-f:指定运行所使用的配置文件。

- docker-compose down:停止并删除容器、网络、卷、镜像。
- docker-compose ps:展示当前docker-compose编排的运行中的容器。
- docker-compose config:检查配置。其参数-q表示有问题才输出。
- docker-compose stop:停止docker-compose编排的所有容器。
- docker-compose start:启动docker-compose编排的所有容器。
- docker-compose restart:重启docker-compose编排的所有容器。

5.9 Docker进阶

关于Docker进阶有以下两方面内容:

- Docker Swarm
- Docker Stack

5.9.1 Docker Swarm

Docker Swarm是Docker公司推出的Docker集群管理工具。5.3节至5.8节中的例子都是运行在单节点下,但在生产环境中大多数的应用都需要多节点配合运行,Docker Swarm便是用来帮助用户进行Docker容器的多节点管理。

Swarm将多个节点视为一个虚拟节点,并且对外以Docker API的形式提供服务。这意味着用户可以使用简单的 Docker 命令管理一个 Swarm 集群中的所有容器。比如说有一个网络服务，经过评估，它需要拥有 5 个副本并保证每一个副本都运行在不同的节点。为此，需要在 5 个不同的节点创建这个网络服务的容器，Swarm 可以轻松做到这一点。并且 Swarm 同时保证了，即使这个网络服务拥有 5 个副本，其对外还是以一个完整服务的形式呈现，而非 5 个。这在提高了效率的同时又极大方便了服务管理。

Swarm 与 Compose 都是 Docker 公司制作的容器编排工具，Compose 适用于单节点多容器编排，而 Swarm 用于跨节点编排。

一个 Swarm 集群由管理节点（Manager）和工作节点（Worker）组成。管理节点负责集群管理、状态维护和任务分配。工作节点主要用于接受和执行管理节点分配的任务，包括创建、删除容器等。其关系如图 5.37 所示。

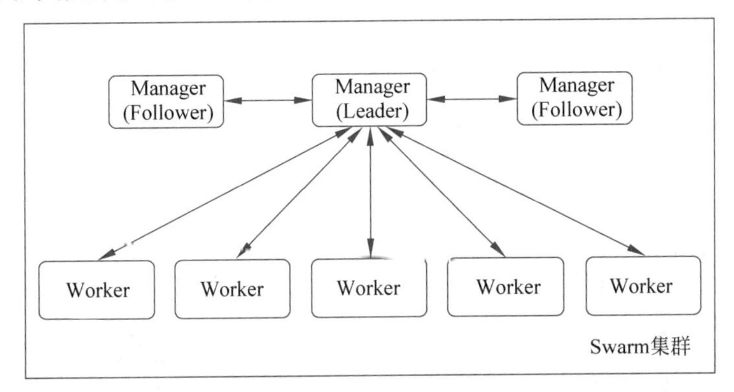

图 5.37 Swarm 集群

Swarm 可以有多个管理节点，但处于活跃状态的只有一个，该活跃状态的管理节点称为 Leader，其他管理节点称为 Follower，只有 Leader 可以管理集群并给工作节点分配任务。当 Follower 收到客户端的命令之后，其会将命令传给 Leader，让 Leader 发号施令。Swarm 设置多个管理节点的用意是实现管理节点的高可用，即当某一个管理节点出现故障，其他管理节点可以接手任务，不至于导致集群的崩溃。Swarm 使用了 Raft 共识算法来具体实现管理节点的高可用。

5.9.2 Docker Stack

Swarm 解决了服务在多节点的部署问题，但当需要同时部署多个服务时，只依靠 Swarm 便不够了。为了解决在多节点同时部署多个服务的问题，Docker 公司推出了 Docker Stack。

Stack 依赖于 Swarm，实际上，Stack 借助于 Swarm 将服务部署在集群上。Stack 使用了一个声明文件来对需要部署的服务进行定义，这个声明文件就是 Compose 配置文件。但要注意，Stack 要求使用的 Compose 配置文件版本要在 3.0 以上。

```
1.  version: "3.9"
2.  services:
3.
4.  redis:
5.    image: redis:alpine
```

```
6.     ports:
7.       - "6379"
8.     networks:
9.       - frontend
10.    deploy:
11.      replicas: 2
12.      update_config:
13.        parallelism: 2
14.        delay: 10s
15.      restart_policy:
16.        condition: on-failure
17.
18.  db:
19.    image: postgres:9.4
20.    volumes:
21.      - db-data:/var/lib/postgresql/data
22.    networks:
23.      - backend
24.    deploy:
25.      placement:
26.        max_replicas_per_node: 1
27.        constraints:
28.          - "node.role == manager"
29.
30.  networks:
31.  frontend:
32.  backend:
33.
34.  volumes:
35.  db-data:
```

5.9.1 节中已经介绍过一次的 Compose 配置文件,可以注意到每个 Service 下都有一个 deploy 关键字,这便是 Compose 配置文件能够应用于 Stack 的关键。deploy 指定了与服务的部署和运行相关的配置。其中各参数描述如下。

- replicas:指定了服务在集群中的副本个数,即其容器在集群中的存在数量。默认为 1。
- update_config:配置应如何更新服务。用于配置滚动更新。
- parallelism:配置一次更新的容器数量。
- delay:更新完一组容器后,更新下一组容器的等待时间。
- restart_policy:配置是否以及如何在容器退出时重新启动容器。
- condition:处于此状况下重启容器,可以设置为 none、on-failure 或者 any。
- placement:指定约束和首选项。
- max_replicas_per_node:每个节点的最大副本数。即对于某一个服务,其在某个节点上最多可以存在的副本数量。
- constraints:可以通过定义约束表达式来限制可以安排任务的节点集。比如上例中的"node.role==manager"表示节点必须为管理节点。

关于上述关键字以及更多关键字的详细介绍同样可以通过官网查看,官方网站链接如下：

https://docs.docker.com/compose/compose-file/compose-file-v3/。

在准备好 Compose 文件后，使用 Stack 进行服务的部署其实非常简单，只需使用 docker stack deploy 命令即可。这个命令需要两个参数，-c 后指定要使用的 Compose 文件，然后指定 stack 的名字。比如 docker stack deploy -c docker-compose.yml my_stack。当然 Stack 依赖于 Swarm，所以在部署前要保证自己的 Swarm 集群在正常运行。

5.10　本章小结

本章主要介绍了容器的相关知识，并重点介绍了 Docker 容器的安装及使用。首先介绍了容器和 Docker 的基础知识，并介绍了 Docker 组件及 Docker 引擎。此外还通过简单的实验介绍了 Docker 的容器管理和镜像管理的相关命令。之后，本章又介绍了 Docker 的持久化存储和 Docker 网络，以及使用 Docker Compose 进行容器编排。最后，本章介绍了如何使用 Docker Swarm 和 Docker Stack 进行多节点的容器管理。

习题 5

1. 什么是容器？
2. 如何使用 Docker 拉取镜像文件？
3. 如何使用 Docker 部署容器？
4. Docker 网络有哪几种模式？
5. Docker Swarm 和 Docker Stack 有什么作用？

第6章

Kubernetes

本章学习目标

- 掌握 Kubernetes 的基本知识
- 了解安装并使用 Kubernetes
- 了解并使用 Kubernetes 进行容器集群的管理

本章首先介绍了 Kubernetes 的基础知识，包括 Kubernetes 的核心概念和架构等，然后详细介绍了 Kubernetes 的安装及使用。

6.1　Kubernetes 的概述

关于 Kubernetes 的概述有以下三方面内容：

- Kubernetes 的简介
- Kubernetes 的优势
- Kubernetes 的发展历史

6.1.1　Kubernetes 的简介

Kubernetes 是由 Google 公司研制的一款容器集群管理系统。通过 Kubernetes，用户可以轻松完成容器在集群中的自动部署、调度和扩缩容等操作。

Kubernetes 功能强大，它可以帮助用户快速部署应用、轻松管理应用，还可以帮助用户优化系统资源的使用，节省硬件资源。其具有可移植、可扩展和自动化的特点。可移植即支持公有云、私有云、混合云、多重云。可扩展即模块化、插件化、可挂载、可组合。自动化即自动部署、自动重启、自动复制、自动扩缩容。

6.1.2　Kubernetes 的优势

第 5 章中曾介绍过 Docker Swarm，其功能也是在集群中管理容器，而 Kubernetes 相比于 Docker Swarm 有许多优势值得我们选择 Kubernetes。

(1) Kubernetes 比 Swarm 功能更加完备。比如 Kubernetes 拥有回滚、自动扩缩容、健康检查等功能，同时内置了运行监控和日志服务，极大方便了使用者。

(2) Kubernetes 底部除了支持 Docker 容器外，还支持其他种类的容器，比如 rkt 等。

(3) 因为 Kubernetes 应用更加广泛，所以其社区更加活跃，技术更新也更加迅速。

虽然 Kubernetes 更加强大，并且应用广泛，但这不代表 Swarm 毫无用武之地。Swarm 更加小巧，安装简单，而且与 Docker 通用 API，所以学习成本低，非常适用于一些小型项目。在进行技术选择时，需进行多方面的考虑。

6.1.3　Kubernetes 的发展历史

Kubernetes 脱身于 Google 公司开发的 Borg 系统，是 Borg 系统的开源实现版本。下面是 Kubernetes 的发展历程。

2004 年，Borg 系统诞生。Borg 系统是 Google 内部的一个大规模集群管理系统，它可以管理拥有数万台机器的大型集群，并在集群上运行数十万个作业。

2014 年 6 月 7 日，Google 推出了 Borg 的开源版本 Kubernetes。Kubernetes 的图标如图 6.1 所示。

图 6.1　Kubernetes 的图标

2015 年 7 月 21 日，Kubernetes V1.0 发布，与此同时，Google 与 Linux 基金会组建了云原生计算基金会(CNCF)。

同年 11 月,Kubernetes 发布了 1.1 版本,主要进行了性能的升级。

2016 年,Kubernetes 相继发布了 1.2、1.3、1.4、1.5,进行了性能和功能上的改进。其间推出了 Kubernetes 的软件包管理系统 Helm,并在 1.4 推出了 Kubeadm,用于提高 Kubernetes 的可安装性。

2017 年,Kubernetes 1.6、1.7、1.8、1.9 发布。更新包括默认启动 etcd v3、角色访问控制(RBAC)、Secrets 加密等。

2018 年,发布了 1.10、1.11、1.12、1.13 4 个版本,主要在安全性和可扩展性上进行了补强。

2019 年至 2020 年,发布了 1.14 至 1.18 版本,这几个版本中增强了 Kubernetes 的自动化能力、网络支持和用户友好性。

2020 年至 2021 年,发布了 1.19 至 1.22 版本,这些版本增强了 Kubernetes 的通用性、可观测性和调试功能。

2021 年发布的 1.23 版本及以上引入了更多的自动化和可观测性特性、更好的网络功能以及更好的安全性。其中,2022 年发布了 1.24、1.25、1.26 版本,2023 年发布了 1.27、1.28、1.29 版本。

6.2 Kubernetes 中的核心概念

关于 Kubernetes 中的核心概念有以下五方面内容:

- Pod
- Controller
- Label
- Service
- Namespace

6.2.1 Pod

Pod 由一个或多个紧密相关的容器组合而成,是一个容器组。一般来说,同一个 Pod 中包含的容器都是紧耦合的关系,它们必须相互配合才能体现完整的功能。为了让这些容器更好地协作,一个 Pod 中的所有容器会共享同一个网络和存储。Pod 通过额外启动一个 Infra 容器来实现网络共享。Infra 容器非常小,并且永远处于“暂停”状态,所以也称为 Pause 容器。在 Pod 创建时,Infra 容器便创建了,之后在此 Pod 中启动的容器都会借用 Infra 容器的网络,而不需要创建自己的网络。因此它们看到的网络视图完全相同,它们有相同的 IP 地址,可以通过 Localhost 直接通信。Pod 实现存储共享的方式更加简单,只需要在容器中挂载相同的卷。

值得注意的是,Kubernetes 调度的最小单元是 Pod,而非容器。这样设计的一个重要原因是同一个 Pod 中的容器必须相互协作,需要同时调度。如果不以 Pod 为单位进行调度,可能出现将联系紧密的两个容器分隔两地的情况,从而导致调度失败。

6.2.2 Controller

Kubernetes 通过 Controller 创建和管理 Pod，包括在集群中部署 Pod、副本管理、滚动升级等。Controller 还可以为 Pod 提供自愈能力，如果某一个 Pod 因意外损坏，Controller 可以自动在集群中创建一个一模一样的 Pod。

Controller 使用 Pod 模板来创建 Pod，Pod 模板中定义了 Pod 的部署特性，比如需要几个副本、生命周期等。为了满足不同的业务场景，Kubernetes 定义了多种的 Controller，每种 Controller 中的 Pod 模板不同，包括 Deployment、DaemonSet、StatefulSet 和 job 等。

1. Deployment

Deployment 是最常用的一种 Controller，它可以管理 Pod 的多个副本。通过 Deployment 我们可以设置 Pod 副本数量、配置更新方式，并且支持回滚。Deployment 使用 ReplicaSet 管理多个副本。在创建 Deployment 后，Deployment 会自动创建 ReplicaSet，ReplicaSet 是升级版的 Replication Controller，专门用于 Pod 的多副本管理，它能够确保运行指定数量的 Pod 副本。一般不建议直接使用 ReplicaSet，而是使用功能更加全面的 Deployment。

2. DaemonSet

DaemonSet 确保集群中的每个节点都会运行一个 Pod 副本。DaemonSet 通常用于运行守护进程。

3. StatefulSet

StatefulSet 用于管理有状态应用程序。StatefulSet 为每个 Pod 副本维护一个永久性的标识符，并根据标识符保证 Pod 副本部署和扩展的顺序与唯一性。

4. Job

Job 用于运行结束就删除的 Pod。Job 创建一个或多个 Pod 副本，并将持续重试 Pod 的执行，直到指定数量的 Pod 成功完成任务。当指定数量的 Pod 完成后，Job 会删除所有 Pod 副本。

6.2.3 Label

Label 即标签，其实就是一对 key/value。标签可以被附加到各种资源对象上，比如 Node、Pod、Service 等。标签通常在对象定义时添加，但也可以在创建后动态添加和修改。标签的 key 和 value 皆由用户指定，且对于用户来说是有意义的。之后，用户可以通过标签查找到特定分组的对象。一个对象也可以添加多个标签，但 key 必须不同。其格式如下：

```
1.  "labels":{
2.  "key1" : "value1"
3.  "key2" : "value2"
4.  }
```

举个简单的例子来了解下标签的作用。假如有三个 Pod,Pod1 有两个标签 color: red 和 shape: circle,Pod2 有两个标签 color: red 和 shape: square,Pod3 有一个标签 shape: square。标签标注了 Pod 的特性,当用户想选择 color 为 red 的 Pod 时,Kubernetes 便会通过标注好的标签快速找到 Pod1 和 Pod2。同样的,当用户想选择 shape 为 circle 的 Pod 时,Kubernetes 便会找到 Pod1。

6.2.4 Service

Kubernetes 通过 Pod 部署应用,Pod 可能有多个副本,每个 Pod 副本在创建时都会分配一个 IP,所有 Pod 副本组成一个集群向外提供服务。但这里有一个问题,那就是外部如何才能访问到这组 Pod。使用 Pod 的 IP 显然是不行的,因为 Pod 的生命周期是短暂的,其可能会被频繁地销毁和重新创建,这个过程中 Pod 的 IP 会发生变化。为了解决这个问题,Service 应运而生。

Service 是一种特殊的对象,它有自己的 IP 和端口,并与一组 Pod 相关联。Service 所关联的 Pod 集合通常由 Label 选择器确定。Service 的 IP 并不会频繁改变,用户可以通过访问 Service 来访问这组 Pod。

Service 实现了服务本身与 Pod 副本的解耦。假设存在某种服务,这种服务由某个 Pod 提供,它有 3 个副本。当调用这个服务时,用户其实并不想知道调用了哪一个副本,也不想知道是否有一个副本正在重启,他们只关心如何才能访问到这种服务,Service 正是实现了这一点。

Service 将一组功能相同的 Pod 抽象为一个整体,对外提供统一的访问入口。Service 负责 Pod 的访问,而 Pod 的管理则交给 Controller 处理。

Service 还实现了 Pod 副本间的负载均衡,它会尽量将访问流量平摊到所有副本中。

6.2.5 Namespace

一般来说,一个 Kubernetes 集群不会只有一个人使用,不同人员使用集群时可能要将资源隔离,互不干扰。Namespace 的作用正在于此。

Namespace 是将集群资源划分为不同用途的一种措施,它可以将一个集群划分为多个虚拟集群,虚拟集群之间互不干扰。

Kubernetes 默认创建了两个 Namespace: default 和 kube-system。

不显式指定 Namespace 的对象都会被创建进 default 当中,而 kube-system 是 Kubernetes 系统资源所在的位置。

6.3 Kubernetes 的架构

关于 Kubernetes 的架构有以下三方面内容:

- Kubernetes 的架构
- Master
- Node

6.3.1 Kubernetes 的经典架构

Kubernetes 使用了非常经典的 client-server 架构。其服务端是一个集群，由 Master 节点和 Node 节点组成，所有客户端的组件只与 Master 连接，并将要执行的命令传送给 Master，Master 收到命令后会发送消息给相应的 Node 进行最终的操作。架构示意图如图 6.2 所示。

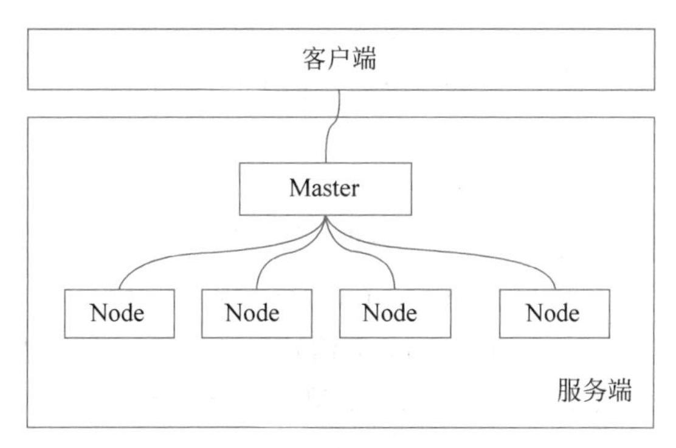

图 6.2 Kubernetes 的架构

6.3.2 Master

Master 是集群的控制节点，负责对集群进行控制和管理。Master 上运行着许多组件，主要包括 4 个：API Server、Controller Manager、Scheduler 和 etcd。

1. API Server

API Server 负责处理 API 操作。API Server 起到了交通枢纽的作用，Kubernetes 的其他所有组件包括客户端在内都需要与 API server 进行连接，所有组件之间的消息传递都依赖 API Server 进行。

2. Controller Manager

Controller Manager 负责集群资源管理，维护集群状态。Controller Manager 由多种 Controller 组成，每种负责管理一种资源。例如 6.2.2 节提到的 Controller 便是专门用于管理 Pod 的控制器。除此之外还有专门用来管理 Namespace 的 Namespace Controller，负责管理 Node 的 Node Controller 等。

3. Scheduler

Scheduler 是调度器，其负责为 Pod 选择合适的 Node。Scheduler 在调度 Pod 时会考虑多方面的需求，包括节点负载、性能、数据亲和性等。

4. etcd

etcd 是一个分布式的存储系统，用于保存整个集群的配置信息和状态信息。

Master 节点的内部示意图如图 6.3 所示。

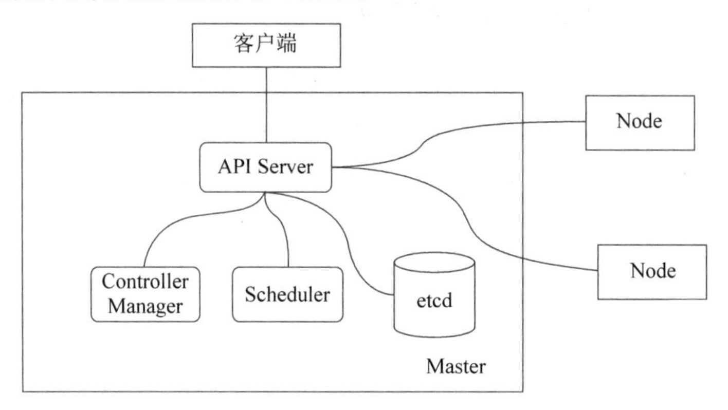

图 6.3　Master 节点的内部

为了应对意外情况,可以设置多个 Master 节点,即实现 Master 节点的高可用。实现高可用后,所有 Master 节点上的 API Server 会组成一个集群,协同处理 API 操作。etcd 与 API Server 类似同样会组成集群。Controller Manager 和 Scheduler 则不会组成集群,所有 Master 中只会有一个 Controller Manager 和 Scheduler 处于激活状态。

6.3.3　Node

Node 是 Kubernetes 集群中真正的工作节点,是 Pod 运行的地方。Node 中有两个主要的组件:kubelet 和 Kube-proxy。

1. kubelet

kubelet 相当于 Master 在 Node 节点上的代理人,负责对 Master 发来的消息进行真正的执行。kubelet 实现了本节点上对 Pod、容器、镜像等资源的管理,并监控容器运行情况反馈给 Master。

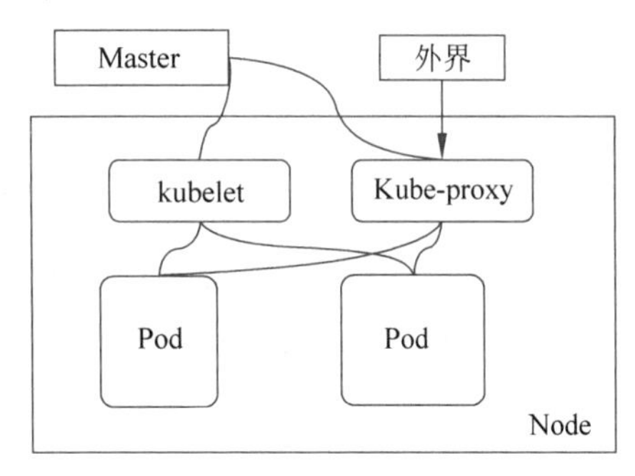

图 6.4　Node 节点内部

2. Kube-proxy

Kube-proxy 用于 Pod 的访问管理。Service 是一组功能相同的 Pod 的抽象,当外界想访问这组 Pod 时,可以通过 Service 提供的统一入口进行访问。Kube-porxy 用于 Service 功能的实现,它可以引导访问到 Service,实现 Service 到 Pod 的路由和转发,以及实现负载均衡。

Node 节点内部如图 6.4 所示。

6.4　Kubernetes 集群搭建

关于 Kubernetes 集群搭建有以下四方面内容:

- 安装前准备

- 安装 Kubernetes
- 搭建集群
- 常用的 kubectl 命令

6.4.1 安装前准备

在学习 Kubernetes 相关操作之前，先让我们搭建一个 Kubernetes 集群。部署 Kubernetes 集群的方式有很多种，这里我们使用 kubeadm 进行部署。kubeadm 是一个快速部署 Kubernetes 集群的工具，它通过 init 指令自动创建并配置好 Master 节点，再通过 join 指令将 Node 节点加入集群中。

在本节中，我们将搭建拥有 3 个节点的简易集群，其中有一个 Master 节点和两个 Node 节点。

为了搭建集群，首先要准备 3 台 Linux 虚拟机，这里使用 CentOS 系统。虚拟机配置不要过低，每台虚拟机至少需要 2GB 的 RAM 和 2 个 CPU，否则可能会安装失败。虚拟机需要能够连接外网，并且相互之间能够通信。虚拟机需要关闭 swap 分区。

准备好虚拟机后，还要对其进行一些初始化。3 台机器上都需要执行以下操作。

1. 关闭防火墙

```
1.  systemctl stop firewalld
2.  systemctl disable firewalld
```

2. 禁用 SELinux

SELinux 是 Linux 系统中用于加强安全性的组件，不禁用会影响 Kubernetes 的功能。

```
1.  sed -i 's/enforcing/disabled/' /etc/selinux/config
```

上述命令将/etc/selinux/config 配置文件中的 enforcing 改为了 disabled。

3. 添加主机名和主机 IP 的关系映射

可以通过 hostnamectl set-hostname <hostname>修改主机名称，这里将 3 台主机分别改为了 k8smaster、k8snode1、k8snode2。

vim /etc/hosts 打开文件，在文件中添加主机 IP 和主机名称的映射关系，如图 6.5 所示。

```
[root@k8smaster ~]# vim /etc/hosts

127.0.0.1   localhost localhost.localdomain localhost4 localhost4.localdomain4
::1         localhost localhost.localdomain localhost6 localhost6.localdomain6
192.168.10.111 k8smaster
192.168.10.112 k8snode1
192.168.10.113 k8snode2
~
```

图 6.5 主机 IP 与主机名称映射

4. 同步 3 台机器的时间

需先安装 ntpdate：

```
1.  yum install ntpdate -y
```

安装完成后同步时间,如果是在 windows 操作系统上创建的虚拟机,可以使用下面的命令将时间与 Windows 系统同步。

```
1.  ntpdate time.windows.com
```

如果不是 Windows 上安装的虚拟机,可以使用下面命令将时间同步到中国网络时间协议服务器。

```
1.  ntpdate -u cn.pool.ntp.org
```

6.4.2 安装 Kubernetes

下面步骤仍需要在 3 个节点执行。

1. 安装 Docker

这里仍然使用 Docker 作为 Kubernetes 的底部依赖,所以仍需要安装 Docker。安装 Docker 的具体步骤可以参考第 5 章。

2. 配置 Kubernetes 的阿里云 yum 源

为了安装时更迅速,需要配置一个国内的 yum 源,这里选用阿里云 yum 源。

前往/etc/yum.repos.d/目录下,增加一个文件:

```
1.  vim kubernetes.repo
```

在文件中添加如下内容:

```
1.  [kubernetes]
2.  name=Kubernetes
3.  baseurl=https://mirrors.aliyun.com/kubernetes/yum/repos/kubernetes-el7-x86_64/
4.   enabled=1
5.   gpgcheck=1
6.   repo_gpgcheck=1
7.   gpgkey=https://mirrors.aliyun.com/kubernetes/yum/doc/yum-key.gpg https://mirrors.
  aliyun.com/kubernetes/yum/doc/rpm-package-key.gpg
```

3. 安装 kubelet、kubeadm、kubectl

可以安装最新版 kubelet、kubeadm 和 kubectl,当然也可以安装指定版本,这里使用 v1.23.4。

```
1.  yum install -y kubelet-1.23.4 kubeadm-1.23.4 kubectl-1.23.4
```

安装完成后,设置开机启动:

```
1. systemctl enable kubelet
```

6.4.3 搭建集群

所有的准备工作都已经做好了，下面开始搭建集群。

1. 部署 Master 节点

使用 init 命令，此命令只在 Master 节点上执行。为了方便解释，每一行后都添加了注释，执行时注意去掉括号中的内容。

```
1.  kubeadm init \
2.      -- apiserver - advertise - address = 192.168.10.111 \ (APIserver 服务器地址，修改为自己的 Master 地址)
3.      -- image - repository registry.aliyuncs.com/google_containers \ (镜像下载地址，默认为 k8s.grc.io，若不修改下载可能会失败)
4.      -- kubernetes - version v1.23.4 \ (版本信息，需修改为自己的版本号)
5.      -- service - cidr = 10.96.0.0/12 \ (service 网络使用的网段)
6.      -- pod - network - cidr = 10.244.0.0/16 \ (Pod 网络使用的网段)
```

init 命令会拉取诸多 Kubernetes 运行所需的镜像，比如 kube-apiserver、kubc-controller-manager、kube-scheduler 等，并在拉取完成后自动启动它们。

初始化完成后会显示如图 6.6 所示的消息：

```
Your Kubernetes control-plane has initialized successfully!

To start using your cluster, you need to run the following as a regular user:

  mkdir -p $HOME/.kube
  sudo cp -i /etc/kubernetes/admin.conf $HOME/.kube/config
  sudo chown $(id -u):$(id -g) $HOME/.kube/config

Alternatively, if you are the root user, you can run:

  export KUBECONFIG=/etc/kubernetes/admin.conf

You should now deploy a pod network to the cluster.
Run "kubectl apply -f [podnetwork].yaml" with one of the options listed at:
  https://kubernetes.io/docs/concepts/cluster-administration/addons/

Then you can join any number of worker nodes by running the following on each as root:

kubeadm join 192.168.10.111:6443 --token a73etc.va0lintiqh86sx6n \
        --discovery-token-ca-cert-hash sha256:24b8f310209e42690bb123019066377d0356391e2333d0d9e41e2bb49c9ced70
```

图 6.6 Kubernetes 初始化消息

根据上面的提示在 Master 节点上依次执行命令：

```
1.  mkdir -p $HOME/.kube
2.  sudo cp -i /etc/Kubernetes/admin.conf $HOME/.kube/config
3.  sudo chown $(id -u):$(id -g) $HOME/.kube/config
```

上述 3 条命令对 kubectl 进行了设置。Node 节点上也需要执行上面的操作，否则 Node 节点上便不能使用 kubectl。但 Node 节点上并没有/etc/Kubernetes/admin.conf 这个文件，因此执行第二条命令时会报错，需要先将 Master 节点上的文件复制到 Node 中再执行。

2. 安装 Pod 网络插件

添加 Node 前需要安装 Pod 网络插件,否则即使添加了 Node 节点,也不能工作。此操作 3 个节点都需要执行。

```
1.  kubectl apply - f \
2.      https://raw. githubusercontent. com/coreos/flannel/master/Documentation/kube -
    flannel. yml
```

上面的命令可能会执行失败,因为其为国外源,失败的话可以多试几次。

3. 加入 Node 节点

init 命令输出消息的最后两行,是添加 Node 节点的命令。复制它,在两个 Node 节点上执行。显示图 6.7 所示消息则表示节点加入成功。

```
[root@k8snode1 ~]# kubeadm join 192.168.10.111:6443 --token a73etc.va0lintiqh86sx6n \
> --discovery-token-ca-cert-hash sha256:24b8f310209e42690bb123019066377d0356391e2333d0d9e41e2bb49c9ced70
[preflight] Running pre-flight checks
[preflight] Reading configuration from the cluster...
[preflight] FYI: You can look at this config file with 'kubectl -n kube-system get cm kubeadm-config -o yaml'
[kubelet-start] Writing kubelet configuration to file "/var/lib/kubelet/config.yaml"
[kubelet-start] Writing kubelet environment file with flags to file "/var/lib/kubelet/kubeadm-flags.env"
[kubelet-start] Starting the kubelet
[kubelet-start] Waiting for the kubelet to perform the TLS Bootstrap...

This node has joined the cluster:
* Certificate signing request was sent to apiserver and a response was received.
* The Kubelet was informed of the new secure connection details.

Run 'kubectl get nodes' on the control-plane to see this node join the cluster.
```

图 6.7　加入 Node 节点时的消息

在 Master 节点运行 kubectl get nodes 查看节点信息,如图 6.8 所示。

```
[root@k8smaster yum.repos.d]# kubectl get nodes
NAME        STATUS   ROLES                  AGE     VERSION
k8smaster   Ready    control-plane,master   40m     v1.23.4
k8snode1    Ready    <none>                 2m55s   v1.23.4
k8snode2    Ready    <none>                 29s     v1.23.4
```

图 6.8　查看节点信息

上述加入集群的命令只有 24 小时的时效,因为其默认创建的 token 的有效期为 24 小时。token 过期后上述命令就不可用了,这时便需要重新创建 token:

```
1.  kubeadm token create -- print - join - command
```

token create 命令会创建一个 token,--print-join-command 参数指示根据新创建的 token 输出加入集群的命令。

6.4.4 常用的 kubectl 命令

kubectl 是 Kubernetes 集群的命令行工具,用于管理集群。kubectl 命令使用很频繁,所以介绍几个常用的 kubectl 命令。

- kubectl --help:列出 kubectl 所有命令的名称及作用。还可以查看具体命令的使用方法,比如使用 kubectl get --help 可以查看 get 命令的详细使用方法。

- kubectl get：列出一个或多个资源，比如 kubectl get nodes 获取节点信息。其后还可以添加资源名称，比如 kubectl get nodes k8snode1。
- kubectl create：从文件或标准输入创建资源。常用参数-f，其后添加文件名称，kubectl create -f [FILENAME]。
- kubectl apply：从文件或标准输入对资源应用配置更改。常用参数-f，其后添加文件名称，kubectl apply -f [FILENAME]。
- kubectl edit：编辑并更新资源文件的定义。其后常需要资源名称作为参数。
- kubectl delete：删除资源。可以使用资源名称或文件(-f FILENAME)删除资源，也可以使用标签选择器批量删除资源。
- kubectl describe：显示一个或多个资源的详细信息。
- kubectl exec：对 Pod 中的容器执行命令。比如 kubectl exec [PODNAME] -c [CONTAINER] -- [COMMAND]，-c 后指定了对 Pod 中的哪个容器做操作，COMMAND 是操作的内容。
- kubectl expose：将 Controller、服务或 Pod 作为新的 Kubernetes 服务暴露。相当于为 Controller、服务或 Pod 创建一个 Service。
- kubectl logs：在 Pod 中打印容器的日志。

6.5　应用部署

关于应用部署有以下六方面内容：

- 配置文件介绍
- Deployment
- DaemonSet
- Job
- CronJob
- Service

6.5.1　配置文件介绍

Kubernetes 集群搭建完成后，便可以在集群上部署容器化应用。Kubernetes 部署应用主要有两种方式。第一种是通过命令行的方式，比如使用 kubectl create 或 kubectl run。在部署应用时我们往往要指定很多参数，因此如果使用命令行方式，命令可能会写得很长，可读性也较差，而且不可复用。所以有了第二种方式，即通过配置文件的方式。

在 Kubernetes 中进行资源的编排部署可以通过声明配置文件(YAML 文件)来解决。YAML 文件中写明了资源部署时的所需参数，比如资源类型、资源的名字，资源规格等。在声明好 YAML 文件之后，直接使用 kubectl apply 进行部署。除了 apply 外，还有几个命令可以使用配置文件对资源进行部署，比如 create、edit 等。

下面将以一个 YAML 文件为例，介绍文件中字段的使用。

```
1.  apiVersion: apps/v1
2.  kind: Deployment
3.  metadata:
4.    creationTimestamp: null
5.    labels:
6.    app: yaml - test
7.      name: yaml - test
8.  spec:
9.      replicas: 1
10.     selector:
11.     matchLabels:
12.     app: yaml - test
13. template:
14.   metadata:
15.     creationTimestamp: null
16.     labels:
17.       app: yaml - test
18.   spec:
19.     containers:
20.     - image: nginx
21.       name: nginx
```

其中的字段含义如下。

- apiVersion：声明了 API 版本，这里是 v1 版。
- kind：声明创建的资源类型，这里创建了一个 Deployment。其他资源类型还包括 Namespace、Pod、Daemonset、Service 等。
- metadata：指资源的元数据。
- labels：声明了这个资源的标签。
- name：声明了资源名称，可以任意指定。
- spec：指资源规格。
- replicas：声明了资源的副本数量。
- selector：是标签选择器。
- template：声明 Pod 模板。其下的标签都用于对 Pod 进行定义。
- metadata：为 Pod 的元数据。
- spec：为 Pod 的规格。可以看到，其下又定义了 Pod 所包含的容器的信息。这里使用 nginx 镜像创建容器。

YAML 文件中的字段远不止以上这些，随着学习的深入我们会接触到更多，这里不再一一赘述。

了解文件中的内容后，接下来将使用这个文件部署资源。首先，在虚拟机中创建一个名为 test. yaml 的文件，将上面的内容拷贝进去。然后使用 kubectl apply -f test. yaml 进行部署。

部署完成后，执行 kubectl get deployment 查看 Deployment 资源，可以看到 yaml-test 已经运行起来了，如图 6.9 所示。

配置文件看上去十分清晰，但正因如此，它会包含着众多的条目，如果完全手写，便会十分烦琐。因此在工作中我们一般不会完全手写 YAML 文件，而是找一个模板进行修改。

```
[root@k8smaster home]# kubectl get deployment
NAME        READY   UP-TO-DATE   AVAILABLE   AGE
yaml-test   1/1     1            1           20s
```

图 6.9　yaml-test

Kubernetes 提供了创建模板的方式，主要有两种。

第一种是使用 kubectl create 命令。

例如 kubectl create deployment test --image=nginx -o yaml --dry-run=client。执行上述命令将会得到如图 6.10 所示的结果。

```
[root@k8smaster home]# kubectl create deployment test --image=nginx -o yaml --dry-run=client
apiVersion: apps/v1
kind: Deployment
metadata:
  creationTimestamp: null
  labels:
    app: test
  name: test
spec:
  replicas: 1
  selector:
    matchLabels:
      app: test
  strategy: {}
  template:
    metadata:
      creationTimestamp: null
      labels:
        app: test
    spec:
      containers:
      - image: nginx
        name: nginx
        resources: {}
status: {}
```

图 6.10　自动生成配置文件

可以看到系统输出了一份 YAML 文件，这个文件是根据 create 命令原本要创建的资源自动生成的。这里用到了 create 的两个参数，-o 指定输出格式，--dry-run=client 代表只打印资源，而不创建资源。存在-o 参数的其他命令也可以用于输出 YAML 文件，比如 expose。

可以将输出的内容复制到一个文件里，修改一下，生成想要的 YAML 文件。当然，也可以直接将输出内容重定向到一个文件中，比如：

```
1.  kubectl create deployment test -- image = nginx  - o yaml  -- dry - run = client > test.yaml
```

第二种方法是使用已创建的资源输出 YAML 文件。

```
1.  kubectl get deployment yaml - test  - o = yaml > test.yaml
```

上述命令使用我们之前创建的名为 yaml-test 的 Deployment 生成 YAML 文件，并存入了 test.yaml 中。

6.5.2　Deployment

Deployment 是最常用的一种 Controller，其主要用于部署无状态应用。

Deployment 通过 ReplicaSet 管理 Pod 的多个副本。创建 Deployment 后，Deployment 会自动创建一个 ReplicaSet，再由 ReplicaSet 创建 Pod。ReplicaSet 只用于保证集群中 Pod

副本数量与期望数量保持一致,即提供 Pod 的自愈能力,而不会提供其他服务。

Deployment 还可以实现应用的升级、扩缩容和回滚等操作。

可以使用命令行创建 Deployment,但更推荐配置文件的形式。6.5.1 节中我们已经通过配置文件创建了一个 Deployment,在此基础上稍作修改创建一个新的 Deployment。

```
1.  apiVersion: apps/v1
2.  kind: Deployment
3.  metadata:
4.    creationTimestamp: null
5.    labels:
6.      app: mydeployment
7.    name: mydeployment
8.  spec:
9.    replicas: 1
10.   selector:
11.     matchLabels:
12.       app: mydeployment
13.   template:
14.     metadata:
15.       creationTimestamp: null
16.       labels:
17.         app: mydeployment
18.     spec:
19.       containers:
20.       - image: nginx:1.16
21.         name: nginx
```

使用上面的配置文件创建一个 Deployment,kubectl apply -f mydeployment. yaml。创建完成后使用 kubectl get deploy 或 kubectl get deployment 查看信息。

再使用 kubetctl get pods 查看 Pod 信息,如图 6.11 所示。

```
[root@k8smaster home]# kubectl get pods
NAME                              READY   STATUS    RESTARTS   AGE
mydeployment-787b58c777-2x4jk    1/1     Running   0          60s
```

图 6.11 mydeployment

可以看到 mydeployment 创建的 Pod 已经运行起来了。因为配置文件中指定 replicas:1,所以 Pod 只有一个副本。如果想修改 Pod 的副本数,即应用的扩缩容,可以直接修改配置文件,将 replicas 的参数改变,然后重新 apply 一次。当然,还可以使用命令行的方式:

```
1.  kubectl scale deployment mydeployment -- replicas = 3
```

上述命令将 Pod 副本数改为了 3,执行完成后查看 Pod,3 个 Pod 副本已经运行起来了,如图 6.12 所示。

```
[root@k8smaster home]# kubectl get pods
NAME                              READY   STATUS    RESTARTS   AGE
mydeployment-787b58c777-24pxd    1/1     Running   0          3m59s
mydeployment-787b58c777-2x4jk    1/1     Running   0          22m
mydeployment-787b58c777-9vdq8    1/1     Running   0          19s
```

图 6.12 mydeployment 3 个副本

Deployment 还提供应用升级功能。上面例子中使用的 nignx 镜像版本为 1.16,如果想升级到 1.17 则需要修改配置文件，再重新 apply。另外，也可以直接使用命令行修改。

```
1.  kubectl set image deployment mydeployment nginx = nginx:1.17
```

执行上面的命令后，可以通过 kubectl describe pod 查看 Pod 的详细信息，验证镜像版本是否成功升级为了 1.17。

Deployment 还提供了应用回滚的功能。回滚就是回到之前的版本，比如上例刚刚将 nignx 升级为 1.17，发现不好用，想要回到上个版本，这时便用到了回滚的功能。

可以使用 kubectl rollout history deployment mydeployment 查看 mydeployment 的历史版本。

如图 6.13 所示，可以看到这里有两个版本，因为刚刚进行了一次升级。如果想回到上个版本，执行命令 kubectl rollout undo deployment mydeployment。完成后执行命令 kubectl describe pod 再次查看 Pod 信息。

```
[root@k8smaster home]# kubectl rollout history deployment mydeployment
deployment.apps/mydeployment
REVISION  CHANGE-CAUSE
1         <none>
2         <none>
```

图 6.13　查看 mydeployment 的历史版本

如图 6.14 所示，其 nginx 镜像版本回到了 1.16，说明回滚成功了。

还可以将应用回滚到指定版本，比如执行命令 kubectl rollout undo deployment mydeployment --to-revision=2 再回滚回版本 2。再次查看 Pod 信息，验证回到了版本 2。

```
Containers:
  nginx:
    Container ID:   docker://ffd3d3e4c258eb72e580185af4130a1f0dcdf5b1114c43daf86d28e8ad2c2ac3
    Image:          nginx:1.16
    Image ID:       docker-pullable://nginx@sha256:d20aa6d1cae56fd17cd458f4807e0de462caf2336f0b70b5eeb69fcaaf30dd9c
    Port:           <none>
    Host Port:      <none>
```

图 6.14　mydeployment 版本 1

6.5.3　DaemonSet

DaemonSet 保证集群中的每个 Node 节点上都会运行一个 Pod 副本。可以通过 replicas 指定 Deployment 中 Pod 的副本数。DaemonSet 中 Pod 的副本数量与 Node 节点的个数保持一致，并且每个 Node 运行一个 Pod 副本。如果一个新的 Node 节点加入了集群，马上便会运行一个新的 Pod 副本。

DaemonSet 主要用于运行守护程序，比如运行集群监控程序、日志收集程序等。这些程序的特点便是每个节点都需要，而且只需要一个。Kubernetes 默认创建了几个 DaemonSet，比如 kube-flannel-ds 和 kube-proxy，它们都位于 kube-system 命名空间下。可以使用 kubectl get daemonset --namespace=kube-system 查看它们。

也可以手动创建 Daemonset。准备一个用于创建 Daemonset 的 YAML 配置文件 mydaemonset.yaml。

```
1.  apiVersion: apps/v1
2.  kind: DaemonSet
```

```
3.  metadata:
4.    labels:
5.      app: log - collection
6.    name: mydaemonset
7.  spec:
8.    selector:
9.      matchLabels:
10.       app: log - collection
11.   template:
12.     metadata:
13.       labels:
14.         app: log - collection
15.     spec:
16.       containers:
17.         - image: nginx
18.           name: logs
19.           ports:
20.           - containerPort: 80
21.           volumeMounts:
22.           - name: logv
23.             mountPath: /tmp/log
24.     volumes:
25.       - name: logv
26.         hostPath:
27.           path: /var/log
```

这个配置文件声明了一个用于日志收集的 DaemonSet,其中有几个新的字段,含义如下。

- ports: 指定容器的端口列表。
- containerPort: 指定容器需要监听的端口。
- volumeMounts: 指定容器需要挂载的卷。指定的卷已经存在或即将由 volumes 创建。
- name: 挂载卷的名字。
- mountPath: 卷挂载的位置。
- volumes: 需要创建的卷。
- name: 创建卷的名字。

准备好后,使用 kubectl apply -f mydaemonset. yaml 部署应用。使用 kubectl get daemonset 命令查看信息,查看 mydaemonset 是否成功启动。

然后使用 kubectl get pod -o wide 命令,查看 Pod 信息。可以看到 mydaemonset 创建了两个 Pod 副本,并且分别位于两个 Node 节点上,如图 6.15 所示。

```
[root@k8smaster home]# kubectl get pod -o wide
NAME                  READY   STATUS    RESTARTS   AGE     IP            NODE       NOMINATED NODE   READINESS
GATES
mydaemonset-jpmg8     1/1     Running   0          3m12s   10.244.2.11   k8snode2   <none>           <none>
mydaemonset-lrb2l     1/1     Running   0          3m12s   10.244.1.10   k8snode1   <none>           <none>
```

图 6.15 mydaemonset

6.5.4 Job

Job 用于运行一次性任务。使用 Deployment 或 DaemonSet 创建的 Pod 会持续运行,除非运行出错或者用户进行手动删除。而使用 Job 创建的 Pod 会在任务结束后自动结束运行。Job 常用于运行一些计算任务，下面是一个例子。

```
1.  apiVersion: batch/v1
2.  kind: Job
3.  metadata:
4.    name: pi
5.  spec:
6.    completions: 1
7.    parallelism: 1
8.    template:
9.      spec:
10.       containers:
11.       - name: pi
12.         image: perl
13.         command: ["perl", " - Mbignum = bpi", " - wle", "print bpi(2000)"]
14.       restartPolicy: Never
15.   backoffLimit: 4
```

上面的配置文件定义了一个用于计算 pi 值的 Job。其中的字段含义如下。

- completions：设定需要几个 Pod 完成任务才会终止 Job。默认只需要一个 Pod 完成任务。
- parallelism：并行度，指定同时启动几个 Pod 副本。默认并行度为 1。
- command：设定容器启动后执行的命令。
- restartPolicy：为重启策略。它有 3 个可选值，Never 表示从不，OnFailure 表示异常退出时重启，Always 表示不论正常退出还是异常退出总是重启。
- backoffLimit：指示失败重试的最大次数。

将配置文件的内容保存进 job.yaml，然后部署，kubectl apply -f job.yaml。

部署完成后可以 kubectl get jobs 查看 job。

这里等待了大概 20s，查看 Job 创建的 Pod，kubectl get pods。可以看到 Job 创建的 Pod 已经运行起来了，如图 6.16 所示。

等待一会后再次查看。可以看到 Pod 已经结束了，它的状态为 Completed，表示成功完成。这也验证了 Job 创建的 Pod 会在任务结束后自动停止运行，如图 6.17 所示。

```
[root@k8smaster home]# kubectl get pods
NAME       READY   STATUS    RESTARTS   AGE
pi-q2c2m   1/1     Running   0          20s
```

图 6.16 Job 创建的 Pod(运行中)

```
[root@k8smaster home]# kubectl get pods
NAME       READY   STATUS      RESTARTS   AGE
pi-q2c2m   0/1     Completed   0          4m39s
```

图 6.17 Job 创建的 Pod(运行完成)

计算结果已经被写进了日志里，可以通过 kubectl logs pi-q2c2m 查看，如图 6.18 所示。注意将 Pod 名称改为自己的 Pod 名。

6.5.5 CronJob

CronJob 用于执行定时任务，即周期性执行的任务。比如说数据备份、报告生成等任务可能需要定期执行，例如一周执行一次或者一天执行一次，这样的任务便可以使用 CronJob 来完成。

```
[root@k8smaster home]# kubectl logs pi-q2c2m
3.141592653589793238462643383279502884197169399375105820974944592307816406286208998628034825342117067982148086513282306647093
8446095505822317253594081284811174502841027019385211055596446229489549303819644288109756659334461284756482337867831652712019
0914564856692346034861045432664821339360726024914127372458700660631558817488152092096282925409171536436789259036001133053054
8820466521384146951941511609433057270365759591953092186117381932611793105118548074462379962749567351885752724891227938183011
9491298336733624406566430860213949463952247371907021798609437027705392171762931767523846748184676694051320005681271452635608
2778577134275778960917363717872146844090122495343014654958537105079227968925892354201995611212902196086403441815981362977477
130996051870721134999999837297804995105973173281609631859502445945534690830264252230825334468503526193118817101000313783875
2886587533208381420617177669147303598253490428755468731159562863882353787593751957781857780532171226806613001927876611195909
2164201989380952572010654858632788659361533818279682303019520353018529689957736225994138912497217752834791315155748572424541
5069595082953311686172785588907509838175463746493931925506040092770167113900984882401285836160356370766010471018194295559619
8946767837449448255379774726847104047534646208046684259069491293313677028989152104752162056966024058038150193511253382430035
5876402474964732639141992726042699227967823547816360093417216412199245863150302861829745557067498385054945885869269956909272
1079750930295532116534498720275596023648066549911988183479775356636980742654252786255181841757467289097777279380008164706001
6145249192173217214772350141441973568548161361157352552133475741849468438523323907394143334547762416862518983569485562099219
2221842725502542568876717904946016534668049886272327917860857843838279679766814541009538837863609506800642251252051173929848
9608412848862694560424196528502221066118630674427862203919494504712371378696095636437191728746776465757396241389086583264599
58133904780275901
```

图 6.18 Job 计算结果

下面是一个 CronJob 的例子,它会每两分钟输出一下当前时间和问候消息。

```
1.  apiVersion: batch/v1
2.  kind: CronJob
3.  metadata:
4.    name: hello
5.  spec:
6.    schedule: "*/2 * * * *"
7.    jobTemplate:
8.      spec:
9.        template:
10.         spec:
11.         containers:
12.         - name: hello
13.           image: busybox
14.           imagePullPolicy: IfNotPresent
15.           command:
16.           - /bin/sh
17.           - -c
18.           - date; echo Hello from the Kubernetes cluster
19.         restartPolicy: OnFailure
```

其中的字段含义如下。

- spec.schedule:定义了定时的规则,它后面是一个 cron 表达式。
- spec.jobTemplate:即 Job 模板,其下定义了任务的详细信息。

将配置文件的内容保存进 cronjob.yaml,然后部署,kubectl apply -f cronjob.yaml。

部署完成后,可以通过 kubectl get cronjob 查看 cronjob。

查看 Pod 信息,kubectl get pods。如图 6.19 可以看到 CronJob 已经执行过一次。一般来说,CronJob 每一次执行都会创建一个 Job,并通过此 Job 创建 Pod。因此,CronJob 创建的 Pod 在任务结束后同样会自动结束。

```
[root@k8smaster home]# kubectl get pods
NAME                   READY   STATUS      RESTARTS   AGE
hello-27452942-64dzs   0/1     Completed   0          41s
```

图 6.19 CronJob 生成的 Pod(执行一次)

等待两分钟后,再次查看 Pod 信息,如图 6.20 所示,发现 CronJob 创建了一个新的 Pod。这也证明了定时任务每执行一次,便会创建一个新的 Pod。

```
[root@k8smaster home]# kubectl get pods
NAME                     READY   STATUS      RESTARTS   AGE
hello-27452942-64dzs     0/1     Completed   0          3m38s
hello-27452944-d6dfd     0/1     Completed   0          98s
```

图 6.20 CronJob 生成的 Pod(执行两次)

任务执行输出的消息同样保存在日志当中,可以通过 kubectl logs hello-27452942-64dzs 查看,注意更改 Pod 的名称。

6.5.6 Service

应用部署完成后,外界应该能够顺利访问到应用。在 Kubernetes 中应用的访问通过 Service 实现。Service 的主要功能有两个,服务发现和负载均衡。

服务发现即 Pod 的生命周期是短暂的,扩缩容、滚动升级或故障重启等操作都会更改 Pod 的 IP。如果直接使用 Pod 的 IP 访问 Pod 便很可能出现失联的情况。因此 Kubernetes 使用 Service 作为服务发现的中介,外界直接访问 IP 固定的 Service,再由 Service 引导访问至指定的 Pod。

负载均衡即一个 Service 通常与一组 Pod 相关联,这一组 Pod 的功能相同。当访问来临时,Service 会尽可能平均地将访问流量分摊到所有 Pod 上。

Kubernetes 为我们提供了 3 种 Service,分别是 ClusterIP、NodePort 和 LoadBalancer。

1. ClusterIP

ClusterIP 是 Service 的默认类型。这种类型的 Service 用于集群内部 Pod 之间的通信。

这里使用 6.5.2 节中创建的 mydeployment 作为例子来演示一下 ClusterIP 类型的 Service 的使用。首先,执行 kubectl apply -f mydeployment.yaml 将 mydeployment 运行起来。然后为 mydeployment 创建 Service,创建需要的配置文件如下。

```
1.  apiVersion: v1
2.  kind: Service
3.  metadata:
4.    creationTimestamp: null
5.    labels:
6.      app: mydeployment
7.    name: mycluster
8.  spec:
9.    ports:
10.   - port: 80
11.     protocol: TCP
12.     targetPort: 80
13.   selector:
14.     app: mydeployment
```

其中的字段含义如下。

- spec.selector:标签选择器。Service 和 Pod 的关联通过标签选择器进行。这里,Service 会关联所有包含了 app: mydeployment 标签的 Pod,而这样的 Pod 已经在 mydeployment 中创建了。

将配置文件保存为 cluster.yaml,然后部署,kubectl apply -f cluster.yaml。部署完成

后可以使用 kubectl get svc 查看 Service。可以看到 mycluster 已经创建成功了,类型为 ClusterIP。另外一个名为 Kubernetes 的 Service 是系统自动创建的,如图 6.21 所示。

```
[root@k8smaster home]# kubectl get svc
NAME         TYPE        CLUSTER-IP       EXTERNAL-IP   PORT(S)   AGE
kubernetes   ClusterIP   10.96.0.1        <none>        443/TCP   6d2h
mycluster    ClusterIP   10.105.101.141   <none>        80/TCP    4s
```

图 6.21　查看 Service

在集群内部,可以通过虚拟 IP(CLUSTER-IP)直接访问 ClusterIP 类型的 Service,可以在集群中的任意节点进行尝试,curl 10.105.101.141。注意将 IP 地址改为自己的 CLUSTER-IP,如图 6.22 所示。

```
[root@k8snode1 ~]# curl 10.105.101.141
<!DOCTYPE html>
<html>
<head>
<title>Welcome to nginx!</title>
<style>
    body {
        width: 35em;
        margin: 0 auto;
        font-family: Tahoma, Verdana, Arial, sans-serif;
    }
</style>
</head>
<body>
<h1>Welcome to nginx!</h1>
<p>If you see this page, the nginx web server is successfully installed and
working. Further configuration is required.</p>

<p>For online documentation and support please refer to
<a href="http://nginx.org/">nginx.org</a>.<br/>
Commercial support is available at
<a href="http://nginx.com/">nginx.com</a>.</p>

<p><em>Thank you for using nginx.</em></p>
</body>
</html>
```

图 6.22　访问 ClusterIP

2. NodePort

NodePort 类型的 Service 可以被集群外部访问,其通过集群节点 IP 和一个静态端口号对外提供服务。

仍然使用 mydeployment 作为例子,这次为它创建一个 NodePort 类型的 Service。

```
1.  apiVersion: v1
2.  kind: Service
3.  metadata:
4.    labels:
5.      app: mydeployment
6.    name: mynodeport
7.    namespace: default
8.  spec:
9.    externalTrafficPolicy: Cluster
10.   internalTrafficPolicy: Cluster
11.   ipFamilies:
12.   - IPv4
13.   ipFamilyPolicy: SingleStack
14.   ports:
15.   - nodePort: 31640
```

```
16.         port: 80
17.         protocol: TCP
18.         targetPort: 80
19.       selector:
20.         app: mydeployment
21.     sessionAffinity: None
22.     type: NodePort
```

其中的字段含义如下。

- spec. ports. nodePort：指定了节点对外暴露的静态端口，这里为 31640，需使用此端口才能访问集群内的 Service。如果我们不指定 nodePort 系统会为我们随机分配。
- spec. ports. port：是 Service 监听的端口。
- spec. ports. targetPort：是 Pod 监听的端口。
- type：指定 Service 类型，不指定则默认为 CLusterIP。

将配置文件保存为 node. yaml，并部署，kubectl apply -f node. yaml。部署完成后，查看。如图 6.23 所示，可以看到 mynodeport 已经创建成功。

```
[root@k8smaster home]# kubectl get svc
NAME          TYPE        CLUSTER-IP       EXTERNAL-IP   PORT(S)        AGE
kubernetes    ClusterIP   10.96.0.1        <none>        443/TCP        6d3h
mycluster     ClusterIP   10.105.101.141   <none>        80/TCP         46m
mynodeport    NodePort    10.109.16.203    <none>        80:31640/TCP   6m21s
```

图 6.23 mynodeport

现在便可以在集群外部使用任意节点 IP 加 31640 端口号对 Service 进行访问，节点 IP 即 Linux 宿主机的 IP。在浏览器中输入节点 IP：31640，这里输入的是 http://192.168.10.111:31640/。注意将 192.168.10.111 更改为你自己的 IP。访问结果如图 6.24 所示。

图 6.24 访问 NodePort

3. LoadBalancer

LoadBalancer 同样可以被集群外部访问。指定 LoadBalancer 后，Service 会使用云提供商提供的外部负载均衡器。用户只需要指定外部负载均衡器的 IP 地址即可。

6.6 Secret 和 Configmap

关于 Secret 和 Configmap 有以下两方面内容：

- Secret
- Configmap

6.6.1 Secret

Kubernetes 部署的应用中可能会包含着一些敏感数据，比如说密码、令牌或密钥等。如果将这样的敏感数据直接暴露在配置文件或者镜像当中是非常不安全的。因此 Kubernetes 使用 Secret 存储这些敏感数据。

在创建 Secret 时，Secret 会将敏感数据以 base64 的方式加密，并保存加密后的结果。如果要使用这些数据，Pod 会引用 Secret，这便避免了将敏感数据直接暴露出来。

1. 创建 Secret

Secret 中数据以 key-value 形式存储。下面来尝试创建一个 Secret，这个 Secret 中包含了两条数据，username=admin 和 password=111111。

可以使用命令 kubectl create 的方式创建 Secret，例如 kubectl create secret generic mysecret --from-literal=username=admin --from-literal=password=111111。该命令使用了--from-literal 的方式添加数据，一个--from-literal 添加一条数据。除了--from-literal，还可以使用--from-file 和--from-env-file 的形式添加数据。

```
1.  kubectl create secret generic mysecret --from-file=username --from-file=password
```

username 和 password 是两个文件，里面的内容分别为 admin 和 111111。

```
1.  kubectl create secret generic mysecret2 --from-env-file=env.txt
```

env. txt 是一个文件，其中包含的内容如下，每一行为一条数据。

```
1.  username=admin
2.  password=111111
```

还可以使用 YAML 配置文件方式创建 Secret。

```
1.  apiVersion: v1
2.  kind: Secret
3.  metadata:
4.    name: mysecret
5.  type: Opaque
6.  data:
7.    username: YWRtaW4=
8.    password: MTExMTEx
```

文件中 username 和 password 的值已经经过 base64 加密，可以通过图 6.25 所示的方式得到。

将文件保存为 secret. yaml，创建 Secret，kubectl apply -f secret. yaml，查看创建好的 Secret。

Secret 有多种类型，从图 6.26 也可以看出，默认创建的 Secret 类型为 Opaque，表示是

```
[root@k8smaster home]# echo -n 'admin' | base64
YWRtaW4=
[root@k8smaster home]# echo -n '111111' | base64
MTExMTEx
```

图 6.25 获取 base64 加密值

用户定义的任意数据。另外还有一些类型，比如 kubernetes.io/service-account-token，用于服务账号令牌；kubernetes.io/basic-auth，用于基本身份认证的凭据；kubernetes.io/ssh-auth 用于 SSH 身份认证的凭据等。

```
[root@k8smaster home]# kubectl get secret
NAME                  TYPE                                  DATA   AGE
default-token-jshk8   kubernetes.io/service-account-token   3      8d
mysecret              Opaque                                2      45s
```

图 6.26 查看 Secret

创建完成后的 Secret 都存储在 etcd 中，任何拥有 API 访问权限的人都可以检索或修改 Secret。这样实际上是不安全的，因此实际应用中，我们还需要做一些另外的配置限制 Secret 的读取，比如使用 RBAC 规则。

2. 使用 Secret

Secret 创建完成后，便可以在 Pod 中使用它。Pod 使用 Secret 有两种方式，一种是通过环境变量的形式，另一种是通过挂载卷的形式。

下面是一个通过环境变量方式使用 Secret 的例子。

```
1.  apiVersion: v1
2.  kind: Pod
3.  metadata:
4.    name: mypod
5.  spec:
6.    containers:
7.    - name: nginx
8.      image: nginx
9.      env:
10.       - name: SECRET_USERNAME
11.         valueFrom:
12.           secretKeyRef:
13.             name: mysecret
14.             key: username
15.       - name: SECRET_PASSWORD
16.         valueFrom:
17.           secretKeyRef:
18.             name: mysecret
19.             key: password
```

配置文件中 env 下定义了引用 Secret 的内容。其中的字段含义如下。

- spec.container.env：定义环境变量。
- name：为环境变量的名字。
- valueFrom：定义了环境变量值的来源，显然，SECRET_USERNAME 的值来自 mysecret 中的 username，SECRET_PASSWORD 的值来自 mysecret 中的 password。

使用上面的配置文件创建 Pod 后,使用 kubectl exec -it mypod -- bash 命令,进入 Pod,读取环境变量,看看是否成功引用了 Secret。

如图 6.27 所示,SECRET_USERNAME 和 SECRET_PASSWORD 都已经成功读取。

```
root@mypod:/# echo $SECRET_USERNAME
admin
root@mypod:/# echo $SECRET_PASSWORD
111111
```

图 6.27　使用 Secret(环境变量方式)

Pod 还可以通过挂载卷的方式使用 Secret。

```
1.  apiVersion: v1
2.  kind: Pod
3.  metadata:
4.    name: mypod-vol
5.  spec:
6.    containers:
7.    - name: nginx
8.      image: nginx
9.      volumeMounts:
10.     - name: foo
11.       mountPath: "/etc/foo"
12.       readOnly: true
13.   volumes:
14.   - name: foo
15.     secret:
16.       secretName: mysecret
```

使用上面的配置文件创建 Pod。创建完成后进入 Pod,然后进入挂载卷的目录下。Secret 中的数据在此目录下用文件的形式存储,查看 username 和 password 的值,验证引用成功了,如图 6.28 所示。

```
[root@k8smaster home]# kubectl exec -it mypod-vol -- bash
root@mypod-vol:/# cd /etc/foo
root@mypod-vol:/etc/foo# cat username
adminroot@mypod-vol:/etc/foo#
root@mypod-vol:/etc/foo# cat password
111111root@mypod-vol:/etc/foo#
```

图 6.28　使用 Secret(卷方式)

使用挂载卷方式的 Secret 支持动态更新,如果我们更改 Secret 中保存的数据,Pod 中的数据也会随之改变。但以环境变量方式使用的 Secret 不支持动态更新。

6.6.2　Configmap

Configmap 与 Secret 十分相似,唯一的不同就是 Configmap 不会对存储的数据进行加密。Configmap 主要用于保存配置文件。Configmap 将环境配置信息和容器镜像解耦,便于修改配置。

1. 创建 configmap

与 Secret 类似,configmap 同样支持命令行和配置文件两种方式进行创建。

命令行方式创建 configmap,比如 kubectl create configmap myconfigmap --from-literal=

```
1.  apiVersion: v1
2.  kind: Pod
3.  metadata:
4.    name: human-pod
5.  spec:
6.    containers:
7.      - name: nginx
8.        image: nginx
9.        env:
10.         - name: HEIGHT
11.           valueFrom:
12.             configMapKeyRef:
13.               name: human-config
14.               key: height
15.         - name: FIRST_NAME
16.           valueFrom:
17.             configMapKeyRef:
18.               name: human-config
19.               key: first-name
20.       volumeMounts:
21.       - name: config
22.         mountPath: "/config"
23.         readOnly: true
24.   volumes:
25.     - name: config
26.       configMap:
27.         name: human-config
28.         items:
29.         - key: "face.properties"
30.           path: "face.properties"
```

使用上述配置文件创建的 Pod 同时使用了环境变量和挂载卷两种方式对 ConfigMap 进行引用。其中的字段含义如下。

- spec.container.env：定义了两个环境变量，引用了 human-config 中的 height 和 first-name 两项数据。
- spec.volumes.configMap.items：定义了要在卷中创建的文件。这里只创建了 face.properties 一个文件，并将 human-config 中的 face.properties 的值存入新创建的文件中，其余两项数据并不会在卷中创建文件。如果不使用 items 选项，则 ConfigMap 中的每一项数据都会创建一个文件，因此会得到 3 个文件。

使用上述配置文件创建 Pod，创建完成后进入 Pod，查看环境变量，如图 6.31 所示。

进入卷中，查看 face.properties 文件中的内容，如图 6.32 所示。

```
[root@k8smaster home]# kubectl exec -it human-pod -- bash
root@human-pod:/# echo $HEIGHT
175cm
root@human-pod:/# echo $FIRST_NAME
Tom
```

图 6.31　查看环境变量

```
root@human-pod:/config# cat face.properties
eye.color=black
eye.size=large
nose.size=small
```

图 6.32　查看卷中的文件内容

6.7 Helm

关于 Helm 有以下四方面内容：

- Helm 简介
- 安装 Helm
- 使用 Helm
- 自定义 chart

6.7.1 Helm 简介

Helm 是一个用于 Kubernetes 集群的软件包管理工具，类似于 Linux 中的 apt 或者 yum。Helm 可以帮助用户更加方便地部署和管理应用。

回想一下之前部署应用的步骤。例如部署一个无状态应用，需要先创建一个 Deployment，再为 Deployment 创建一个 Service 以方便对其访问，视情况还要创建若干的 Secret 或 ConfigMap 等，所有资源的创建都需要手动完成。这还是一个最简单的应用，实际上，有很多应用可能需要十几种甚至几十种服务，每种服务都可能创建一个 Deployment，因此可能有大量的资源需要管理和维护。手动管理所有资源是非常烦琐的，好在 Helm 可以帮助我们进行管理。

Helm 可以将应用使用的所有资源的 YAML 文件打包成一个 chart，并且可以将 chart 上传到仓库中。当需要部署应用时，只需要从仓库中拉取 chart，再使用简单的命令便可以完成部署。Helm 还支持对应用的一键升级、回滚和删除等。

因此，Helm 中有两个重要的概念，chart 和 release。

chart 是一组 YAML 文件的集合，这些 YAML 文件定义的资源组合在一起便是一个完整的应用。可以将 chart 理解为一个软件安装包，方便在 Kubernetes 集群中安装应用。

release 是使用 chart 在 Kubernetes 集群中安装的应用实例。一个 chart 可以被多次安装，每次安装都是一个 release。

6.7.2 安装 Helm

Helm 的安装方式有很多，有兴趣的话可以前往官方文档查看，https://helm.sh/zh/docs/intro/install/。这里采用二进制包的方式安装。Helm 有多个版本，这里使用最新的 v3 版本。

1. 下载二进制包

可以前往官方文档查看下载。Helm 在 github 上发布了预先编译好的多种平台的二进制文件包，地址为 https://github.com/helm/helm/releases，可以视自己的环境情况下载，这里采用 CentOs 64 平台。下载完成后将文件上传到 Master 节点下。

2. 解压压缩包

```
1.  tar zxvf helm-v3.8.1-linux-amd64.tar.gz
```

注意将压缩包更换为自己的压缩包名称。

3. 将 helm 移动到/usr/bin 目录下

这里解压后的文件夹为 linux-amd64,进入文件夹,将其中的 helm 移动到/usr/bin 目录下,mv helm /usr/bin/。

到此 Helm 安装完成了,可以使用 helm version 输出一下 Helm 的版本信息验证 Helm 已经可以使用了。

安装完成后,还需要为 Helm 添加一个 chart 仓库,以便让 Helm 能够从仓库中拉取 chart。仓库的添加用到了 helm repo add 命令:

```
1.  helm repo add bitnami https://charts.bitnami.com/bitnami
```

它有两个参数:bitnami 为仓库名称,由用户自己指定;https://charts.bitnami.com/bitnami 为仓库地址,这里使用了 bitnami 仓库。

添加完成后还可以对已添加的仓库进行查看,如图 6.33 所示。

chart 仓库可以添加多个,也可以使用 helm repo remove 命令删除仓库,此命令后需要添加仓库名称作为参数。

在添加或删除仓库之后需要对仓库进行更新,确保仓库中的内容是最新的,如图 6.34 所示。

```
[root@k8smaster /]# helm repo list
NAME    URL
bitnami https://charts.bitnami.com/bitnami
```

图 6.33　查看 chart 仓库

```
[root@k8smaster /]# helm repo update
Hang tight while we grab the latest from your chart repositories...
...Successfully got an update from the "bitnami" chart repository
Update Complete. *Happy Helming!*
```

图 6.34　更新 chart 仓库

6.7.3　使用 Helm

安装了 Helm 并且配置好了 chart 仓库后,接下来学习一下 Helm 的使用。Helm 主要针对 chart 和 release 进行操作,包括从仓库中搜索 chart、使用 chart 安装 release、删除 release 等。

1. 搜索 chart

搜索 chart 可以使用 helm search 命令,其搜索来源有两个。helm search hub 会从 Artifact Hub 中查找并列出结果,Artifact Hub 中包含了大量的 chart 仓库。而 helm search repo 会从用户自己添加的 chart 仓库中进行搜索。

上述命令之后可以添加 chart 的名称作为参数,比如 helm search repo reids 便会从用户自己添加的仓库中搜索名为 redis 的 chart。由于 Helm 搜索使用模糊字符串匹配算法,所以输入的 chart 名称不必是全称。比如在上例中,所有名称中包含了 redis 的 chart 都会被显示出来,如图 6.35 所示。

如果不输入任何参数,则 Helm 会将仓库中所有可用的 chart 显示出来,如图 6.36 所示。

```
[root@k8smaster /]# helm search repo redis
NAME                    CHART VERSION   APP VERSION     DESCRIPTION
bitnami/redis           16.5.4          6.2.6           Redis(TM) is an open source, advanced key-value...
bitnami/redis-cluster   7.4.1           6.2.6           Redis(TM) is an open source, scalable, distribu...
```

图 6.35　搜索 chart

```
[root@k8smaster /]# helm search repo
NAME                            CHART VERSION   APP VERSION     DESCRIPTION
bitnami/airflow                 12.0.14         2.2.4           Apache Airflow is a tool to express and execute...
bitnami/apache                  9.0.12          2.4.53          Apache HTTP Server is an open-source HTTP serve...
bitnami/argo-cd                 3.1.3           2.3.1           Argo CD is a continuous delivery tool for Kuber...
bitnami/argo-workflows          1.1.0           3.2.9           Argo Workflows is meant to orchestrate Kubernet...
bitnami/aspnet-core             3.1.11          6.0.3           ASP.NET Core is an open-source framework for we...
bitnami/bitnami-common          0.0.9           0.0.9           DEPRECATED Chart with custom templates used in ...
bitnami/cassandra               9.1.11          4.0.3           Apache Cassandra is an open source distributed ...
bitnami/cert-manager            0.4.8           1.7.1           Cert Manager is a Kubernetes add-on to automate...
bitnami/common                  1.12.0          1.12.0          A Library Helm Chart for grouping common logic ...
bitnami/concourse               1.0.9           7.7.0           Concourse is an automation system written in Go...
bitnami/consul                  10.3.1          1.11.4          HashiCorp Consul is a tool for discovering and ...
bitnami/contour                 7.4.4           1.20.1          Contour is an open source Kubernetes ingress co...
bitnami/contour-operator        1.1.0           1.20.1          The Contour Operator extends the Kubernetes API...
bitnami/dataplatform-bp1        10.0.2          1.0.1           This Helm chart can be used for the automated d...
bitnami/dataplatform-bp2        11.0.2          1.0.1           This Helm chart can be used for the automated d...
bitnami/discourse               7.0.4           2.8.1           Discourse is an open source discussion platform...
bitnami/dokuwiki                12.2.7          20200729.0.0    DokuWiki is a standards-compliant wiki optimize...
bitnami/drupal                  11.0.20         9.3.8           Drupal is one of the most versatile open source...
bitnami/ejbca                   5.1.6           7.4.3-2         EJBCA is an enterprise class PKI Certificate Au...
bitnami/elasticsearch           17.9.15         7.17.1          Elasticsearch is a distributed search and analy...
bitnami/etcd                    6.13.7          3.5.2           etcd is a distributed key-value store designed ...
bitnami/external-dns            6.2.1           0.10.2          ExternalDNS is a Kubernetes addon that configur...
bitnami/fluentd                 5.0.12          1.14.5          Fluentd collects events from various data sourc...
bitnami/geode                   0.4.9           1.14.3          Apache Geode is a data management platform that...
bitnami/ghost                   16.2.2          4.37.0          Ghost is an open source publishing platform des...
bitnami/grafana                 7.6.20          8.4.4           Grafana is an open source metric analytics and ...
bitnami/grafana-operator        2.2.11          4.2.0           Grafana Operator is a Kubernetes operator that ...
bitnami/grafana-tempo           1.0.12          1.3.2           Grafana Tempo is a distributed tracing system t...
bitnami/haproxy                 0.3.10          2.5.5           HAProxy is a TCP proxy and a HTTP reverse proxy...
```

图 6.36　搜索全部 chart

2. 安装和卸载 release

使用 chart 安装 release 可以使用 helm install 命令。helm install 需要两个参数,第一个参数为 release 的名称,由用户自己指定;第二个参数为使用的 chart 名称。

```
1.  helm install myredis bitnami/redis
```

上述命令使用 bitnami/redis 这个 chart 创建了一个名为 myredis 的 release。执行命令后,Helm 会根据 chart 中的信息一一创建资源,并输出一些有用的信息。有时候资源较多,创建的时间较长,可以使用 helm status 再次查看 release 的状态,如图 6.37 所示。

还可以使用 helm list 列出已经创建了的 release。如果想卸载 release,可以使用 helm uninstall 命令,如图 6.38 所示。

```
[root@k8smaster /]# helm status myredis
NAME: myredis
LAST DEPLOYED: Mon Mar 21 23:11:02 2022
NAMESPACE: default
STATUS: deployed
REVISION: 1
TEST SUITE: None
NOTES:
CHART NAME: redis
CHART VERSION: 16.5.4
APP VERSION: 6.2.6
```

图 6.37　查看 release 的状态

```
[root@k8smaster /]# helm uninstall myredis
release "myredis" uninstalled
```

图 6.38　卸载 release

6.7.4　自定义 chart

6.7.3 节介绍的是通过仓库中已经存在的 chart 部署应用,但仓库中可能没有我们需要的chart,这时便需要手动生成一个。

1. 创建自定义 chart

可以使用helm create创建一个chart。

```
1.  helm create mychart
```

上面的命令创建了一个名为mychart的chart。创建chart的过程实际上就是在本目录下创建了一些文件。查看本目录下的文件,可以看到多了一个名为mychart的目录。

进入mychart中,查看目录下的文件,其中有两个文件、两个目录,如图6.39所示。

```
[root@k8smaster mychart]# ll
总用量 8
drwxr-xr-x 2 root root    6 3月   22 00:09 charts
-rw-r--r-- 1 root root 1143 3月   22 00:09 Chart.yaml
drwxr-xr-x 3 root root  162 3月   22 00:09 templates
-rw-r--r-- 1 root root 1874 3月   22 00:09 values.yaml
```

图6.39 mychart目录

1) charts

charts目录下可以包含其他的子chart,目前里面为空,表示没有子chart。

2) Chart.yaml

Chart.yaml文件包含了该chart的描述。

3) values.yaml

values.yaml中定义了该chart的一些默认值,这些值可能会在创建release时使用,但也可能会被覆盖。

4) templates

templates目录下包含了此chart需要创建的资源的YAML文件,这个目录下的文件是重点修改的对象。可以查看该目录下的文件,Helm默认创建了很多YAML文件。

接下来要自定义chart,所以不需要这些文件,删除templates下的所有文件,然后在templates目录下新建两个YAML文件,如图6.40所示。

```
[root@k8smaster templates]# ll
总用量 8
-rw-r--r-- 1 root root 369 3月   22 00:34 deployment.yaml
-rw-r--r-- 1 root root 390 3月   22 00:34 service.yaml
```

图6.40 templates目录下新建的文件

deployment.yaml中的内容与6.5.2节mydeployment.yaml中的内容一致。service.yaml中的内容与6.5.6节node.yaml中的内容一致。

文件创建完成后,使用helm install test mychart创建release,如图6.41所示。

```
[root@k8smaster home]# helm install test mychart/
NAME: test
LAST DEPLOYED: Tue Mar 22 00:44:01 2022
NAMESPACE: default
STATUS: deployed
REVISION: 1
TEST SUITE: None
```

图6.41 使用mychart创建release

使用mychart,Helm自动创建了一个Deployment和一个Service,即曾创建过的mydeployment和mynodeport,可以通过图6.42所示的命令查看它们。

```
[root@k8smaster home]# kubectl get deployment,svc
NAME                         READY   UP-TO-DATE   AVAILABLE   AGE
deployment.apps/mydeployment 1/1     1            1           3m39s

NAME                 TYPE        CLUSTER-IP      EXTERNAL-IP   PORT(S)        AGE
service/kubernetes   ClusterIP   10.96.0.1       <none>        443/TCP        13d
service/mynodeport   NodePort    10.104.123.179  <none>        80:31640/TCP   3m39s
```

图 6.42 查看 Deployment 和 Service

2. 升级与回滚

使用 Helm 还可以对已经安装了的 release 进行升级或回滚。

比如修改 deployment.yaml 和 service.yaml，将 Deployment 的名字改为 chart-delployment，将 Service 的名字改为 chart-nodeport，并将 nodePort 改为 31641。修改完成后，可以使用 helm upgrade 命令对上面的 release 进行升级，如图 6.43 所示。

```
[root@k8smaster home]# helm upgrade test mychart/
Release "test" has been upgraded. Happy Helming!
NAME: test
LAST DEPLOYED: Tue Mar 22 01:10:13 2022
NAMESPACE: default
STATUS: deployed
REVISION: 3
TEST SUITE: None
```

图 6.43 升级 release

升级完成后，查看 Deployment 和 Service 的信息，可以看到它们的名字已经变了，如图 6.44 所示。

```
[root@k8smaster home]# kubectl get deployment,svc
NAME                              READY   UP-TO-DATE   AVAILABLE   AGE
deployment.apps/chart-deployment  1/1     1            1           6s

NAME                     TYPE        CLUSTER-IP      EXTERNAL-IP   PORT(S)        AGE
service/chart-nodeport   NodePort    10.98.180.182   <none>        80:31641/TCP   6s
service/kubernetes       ClusterIP   10.96.0.1       <none>        443/TCP        13d
```

图 6.44 查看升级后的 Deployment 和 Service

如果不满意当前的名字，想回到上个版本，可以使用 helm rollback 对 release 进行回滚。

```
1.  helm rollback test 1
```

上述命令有两个参数，test 是 release 名称，1 为版本号。当 release 第一次创建时版本号为 1，之后每一次更新版本号加 1。如果不清楚版本号信息，可以使用 helm history [release]查看，[release]代表 release 名称。

3. Values

我们之前定义的所有 YAML 文件都是写死的，只能通过打开文件的方式进行修改。但有时我们想通过外部传递参数的方式对 YAML 文件进行修改，比如可以通过传递参数的形式修改资源的名字或修改资源的标签等。Helm 为我们提供了传递值到 chart 的方法，这些值可能会用于 chart 中的几个或者所有 YAML 文件。这种方式极大地提高了 chart 的灵活度和可复用率。

向 chart 中传递值有多种方式。

1）values.yaml 文件

使用 chart 中的 values.yaml 文件。values.yaml 中定义了很多值，这些值可以被 chart

中的其他 YAML 文件读取并使用。

2）子读父

子 chart 可以读取父 chart 的 values. yaml。

3）helm install 或 helm upgrade 命令的-f 参数

使用 helm install 或 helm upgrade 命令时通过-f 参数指定新的 values 文件。

4）helm install 或 helm upgrade 命令的--set 参数

使用 helm install 或 helm upgrade 命令时通过--set 指定单个参数。

以上 4 种方式的优先级递增，--set 参数优先级最高，values. yaml 文件的优先级最低。

下面修改一下 mychart，将其改变为能够接受参数的形式。

首先打开 mychart 的 values. yaml 文件。values. yaml 中默认定义了很多变量，这里并不需要，所以全部删掉，然后添加如下内容。

```
1.  label:web
2.  nodePort:31740
3.  replicas:1
```

修改完 values. yaml 后，进入 templates 目录下修改 deployment. yaml 和 service. yaml。

修改之后的 deployment. yaml 如下：

```
 1.  apiVersion: apps/v1
 2.  kind: Deployment
 3.  metadata:
 4.    creationTimestamp: null
 5.    labels:
 6.      app: {{ .Values.label }}
 7.    name: {{ .Release.Name }} - deployment
 8.  spec:
 9.    replicas: {{ .Values.replicas }}
10.    selector:
11.      matchLabels:
12.        app: {{ .Values.label }}
13.    template:
14.      metadata:
15.        creationTimestamp: null
16.        labels:
17.          app: {{ .Values.label }}
18.      spec:
19.        containers:
20.        - image: nginx:1.16
21.          name: nginx
```

修改之后的 service. yaml 如下：

```
1.  apiVersion: v1
2.  kind: Service
3.  metadata:
4.    labels:
5.      app: {{ .Values.label }}
```

```
6.    name: {{ .Release.Name }} - svc
7.    namespace: default
8.  spec:
9.    externalTrafficPolicy: Cluster
10.   internalTrafficPolicy: Cluster
11.   ipFamilies:
12.   - IPv4
13.   ipFamilyPolicy: SingleStack
14.   ports:
15.   - nodePort: {{ .Values.nodePort }}
16.     port: 80
17.     protocol: TCP
18.     targetPort: 80
19.   selector:
20.     app: {{ .Values.label }}
21.   sessionAffinity: None
22.   type: NodePort
```

可以看到，YAML 文件中所有可以被变量替换的部分都改为了一个表达式。这个表达式的结构为{{ . Values. 变量名 }}，变量名即在 values. yaml 中定义的变量名。另外{{ . Release. Name}}十分常用，它代表了我们创建 release 时输入的 release 的名字。

修改完成后，使用 mychart 创建 release，并命名为 release1，如图 6.45 所示。

```
[root@k8smaster home]# helm install release1 mychart/
NAME: release1
LAST DEPLOYED: Tue Mar 22 02:46:12 2022
NAMESPACE: default
STATUS: deployed
REVISION: 1
TEST SUITE: None
```

图 6.45 创建 release1

创建完成后，查看创建好的 Deployment 和 Service，如图 6.46 所示。

```
[root@k8smaster home]# kubectl get deployment,svc
NAME                                  READY   UP-TO-DATE   AVAILABLE   AGE
deployment.apps/release1-deployment   1/1     1            1           9m23s

NAME                   TYPE        CLUSTER-IP       EXTERNAL-IP   PORT(S)        AGE
service/kubernetes     ClusterIP   10.96.0.1        <none>        443/TCP        13d
service/release1-svc   NodePort    10.108.167.203   <none>        80:31740/TCP   9m23s
```

图 6.46 查看 Deployment 和 Service

release1-deployment 和 release1-svc 确实创建成功了。使用 edit 命令查看 release1-deployment 的 YAML 文件，可以对比 deployment. yaml，其中表达式的部分确实已经被变量替换了，如图 6.47 所示。

可以对 release1 进行一次升级，这次使用--set 参数。

```
1.  helm upgrade -- set nodePort = 31741 release1 mychart/
```

使用了--set 参数指定单个变量后，Helm 会使用新指定的值覆盖原有的值，所以升级后的 release1-svc 的 nodePort 会更改为 31741。

再次使用 mychart 创建一个 release，并使用-f 参数指定一个新的 values 文件。首先准备好一个新的 values 文件，取名为 new-values. yaml。

```
1.  label:log
2.  nodePort:31742
```

```
[root@k8smaster home]# kubectl edit deployment.apps/release1-deployment

# Please edit the object below. Lines beginning with a '#' will be ignored,
# and an empty file will abort the edit. If an error occurs while saving this file will be
# reopened with the relevant failures.
#
apiVersion: apps/v1
kind: Deployment
metadata:
  annotations:
    deployment.kubernetes.io/revision: "1"
    meta.helm.sh/release-name: release1
    meta.helm.sh/release-namespace: default
  creationTimestamp: "2022-03-21T18:46:13Z"
  generation: 1
  labels:
    app: web
    app.kubernetes.io/managed-by: Helm
  name: release1-deployment
  namespace: default
  resourceVersion: "114163"
  uid: e09b92d5-f25b-4031-ab4b-71bb066d21f6
spec:
  progressDeadlineSeconds: 600
  replicas: 1
  revisionHistoryLimit: 10
  selector:
    matchLabels:
      app: web
  strategy:
    rollingUpdate:
      maxSurge: 25%
      maxUnavailable: 25%
    type: RollingUpdate
  template:
```

图 6.47　使用 edit 查看 yaml 文件

准备完成后,创建 release。

```
1.  helm install -f new-values.yaml release2 mychart/
```

-f 参数指定的新 values 文件中的变量值会覆盖掉原有的 values.yaml 中的变量值,可以查看验证。

如图 6.48 所示,可以看到 label 确实改为了 log,nodePort 改为了 31742。

```
[root@k8smaster home]# kubectl edit svc release2-svc

# Please edit the object below. Lines beginning with a '#' will be ignored,
# and an empty file will abort the edit. If an error occurs while saving this file will be
# reopened with the relevant failures.
#
apiVersion: v1
kind: Service
metadata:
  annotations:
    meta.helm.sh/release-name: release2
    meta.helm.sh/release-namespace: default
  creationTimestamp: "2022-03-21T19:34:55Z"
  labels:
    app: log
    app.kubernetes.io/managed-by: Helm
  name: release2-svc
  namespace: default
  resourceVersion: "118333"
  uid: b5ed6c01-97b9-4132-9434-fe4094c10071
spec:
  clusterIP: 10.101.220.115
  clusterIPs:
  - 10.101.220.115
  externalTrafficPolicy: Cluster
  internalTrafficPolicy: Cluster
  ipFamilies:
  - IPv4
  ipFamilyPolicy: SingleStack
  ports:
  - nodePort: 31742
    port: 80
    protocol: TCP
    targetPort: 80
  selector:
    app: log
```

图 6.48　使用 edits 查看 YAML 文件

6.8 存储管理

关于存储管理有以下两方面内容：

- volume
- PV 和 PVC

6.8.1 volume

volume 即存储卷，与 Docker 中的卷相同，Kubernetes 卷同样用于数据存储。Kubernetes 卷主要用于解决两个问题。一个是防止数据丢失。容器中的数据在磁盘中是临时保存的，如果容器因崩溃而重启，容器中的数据便会丢失，卷可以独立于容器进行数据存储防止数据丢失。卷解决的第二个问题是 Pod 中容器的数据共享。卷可以被同时挂载到多个容器上，可以很好地解决容器间的数据共享问题。

为了满足不同的需求，Kubernetes 支持多种类型的卷，包括 emptyDir、hostPath、iSCSI、local、NFS、portworxVolume 等。一个 Pod 可以同时挂载多种不同类型的卷以满足自身的需求。

Kubernetes 中的卷可以分为临时卷和持久卷。临时卷的生命周期与 Pod 相同，当删除 Pod 时临时卷也会被删除。emptyDir 是最常见的一种临时卷，另外我们之前用过的 configMap 和 secret 卷也属于临时卷。持久卷的生命周期可以比 Pod 更长，当 Pod 被删除时它依然存在。常见的持久卷包括 hostPath、local、NFS 等。

卷的本质就是一个目录，所有挂载了卷的容器可以按照一定的规则在目录中读写数据。我们可以直接在 YAML 文件中声明容器所使用的卷。下面配置文件声明了一个挂载了 emptyDir 卷的 Pod。

```
1.  apiVersion: v1
2.  kind: Pod
3.  metadata:
4.    name: test-pd
5.  spec:
6.    containers:
7.    - image: nginx
8.      name: test-container
9.      volumeMounts:
10.       - mountPath: /cache
11.         name: cache-volume
12.   volumes:
13.   - name: cache-volume
14.     emptyDir: {}
```

其中字段含义如下。

- spec.volumes：声明了为这个 Pod 提供的卷。
- spec.containers.volumeMounts：声明了容器中挂载的卷和挂载的位置。

下面再举一个挂载 NFS 卷的例子。这个例子首先需要准备一台 NFS 服务器。可以新创建一台虚拟机作为 NFS 服务器,或者直接使用集群中的某一个节点。这里选用了一个 node 节点作为 NFS 服务器。

在服务器上执行 yum install -y nfs-utils 命令安装 NFS 工具。

安装完成后为 NFS 指定存储路径,在/etc/exports 文件下添加如下内容。

```
1.  /data/nfs *(rw,no_root_squash)
```

/data/nfs 为存储路径,可以随意指定,但此路径必须已经存在。

指定完成后启动 NFS 服务,systemctl start nfs。至此 NFS 服务器便准备完成了。

为了使用 NFS 服务,还需要在所有 node 节点上安装 NFS 工具。安装完成后,使用下面的配置文件创建一个挂载了 NFS 卷的 Deployment。

```
1.  apiVersion: apps/v1
2.  kind: Deployment
3.  metadata:
4.    name: nfs-test
5.  spec:
6.    replicas: 1
7.    selector:
8.      matchLabels:
9.        app: nginx
10.   template:
11.     metadata:
12.       labels:
13.         app: nginx
14.     spec:
15.       containers:
16.       - name: nginx
17.         image: nginx
18.         volumeMounts:
19.         - name: nfsv
20.           mountPath: /usr/share/nginx/html
21.         ports:
22.         - containerPort: 80
23.       volumes:
24.         - name: nfsv
25.           nfs:
26.             server: 192.168.10.113
27.             path: /data/nfs
```

其中字段含义如下。

- spec.template.spec.volumes:声明了 NFS 卷,其 NFS 服务器的地址为 192.168.10.113,存储路径为/data/nfs。

保存配置文件为 nfs.yaml,然后创建 Deployment。

```
1.  kubectl apply -f nfs.yaml
```

等待 Pod 运行起来后进入 Pod,前往卷所挂载的路径下。

```
1.  kubectl exec -it nfs-test-775fbc76f5-dm89d -- bash
2.  cd /usr/share/nginx/html
```

当前路径下还没有文件，在 NFS 服务器的存储路径(/data/nfs)下创建一个文件。

```
1. touch hello.yaml
```

再次回到 Pod 中，则可以看到新创建的文件，如图 6.49 所示。这说明 NFS 卷已经挂载成功了。

```
root@nfs-test-775fbc76f5-dm89d:/usr/share/nginx/html# ls
hello.yaml
```

图 6.49 查看卷中的文件

6.8.2 PV 和 PVC

PV(Persistent Volume)和 PVC(Persistent Volume Claim)应用于持久卷的挂载。上例通过指定 NFS 服务器的地址和存储路径来对 NFS 卷进行挂载，这种方式非常不灵活而且耦合性高。为了提供一种更加灵活并且松耦合的挂载方式，Kubernetes 引入了 PV 和 PVC。

PV 是集群中的一块存储空间，由管理员事先供应或者使用 Storage Class 动态供应。与普通持久卷一样，PV 的生命周期独立于使用它的 Pod。事实上，PV 底部的存储细节就是使用持久卷实现的，它们被作为 PV 的插件使用。

PVC 表达的是用户对 PV 的调用请求。当用户需要使用 PV 时，可以创建 PVC 对 PV 进行申请，PVC 会根据用户提供的规格参数(容量大小和访问模式)寻找并绑定合适的 PV。

PV 和 PVC 像是两个相互对应的接口，PV 用于卷的一方，PVC 用于使用卷的一方。用户通过 PVC 声明需要使用的卷的规格，PVC 便会自动寻找合适的 PV。通过这样的方式，Kubernetes 为用户隐去了卷的实现细节，不管这个卷是通过 NFS、FC、iSCSI 还是其他方式实现，都不会影响用户的使用。

下面将 NFS 卷的例子改造为使用 PV 和 PVC 的方式挂载。

首先更改 Deployment 的 YAML 文件，使其使用 PVC 方式挂载卷。更改后的配置文件如下。

```
1.  apiVersion: apps/v1
2.  kind: Deployment
3.  metadata:
4.    name: pvc-test
5.  spec:
6.    replicas: 1
7.    selector:
8.      matchLabels:
9.        app: nginx
10.   template:
11.     metadata:
12.       labels:
13.         app: nginx
14.     spec:
15.       containers:
16.       - name: nginx
```

```
17.          image: nginx
18.          volumeMounts:
19.           - name: nfsv
20.             mountPath: /usr/share/nginx/html
21.          ports:
22.           - containerPort: 80
23.        volumes:
24.         - name: nfsv
25.          persistentVolumeClaim:
26.            claimName: my-pvc
```

可以看到,在声明 volumes 的时候,使用了 persistentVolumeClaim 的方式,调用了名为 my-pvc 的 PVC。此 PVC 还没有创建,下面需要创建它。

```
1.  apiVersion: v1
2.  kind: PersistentVolumeClaim
3.  metadata:
4.    name: my-pvc
5.  spec:
6.    accessModes:
7.      - ReadWriteMany
8.    resources:
9.      requests:
10.       storage: 1Gi
```

使用上述配置文件创建 my-pvc。PVC 通过访问模式和容量大小匹配合适的 PV,其中的字段含义如下。

- spec. accessModes:声明 PVC 需要什么访问模式的 PV。访问模式包括 ReadWriteOnce、ReadOnlyMany、ReadWriteMany 和 ReadWriteOncePod。ReadWriteOnce 表示卷只可以被一个节点以读写方式挂载。ReadOnlyMany 表示卷可以被多个节点以只读方式挂载。ReadWriteMany 表示卷可以被多个节点以读写方式挂载。ReadWriteOncePod 表示卷只可以被一个 Pod 以读写方式挂载。
- spec. resources. requests. storage:声明了 PVC 需要多大容量的 PV,这里只需要 1GB 大小的 PV。

由于现在没有合适的 PV 供 my-pvc 匹配,所以接下来要创建一个 PV。

```
1.  apiVersion: v1
2.  kind: PersistentVolume
3.  metadata:
4.    name: my-pv
5.  spec:
6.    capacity:
7.      storage: 1Gi
8.    accessModes:
9.      - ReadWriteMany
10.   nfs:
11.     path: /data/nfs
12.     server: 192.168.10.113
```

使用上述配置文件创建一个 PV,其中的字段含义如下。

- spec：spec 下分别声明了 PV 的容量、访问模式、卷的实现方式。这里仍然使用 nfs 作为卷的实现方式。

将上面 3 个 YAML 文件保存并部署。查看一下 PV 和 PVC。如图 6.50 所示,可以看到 my-pvc 已经自动匹配并绑定了 my-pv。

```
[root@k8smaster home]# kubectl get pv,pvc
NAME                          CAPACITY   ACCESS MODES   RECLAIM POLICY   STATUS   CLAIM            STORAGECLASS   REASON   AGE
persistentvolume/my-pv        1Gi        RWX            Retain           Bound    default/my-pvc                           3m46s

NAME                                 STATUS   VOLUME   CAPACITY   ACCESS MODES   STORAGECLASS   AGE
persistentvolumeclaim/my-pvc         Bound    my-pv    1Gi        RWX                           13m
```

图 6.50 查看 pv 和 pvc

再查看 Pod,如图 6.51 可以看到 Pod 已经准备好了。

```
[root@k8smaster home]# kubectl get pod
NAME                        READY   STATUS    RESTARTS   AGE
pvc-test-7d988984d4-9tq49   1/1     Running   0          10m
```

图 6.51 查看 Pod

此 Pod 已经挂载了 NFS 卷。可以前往 NFS 服务器路径下随意创建一个文件,然后进入 Pod 中挂载卷的目录下查看文件是否存在。

通过手动方式创建 PV,称为 PV 的静态供应。除了静态供应,Kubernetes 还提供了一种动态供应的方式。动态供应是指,如果现存的 PV 都不满足 PVC 的要求,集群会为 PVC 自动创建一个符合要求的 PV。PV 的动态供应通过 StorageClass 实现。StorageClass 同样是一个可以通过 YAML 文件创建的资源。StorageClass 中定义了一组创建 PV 的策略,当需要动态供应时集群会根据此策略创建 PV。

```
1.  apiVersion: storage.k8s.io/v1
2.  kind: StorageClass
3.  metadata:
4.    name: standard
5.  provisioner: kubernetes.io/aws - ebs
6.  parameters:
7.    type: gp3
8.  reclaimPolicy: Retain
```

上面是一个 StorageClass 的 YAML 文件,其中的字段含义如下。

- provisioner：声明使用何种卷插件来实现 PV。
- parameters：parameters 下是卷插件的一些参数。
- reclaimPolicy：声明了 PV 的回收策略,可以为 delete 或 retain,默认为 delete。retain 表示在 PVC 被删除后与 PVC 绑定的 PV 仍然保留。delete 则表示一旦执行删除,PV 包括 PV 关联的卷中的数据都会被删除。

如果想使用 StorageClass 进行动态供应,只需要在 PVC 配置文件中添加 spec.storageClassName 字段,并在字段后指定要使用的 StorageClass 的名字。

6.9 集群监控与日志

关于集群监控与日志有以下三方面内容：

- 集群监控
- 监控搭建
- 日志管理

6.9.1　集群监控

要想保证集群的平稳运行,必须对集群进行有效的监控。集群监控的指标包括集群和Pod两方面的内容,集群方面包括节点资源利用率、节点数目、节点中运行的Pod等,Pod方面包括容器指标和应用程序等。

监控的类型有4种,资源监控、性能监控、安全监控和事件监控。

资源监控指监控系统资源的使用情况,包括CPU、内存、网络和磁盘等。性能监控主要是指监控应用的性能,用于应用的诊断和调优。安全监控是监控集群的安全情况,例如越权管理,安全漏洞扫描等。事件监控就是监控一些特殊事件,比如说应用崩溃、节点故障等,并给管理员发送告警消息,让管理员及时处理。

Kubernetes支持多种监控方案,每种监控方案都有各自的特点,如表6.1所示。

表6.1　监控方案

监控方案	特　点
Zabbix	非常成熟的网络监控解决方案,大量定制工作,适用于大部分互联网公司
open-falcon	较年轻的监控系统,其将功能模块分解地非常细致,用户自定义插件,灵活性更高
cAdvisor+Heapster+InfluxDB+Grafana	简单易用
cAdvisor/exporter+Prometheus+Grafana	扩展性好

Zabbix是一个企业级分布式开源监控软件。Zabbix能够监控众多的网络参数和节点的健康度、完整性,并自带绘图功能,可以将得到的数据绘成图表。Zabbix的所有统计数据包括图表等都可以在web的前端页面进行访问,因此用户可以在任何地方访问到监控数据。其还可以实现复杂的多条件告警,并且可以发送告警邮件,确保用户可以对任何服务器问题立刻做出反应。

open-falcon是使用golang和python编写的一款开源监控系统,最初由小米开发,其拥有优秀的数据采集能力和水平扩展能力。

cAdvisor是由Google开源的专门用于监控容器的服务,目前已经集成进了Kubernetes中。cAdvisor被集成进了每个Node的kubelet中,其作用是对集群节点上的容器和资源进行监控和信息采集。

Heapster是一个集群监控和性能分析工具。其可以从每个节点的cAdvisor上收集信息,并将信息存入第三方工具中比如InfluxDB。InfluxDB是一个开源的时序数据库。

Grafana是一个开源的数据分析和可视化工具,其支持多种数据来源,包括InfluxDB和Prometheus。

Prometheus同样是一款开源的集群监控工具,集监控、告警、存储数据为一体。Prometheus使用exporter作为其标准的数据采集的工具。

6.9.2 监控搭建

接下来使用 exporter+Prometheus+Grafana 方案动手搭建一下集群监控。在部署之前确保虚拟机时间和宿主机时间一致,否则 Prometheus 的显示会出现异常。

首先部署 exporter 插件,部署 exporter 用到的配置文件如下。

```
1.  apiVersion: apps/v1
2.  kind: DaemonSet
3.  metadata:
4.    name: node-exporter
5.    namespace: kube-system
6.    labels:
7.      k8s-app: node-exporter
8.  spec:
9.    selector:
10.     matchLabels:
11.       k8s-app: node-exporter
12.   template:
13.     metadata:
14.       labels:
15.         k8s-app: node-exporter
16.     spec:
17.       containers:
18.       - image: prom/node-exporter
19.         name: node-exporter
20.         ports:
21.         - containerPort: 9100
22.           protocol: TCP
23.           name: http
24. ---
25. apiVersion: v1
26. kind: Service
27. metadata:
28.   labels:
29.     k8s-app: node-exporter
30.   name: node-exporter
31.   namespace: kube-system
32. spec:
33.   ports:
34.   - name: http
35.     port: 9100
36.     nodePort: 31672
37.     protocol: TCP
38.   type: NodePort
39.   selector:
40.     k8s-app: node-exporter
```

可以看到 exporter 使用 DaemonSet 部署程序,这意味着每个 Node 节点上都会运行一个 exporter。另外,exporter 还创建了一个 Service,用于外部访问。exporter 被部署进了 kube-system 命名空间下,接下要部署的 Prometheus 和 Grafana 也都会被部署在此命名空间下。

部署完 exporter 后,就要进行 Prometheus 的部署。部署 Prometheus 用到了 4 个配置文件,如图 6.52 所示。

```
-rw-r--r-- 1 root root 5624 3月  28 16:08 configmap.yaml
-rw-r--r-- 1 root root 1110 3月  28 16:16 prometheus-deploy.yaml
-rw-r--r-- 1 root root  233 3月  28 22:11 prometheus-svc.yaml
-rw-r--r-- 1 root root  716 3月  28 16:17 rbac-setup.yaml
```

图 6.52　部署 Prometheus 的 4 个配置文件

prometheus-deploy.yaml 用于 Prometheus 应用程序的部署,其内容如下。

```
1.  apiVersion: apps/v1
2.  kind: Deployment
3.  metadata:
4.    labels:
5.      name: prometheus-deployment
6.    name: prometheus
7.    namespace: kube-system
8.  spec:
9.    replicas: 1
10.   selector:
11.     matchLabels:
12.       app: prometheus
13.   template:
14.     metadata:
15.       labels:
16.         app: prometheus
17.     spec:
18.       containers:
19.       - image: prom/prometheus:v2.34.0
20.         name: prometheus
21.         command:
22.         - "/bin/prometheus"
23.         args:
24.         - "--config.file=/etc/prometheus/prometheus.yml"
25.         - "--storage.tsdb.path=/prometheus"
26.         - "--storage.tsdb.retention=24h"
27.         ports:
28.         - containerPort: 9090
29.           protocol: TCP
30.         volumeMounts:
31.         - mountPath: "/prometheus"
32.           name: data
33.         - mountPath: "/etc/prometheus"
34.           name: config-volume
35.         resources:
36.           requests:
37.             cpu: 100m
38.             memory: 100Mi
39.           limits:
40.             cpu: 500m
41.             memory: 2500Mi
42.       serviceAccountName: prometheus
43.       volumes:
```

```
44.         - name: data
45.           emptyDir: {}
46.         - name: config - volume
47.           configMap:
48.             name: prometheus - config
```

prometheus-svc. yaml 用于部署 Prometheus 的 Service,其内容如下。

```
1.  apiVersion: v1
2.  kind: Service
3.  metadata:
4.    labels:
5.      app: prometheus
6.    name: prometheus
7.    namespace: kube - system
8.  spec:
9.    type: NodePort
10.   ports:
11.   - port: 9090
12.     targetPort: 9090
13.     nodePort: 30003
14.   selector:
15.     app: prometheus
```

configmap. yaml 用于创建一个 configmap 以保存 Prometheus 的配置信息。

```
1.  apiVersion: v1
2.  kind: ConfigMap
3.  metadata:
4.    name: prometheus - config
5.    namespace: kube - system
6.  data:
7.    prometheus.yml: |
8.      global:
9.        scrape_interval: 15s
10.       evaluation_interval: 15s
11.     scrape_configs:
12.
13.     - job_name: 'kubernetes - apiservers'
14.       kubernetes_sd_configs:
15.       - role: endpoints
16.       scheme: https
17.       tls_config:
18.         ca_file: /var/run/secrets/kubernetes.io/serviceaccount/ca.crt
19.       bearer_token_file: /var/run/secrets/kubernetes.io/serviceaccount/token
20.       relabel_configs:
21.       - source_labels: [__meta_kubernetes_namespace, __meta_kubernetes_service_name,
__meta_kubernetes_endpoint_port_name]
22.         action: keep
23.         regex: default;kubernetes;https
24.
25.     - job_name: 'kubernetes - nodes'
26.       kubernetes_sd_configs:
```

```
27.            - role: node
28.          scheme: https
29.          tls_config:
30.            ca_file: /var/run/secrets/kubernetes.io/serviceaccount/ca.crt
31.          bearer_token_file: /var/run/secrets/kubernetes.io/serviceaccount/token
32.          relabel_configs:
33.           - action: labelmap
34.             regex: __meta_kubernetes_node_label_(.+)
35.           - target_label: __address__
36.             replacement: kubernetes.default.svc:443
37.           - source_labels: [__meta_kubernetes_node_name]
38.             regex: (.+)
39.             target_label: __metrics_path__
40.             replacement: /api/v1/nodes/${1}/proxy/metrics
41.
42.        - job_name: 'kubernetes-cadvisor'
43.          kubernetes_sd_configs:
44.           - role: node
45.          scheme: https
46.          tls_config:
47.            ca_file: /var/run/secrets/kubernetes.io/serviceaccount/ca.crt
48.          bearer_token_file: /var/run/secrets/kubernetes.io/serviceaccount/token
49.          relabel_configs:
50.           - action: labelmap
51.             regex: __meta_kubernetes_node_label_(.+)
52.           - target_label: __address__
53.             replacement: kubernetes.default.svc:443
54.           - source_labels: [__meta_kubernetes_node_name]
55.             regex: (.+)
56.             target_label: __metrics_path__
57.             replacement: /api/v1/nodes/${1}/proxy/metrics/cadvisor
58.
59.        - job_name: 'kubernetes-service-endpoints'
60.          kubernetes_sd_configs:
61.           - role: endpoints
62.          relabel_configs:
63.           - source_labels: [__meta_kubernetes_service_annotation_prometheus_io_scrape]
64.             action: keep
65.             regex: true
66.           - source_labels: [__meta_kubernetes_service_annotation_prometheus_io_scheme]
67.             action: replace
68.             target_label: __scheme__
69.             regex: (https?)
70.           - source_labels: [__meta_kubernetes_service_annotation_prometheus_io_path]
71.             action: replace
72.             target_label: __metrics_path__
73.             regex: (.+)
74.           - source_labels: [__address__, __meta_kubernetes_service_annotation_prometheus_io_
port]
75.             action: replace
76.             target_label: __address__
77.             regex: ([^]+)(?::\d+)?;(\d+)
78.             replacement: $1:$2
```

```
79.            - action: labelmap
80.              regex: __meta_kubernetes_service_label_(.+)
81.            - source_labels: [__meta_kubernetes_namespace]
82.              action: replace
83.              target_label: kubernetes_namespace
84.            - source_labels: [__meta_kubernetes_service_name]
85.              action: replace
86.              target_label: kubernetes_name
87.
88.        - job_name: 'kubernetes-services'
89.          kubernetes_sd_configs:
90.            - role: service
91.          metrics_path: /probe
92.          params:
93.            module: [http_2xx]
94.          relabel_configs:
95.            - source_labels: [__meta_kubernetes_service_annotation_prometheus_io_probe]
96.              action: keep
97.              regex: true
98.            - source_labels: [__address__]
99.              target_label: __param_target
100.           - target_label: __address__
101.             replacement: blackbox-exporter.example.com:9115
102.           - source_labels: [__param_target]
103.             target_label: instance
104.           - action: labelmap
105.             regex: __meta_kubernetes_service_label_(.+)
106.           - source_labels: [__meta_kubernetes_namespace]
107.             target_label: kubernetes_namespace
108.           - source_labels: [__meta_kubernetes_service_name]
109.             target_label: kubernetes_name
110.
111.       - job_name: 'kubernetes-ingresses'
112.         kubernetes_sd_configs:
113.           - role: ingress
114.         relabel_configs:
115.           - source_labels: [__meta_kubernetes_ingress_annotation_prometheus_io_probe]
116.             action: keep
117.             regex: true
118.           - source_labels: [__meta_kubernetes_ingress_scheme,__address__,__meta_
kubernetes_ingress_path]
119.             regex: (.+);(.+);(.+)
120.             replacement: ${1}://${2}${3}
121.             target_label: __param_target
122.           - target_label: __address__
123.             replacement: blackbox-exporter.example.com:9115
124.           - source_labels: [__param_target]
125.             target_label: instance
126.           - action: labelmap
127.             regex: __meta_kubernetes_ingress_label_(.+)
128.           - source_labels: [__meta_kubernetes_namespace]
129.             target_label: kubernetes_namespace
130.           - source_labels: [__meta_kubernetes_ingress_name]
```

```
131.          target_label: kubernetes_name
132.
133.      - job_name: 'kubernetes-pods'
134.        kubernetes_sd_configs:
135.        - role: pod
136.        relabel_configs:
137.        - source_labels: [__meta_kubernetes_pod_annotation_prometheus_io_scrape]
138.          action: keep
139.          regex: true
140.        - source_labels: [__meta_kubernetes_pod_annotation_prometheus_io_path]
141.          action: replace
142.          target_label: __metrics_path__
143.          regex: (.+)
144.        - source_labels: [__address__, __meta_kubernetes_pod_annotation_prometheus_io_
port]
145.          action: replace
146.          regex: ([^]+)(?::\d+)?;(\d+)
147.          replacement: $1:$2
148.          target_label: __address__
149.        - action: labelmap
150.          regex: __meta_kubernetes_pod_label_(.+)
151.        - source_labels: [__meta_kubernetes_namespace]
152.          action: replace
153.          target_label: kubernetes_namespace
154.        - source_labels: [__meta_kubernetes_pod_name]
155.          action: replace
156.          target_label: kubernetes_pod_name
```

rbac-setup.yaml 用于处理一些访问权限的问题。

```
1.  apiVersion: rbac.authorization.k8s.io/v1
2.  kind: ClusterRole
3.  metadata:
4.    name: prometheus
5.  rules:
6.   - apiGroups: [""]
7.    resources:
8.     - nodes
9.     - nodes/proxy
10.    - services
11.    - endpoints
12.    - pods
13.   verbs: ["get", "list", "watch"]
14.  - apiGroups:
15.    - extensions
16.   resources:
17.    - ingresses
18.   verbs: ["get", "list", "watch"]
19.  - nonResourceURLs: ["/metrics"]
20.   verbs: ["get"]
21.  ---
22. apiVersion: v1
```

```
23.  kind: ServiceAccount
24.  metadata:
25.    name: prometheus
26.    namespace: kube - system
27.  ---
28.  apiVersion: rbac.authorization.k8s.io/v1
29.  kind: ClusterRoleBinding
30.  metadata:
31.    name: prometheus
32.  roleRef:
33.    apiGroup: rbac.authorization.k8s.io
34.    kind: ClusterRole
35.    name: prometheus
36.  subjects:
37.  - kind: ServiceAccount
38.    name: prometheus
39.    namespace: kube - system
```

使用上面 4 个配置文件对 Prometheus 进行部署。部署完成后可以在 kube-system 命名空间查看到 exporter 和 Prometheus 的 Pod 和 Service，kubectl get pod，svc -n kube-system。如图 6.53 所示。

```
pod/node-exporter-6x985              1/1    Running   0          45m
pod/node-exporter-7dct4              1/1    Running   0          45m
pod/prometheus-f9f5ccbd4-dkh5s       1/1    Running   0          40s

NAME                    TYPE        CLUSTER-IP      EXTERNAL-IP   PORT(S)                  AGE
service/kube-dns        ClusterIP   10.96.0.10      <none>        53/UDP,53/TCP,9153/TCP   17h
service/node-exporter   NodePort    10.103.83.108   <none>        9100:31672/TCP           45m
service/prometheus      NodePort    10.97.24.58     <none>        9090:30003/TCP           55s
```

图 6.53　查看 Prometheus 的 Pod 和 Service

可以看到，Prometheus Service 的对外暴露端口为 30003，可以通过任意节点 IP 和 30003 端口在浏览器中访问 Prometheus，如图 6.54 所示。查看 Prometheus 监控的目标，所有的目标都处于 UP 状态。如果出现错误，也可以通过访问此页面查看错误原因。

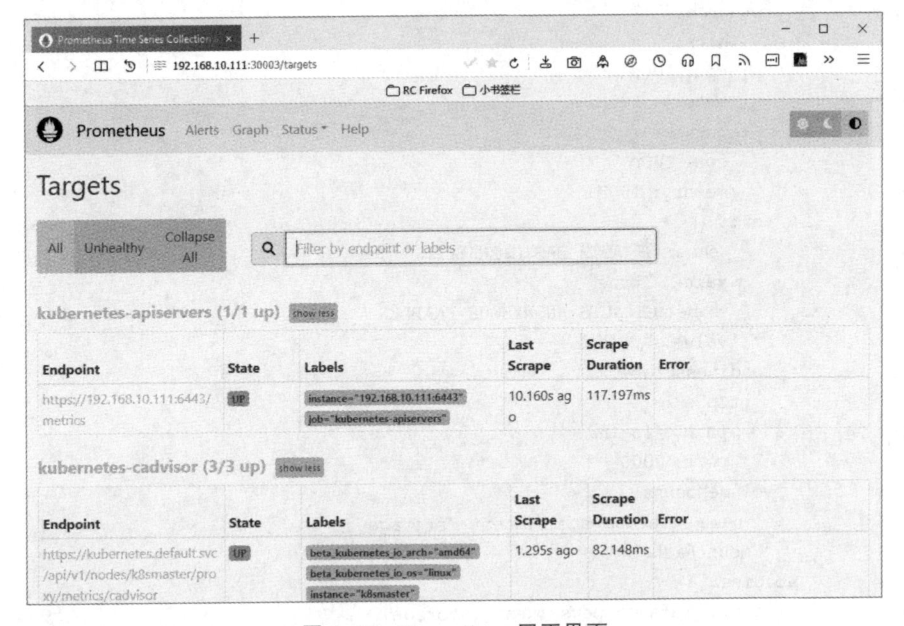

图 6.54　Prometheus 网页界面

接下来部署 Grafana 来对 Prometheus 存储的监控数据进行显示。部署 Grafana 用到的配置文件如下，其部署了 Grafana 的 Deployment 和 Service。

```
1.  apiVersion: apps/v1
2.  kind: Deployment
3.  metadata:
4.    name: grafana-core
5.    namespace: kube-system
6.    labels:
7.  apiVersion: apps/v1
8.  kind: Deployment
9.  metadata:
10.   name: grafana-core
11.   namespace: kube-system
12.   labels:
13.     app: grafana
14.     component: core
15. spec:
16.   replicas: 1
17.   selector:
18.     matchLabels:
19.       app: grafana
20.   template:
21.     metadata:
22.       labels:
23.         app: grafana
24.         component: core
25.     spec:
26.       containers:
27.       - image: grafana/grafana:4.2.0
28.         name: grafana-core
29.         imagePullPolicy: IfNotPresent
30.         resources:
31.           limits:
32.             cpu: 100m
33.             memory: 100Mi
34.           requests:
35.             cpu: 100m
36.             memory: 100Mi
37.         env:
38.           - name: GF_AUTH_BASIC_ENABLED
39.             value: "true"
40.           - name: GF_AUTH_ANONYMOUS_ENABLED
41.             value: "false"
42.         readinessProbe:
43.           httpGet:
44.             path: /login
45.             port: 3000
46.         volumeMounts:
47.         - name: grafana-persistent-storage
48.           mountPath: /var
49.       volumes:
50.       - name: grafana-persistent-storage
```

```
51.          emptyDir: {}
52.  ---
53.  apiVersion: v1
54.  kind: Service
55.  metadata:
56.    name: grafana
57.    namespace: kube - system
58.    labels:
59.      app: grafana
60.      component: core
61.  spec:
62.    type: NodePort
63.    ports:
64.      - port: 3000
65.    selector:
66.      app: grafana
67.      component: core
```

同样可以在 kube-system 命名空间下查看到 Grafana 的 Pod 和 Service。

利用 Service 在浏览器中访问 Grafana，如图 6.55 所示。

图 6.55 Grafana 登录界面

这里需要登录，登录的默认用户名和密码都是 admin。进入后添加 Data Sources，如图 6.56 所示。

Data Sources 的类型选择 Prometheus，URL 地址设置为 Prometheus Service 的 CLUEST-IP 和集群内部端口号设置为 9090，如图 6.57 所示。

然后需要添加一个 Dashboards，就是一个显示模板。选择 Import Dashboard，在 Grafana.net Dashboard 那一栏填入一个 Dashboard 的 ID，这里使用 315，也可以自己寻找

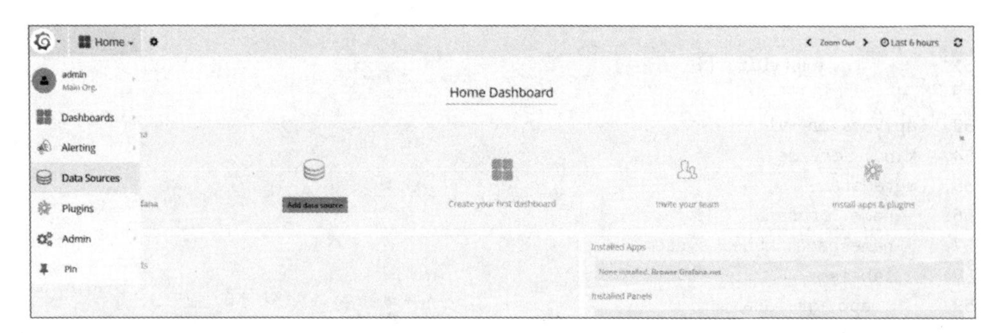

图 6.56　Grafana 添加 Data Sources 界面

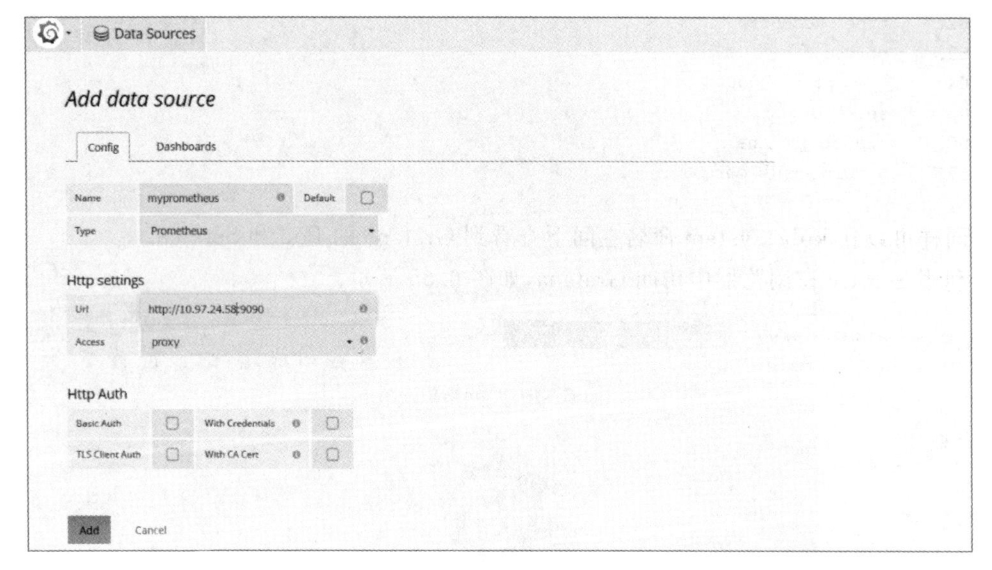

图 6.57　增加 data source

一个可用的 Dashboard。Dashboard Load 之后，选择之前创建的 Date Source 作为数据来源，如图 6.58 所示。

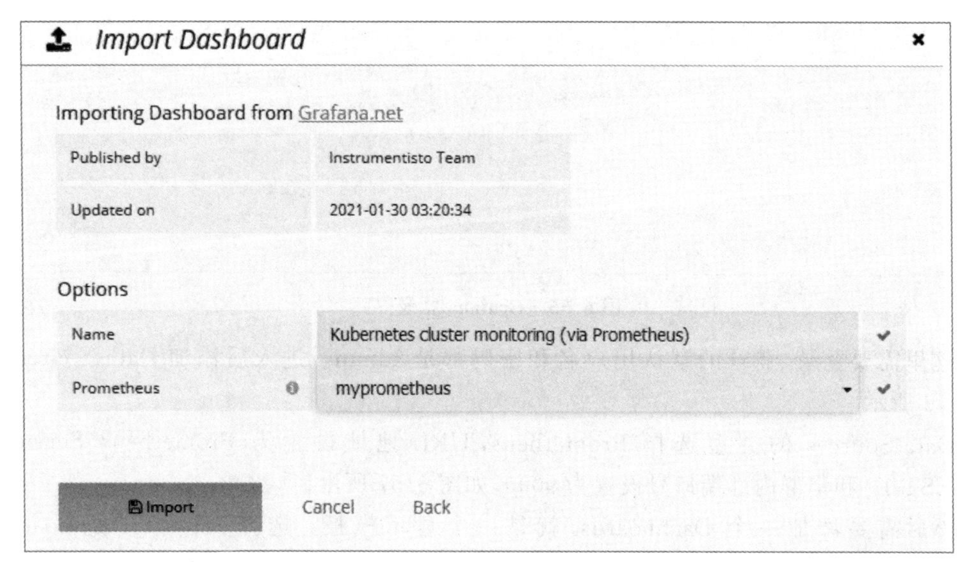

图 6.58　Import Dashboard

Import 成功后便可以看到集群的监控数据了，如图 6.59 所示。集群监控周期性的获取数据，所以 Grafana 周期性地更新图表的内容，这里每 10s 更新一次。

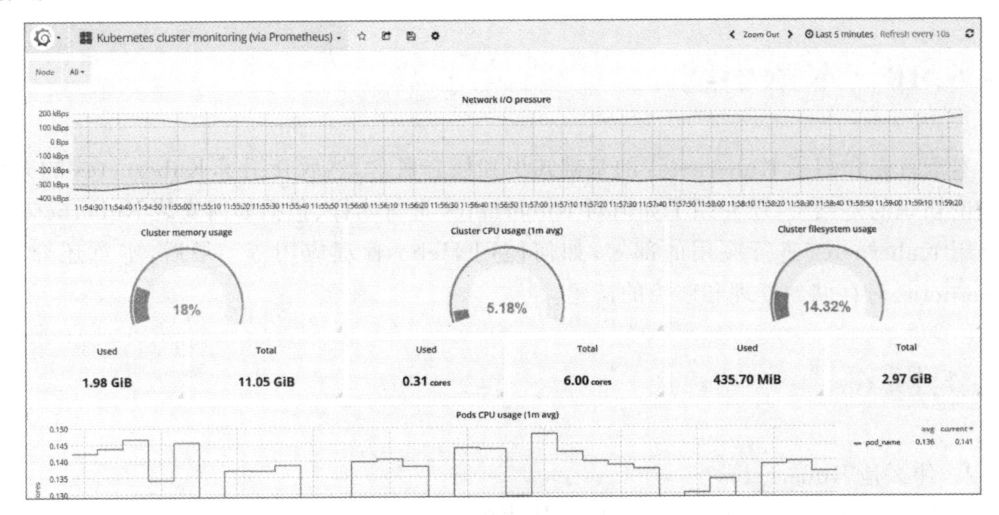

图 6.59　监控页面

6.9.3　日志管理

日志可以帮助我们了解应用内部的运行情况，对于调试问题和监控程序运行非常有用。Kubernetes 日志分为应用日志和系统组件日志。

应用日志即在集群中运行的容器化应用产生的日志，其默认输出到 stdout 或 stderr 中。写入 stdout 或 stderr 中的数据会被容器引擎捕获并以文件的形式保存下来。如果删除 Pod，Pod 中所有容器的日志也会被删除。Kubernetes 将日志存储在节点上，为了不会消耗掉节点上的所有空间，需要对日志进行轮转，每隔一段时间或者当日志文件过大时清理日志。如图 6.60 所示，容器通过 stdout 或 stderr 将日志保存为 log-file 文件，logrotate 用于日志的轮转。

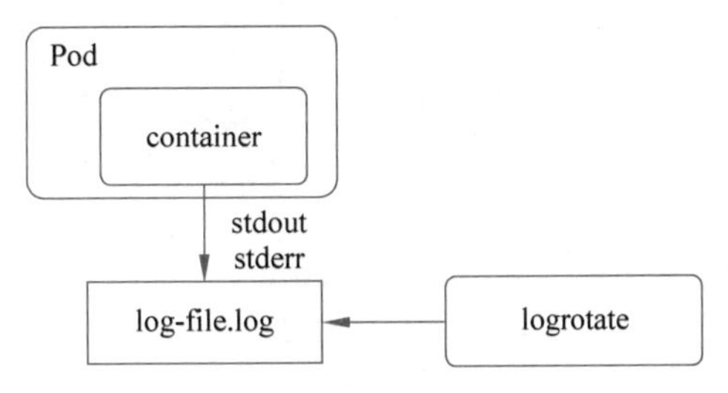

图 6.60　节点级日志记录

可以使用 kubectl logs [pod-name] -n [namespace]查看应用日志。

系统组件日志分多种情况。在容器中运行的系统组件，例如 kube-scheduler 和 kube-proxy，会将日志写到/var/log 目录下。在使用 systemd 机制的服务器上，不在容器中运行的系统组件，例如 kubelet 和 runtime，会将日志写入 journald；如果没有 systemd，它们会将日志写入/var/log 目录。系统组件日志与应用日志一样也需要轮转。

将日志存储在节点上也称为节点级日志记录，除此之外还可以将日志保存到节点外，称为集群级日志记录。Kubernetes 没有提供原生的集群级日志记录的解决方案，但有一些常用的解决方案，比如使用节点级日志代理、使用 sidecar 容器运行日志代理等。

6.10　本章小结

本章首先介绍了 Kubernetes 的基础知识和核心概念，然后介绍了 Kubernetes 的架构。在理论知识的基础上，还介绍了如何对 Kubernetes 进行实操，包括如何安装 Kubernetes、如何使用 Kubernetes 进行应用的部署，如何使用 Helm 管理应用等。最后，本章还介绍了 Kubernetes 对存储的管理和监控的搭建。

习题 6

1. 什么是 Kubernetes?
2. Kubernetes 进行调度的最小单位是什么?
3. Kubernetes 常用的资源类型有哪些?
4. Helm 有什么作用?

第7章

Serverless

CHAPTER 7

本章学习目标

- 了解 Serverless 的基础概念
- 掌握 Serverless 的基本原理
- 了解现有的 Serverless 产品和这些产品的发展现状

本章先介绍了 Serverless 的基本概念和常见产品，然后介绍了 Serverless 的应用架构。之后重点介绍了实现 Serverless 的重要理念——函数计算的相关知识。最后介绍了 Serverless 的一个应用——Serverless 应用引擎。

7.1 Serverless 概述

关于 Serverless 概述有以下三方面内容：

- Serverless 的概念
- Serverless 的优势
- FaaS 和 BaaS

7.1.1 Serverless 的概念

Serverless 是近几年云计算领域里十分热门的一项技术。就像它名字所表达的，Serverless 架构是一种“无服务器架构”，是相较于传统的 Serverful 架构而言的。Serverless 的核心思想是让用户能够不再关心应用运行的底层设备，而将精力更多地花费在应用的业务逻辑上，这将极大地提高应用开发和部署的效率。

Serverless 被称为“无服务器架构”并不是指应用运行不需要服务器，而是指应用开发者可以不用再关心运行应用的服务器的状态、资源使用情况等。应用运行所需要的所有资源都由云计算平台动态提供。

伯克利大学在 2019 年发表了一篇论文，名为《Cloud Programming Simplified: A Berkeley View on Serverless Computing》，论文中对 Serverless 进行了形象的比喻。比喻的内容大致是，在云计算领域，传统的 Serverful 架构更像是汇编语言，而 Serverless 架构更像是高级语言，比如 Python。使用汇编语言编程需要关心机器的状态，比如进行一个简单的加法运算，便需要我们自己指定寄存器加载数值，计算完成后再存储，像是传统的 Serverful 架构。我们需要自己寻找可用的资源，加载数据和代码，这样才能让程序运行起来。Serverless 架构摒弃了这种思想，开发者不再需要关心应用会在哪里运行，只需要关心自己的业务逻辑就够了。

7.1.2 Serverless 的优势

Serverless 的出现给云原生领域带来了新的革新，其优势体现在提高开发的效率、降低运营难度和降低运行成本这 3 方面。

1. 提高开发的效率

使用 Serverless 架构的应用，开发者需要书写的代码量与 Serverful 相比将显著减少。因为 Serverless 平台提供了众多的后端服务，例如数据管理、状态管理等，开发者可以直接使用平台提供的服务而不需要自己去写。此外，使用 Serverless 架构后，服务器底层的情况便不再需要开发者操心了，他们只需要关心软件的业务逻辑如何实现，这极大地提高了软件的开发效率。

2. 降低运营难度

Serverless 架构的应用将运营工作完全交给了 Serverless 平台，开发者不再需要去持续监控和维护服务器的状态。服务器的维护工作是十分复杂的，如何自动检测故障，如何转移实例，服务器操作系统的升级，日志的收集和管理等工作都需要进行考虑。如今，这些工作都可以由 Serverless 平台完成，这极大降低了运营的难度。

3. 降低运营成本

一般来说，一个应用的服务器访问量并不是一成不变的，而是存在着高峰期和低谷期的差别。如果使用固定的服务器资源，在高峰期，服务器资源不足便可能导致应用卡顿，在低谷期又会导致资源的浪费。Serverless 提供了高度自动化的弹性伸缩功能，其会自动感知高峰期的到来，并自动扩充服务器资源，当低谷期来临时，又会自动收缩服务器资源。最重要的是，Serverless 平台是按照实际资源的使用量来收费的，因此用户花费的每一分钱都是值得的。此前的 Serverful 架构则按照资源的占有量来计费。比如，为了应对高峰期，用户租用了 3 台服务器进行应用服务的部署，当低谷期来临时，3 台服务器中会有大量的资源闲置。但用户却不得不为这些闲置资源支付费用，这便增加了很多不必要的开销。Serverless 服务的弹性伸缩和按量付费保证了不会产生上面的问题，这将进一步降低运营成本。

7.1.3 FaaS 和 BaaS

业界现有的 Serverless 平台在功能上主要为应用提供两方面的支持，FaaS(Function as a Service，函数即服务)和 BaaS(Backend as a Service，后台即服务)。

Serverless 应用由一个个的函数组成，FaaS 则提供了一个函数运行和管理的平台。常见的 FaaS 平台包括 AWS Lambda、Azure Functions 和阿里云函数计算等。FaaS 平台中运行的应用的逻辑单元以函数的形式存在，所有函数运行所需要的资源都由 FaaS 平台动态供应。一般来说，用户将函数上传到 FaaS 平台后，函数并不会立即执行，而是等待事件或请求的到来，当事件或请求到来时才会执行函数。

FaaS 是 Serverless 实现的一种重要手段，为 Serverless 应用的运行和管理提供了基础。之前相当一段时间，人们将 FaaS 等同于 Serverless，但随着研究的深入，人们发现 Serverless 只有 FaaS 是不够的。我们知道一个完整的应用不能只有业务逻辑，还要有后台服务的支持，比如数据库、消息队列等。Serverless 应用同样如此，Serverless 应用的业务逻辑放在函数中由 FaaS 运行，而后台服务则由 BaaS 来供应。

BaaS 即一些后端云服务，比如云数据库、对象存储、消息队列等。Serverless 应用通过 BaaS 来获得后台服务的支持。Baas 分担了开发者对后台服务的运维工作，极大提高了开发者的工作效率。

FaaS 和 BaaS 合在一起才是完整的 Serverless 服务。其关系如图 7.1 所示。

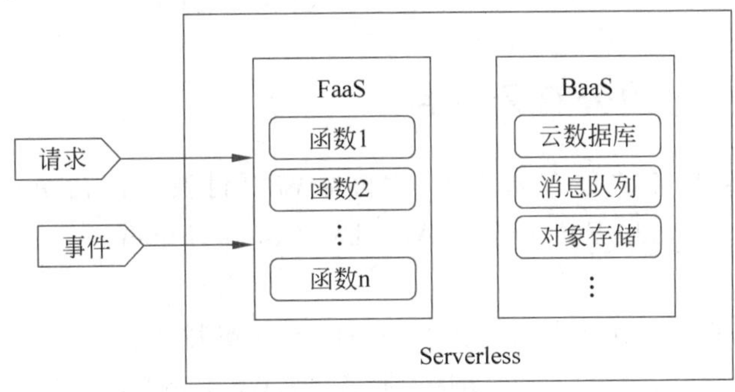

图 7.1　FaaS 和 BaaS

7.2 现有的 Serverless 相关产品

关于现有的 Serverless 相关产品有以下四方面内容:

- 相关产品概述
- 商业化的公有云平台
- 开源的平台
- 框架与工具

7.2.1 相关产品概述

虽然 Serverless 是一门较新的技术,但是其已经拥有了众多的产品。针对现有的 Serverless 相关产品,云原生计算的标准化组织云原生计算基金会(CNCF)进行了梳理,并制作了一个导览图,如图 7.2 所示。图 7.2 也是在不断更新的,可以在 https://github.com/cncf/wg-serverless 查看最新的图片。

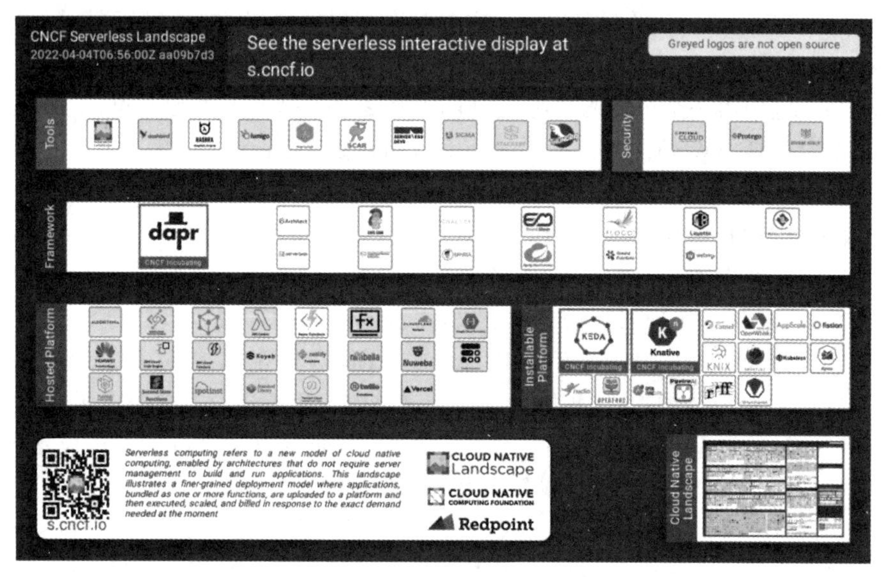

图 7.2 Serverless 产品导览图

CNCF 将 Serverless 相关产品分为了几类,包括商业化的公有云平台、开源的平台、框架、工具等。

7.2.2 商业化的公有云平台

提供 Serverless 服务的公有云平台,大多数需要付费。包括 AWS Lambda、Azure Functions、Google Cloud Functions、Alibaba Cloud Function Compute、HUAWEI FunctionStage 等。

AWS Lambda 是亚马逊推出的一款 Serverless FaaS 服务。其 2014 年正式推出,是第一款在主流公有云平台上推出的 Serverless 服务。AWS Lambda 提供完全的自动化管理,内置容错能力，支持弹性伸缩和按使用量计费，并且可以与AWS的其他组件快速结合，功能十分全面。

Azure Functions 是由微软推出的公有云 Serverless FaaS 服务。Azure Functions 由 Azure WebJobs 发展而来，并在2016年推出。其功能与 AWS Lambda 类似。

Alibaba Cloud Function Compute 即阿里云推出的 Serverless FaaS 服务。阿里云 Serverless 是国内最早提供 Serverless 计算服务的团队之一，其推出了涵盖函数计算、Serverless 应用引擎、Serverless 工作流、事件总线 Eventbridge 等多方面的产品和服务。

各家公司推出的 Serverless 服务在功能上大同小异，但不同之处表现在其函数计算原生支持的语言不尽相同。表7.1列出了各平台原生支持的语言。

表7.1 各平台函数计算原生支持的语言

平台	AWS Lambda	Azure Functions	阿里云 函数计算
支持语言	Java、Go、PowerShell、Node.js、C#、Python 和 Ruby	C#、Node.js、F#、Java、PowerShell 和 Python	Node.js、Python、PHP、Java、C# 和 Go

除了原生支持的语言之外，各平台都可以通过自定义 Runtime 的方式来支持其他语言编写的函数。

7.2.3 开源的平台

开源的 Serverless 平台可以部署在私有数据中心，包括 Knative、OpenWhisk、fission、Kubeless、OpenFaaS 等。

其中，Knative 是由 Google 开源的 Serverless 实现方案，目前参与的公司包括 Google、IBM、Red Hat、VMware 等。Knative 旨在构建一套标准化的 Serverless 解决方案。Knative 建立在 Kubernetes 和 Istio 之上，其利用了 Kubernetes 的容器管理能力和 Istio 的网络管理能力。

另外，OpenWhisk 是由 IBM 开源的 Serverless FaaS 平台。由于 OpenWhisk 使用容器构建基础组件，因此它可以轻松运行在多种不同的基础架构之上，包括本地和云基础架构。IBM 的公有云 Serverless 服务便是基于 OpenWhisk 构建的。

7.2.4 框架与工具

Serverless 框架用于简化 Serverless 应用的开发和部署流程。另外，由于不同 Serverless 平台提供的服务不尽相同，所以同一个函数可能无法在多个平台之间平滑迁移。部分 Serverless 框架能够抹平平台之间的差别，让函数同时得到多平台的支持。常见的 Serverless 框架包括 Dapr、Serverless Framework 等。

Dapr(Distributed Application Runtime)是一个构建分布式应用程序的框架工具，它使构建分布式应用程序变得简单且可移植到任何基础架构中。Dapr 号称“任何语言、任何框架、随处运行”。不管是在 Kubernetes 等框架上构建应用，还是在 Serverless 平台上构建应用，Dapr 都可以提供帮助。Dapr 可以帮助开发者处理服务发现、消息代理集成、加密、可观察性和机密管理等复杂任务，因此开发者可以专注于业务逻辑并保持代码简洁。2019年，微软发布并开源了 Dapr 的 v0.1 版本,经过开源社区一年半的努力,2021 年,Dapr 发布了正式的 v1.0 版本,2023 年 6 月 12 日正式发布了 v1.11 版本。

Serverless Framework 也是一个 Serverless 框架,它通过一个统一接口部署和管理应用,消除各 Serverless 平台之间的差异。Serverless Framework 同时支持 AWS、Azure、Google、腾讯云等众多平台。

除此之外,Serverless 还有一些辅助工具,比如用于监控和管理 Serverless 应用日志和性能的 Dashbird、用于应用监控和调试的 lumigo 等。

7.3 Serverless 应用架构

关于 Serverless 应用架构有以下两方面内容:

- 传统应用
- Serverless 应用

7.3.1 传统应用

传统应用多使用 C/S 架构,即客户端和服务器两部分组成。客户端接收用户的输入然后传送给服务器,服务器接收消息并处理,期间可能涉及数据库的读写,服务器将消息处理完成后返回给客户端,最后由客户端呈现结果。

比如一个视频网站,其业务逻辑包括登录、注册、评论、点赞等,所有业务逻辑是一个整体,直接部署在服务器上,其结构如图 7.3 所示。

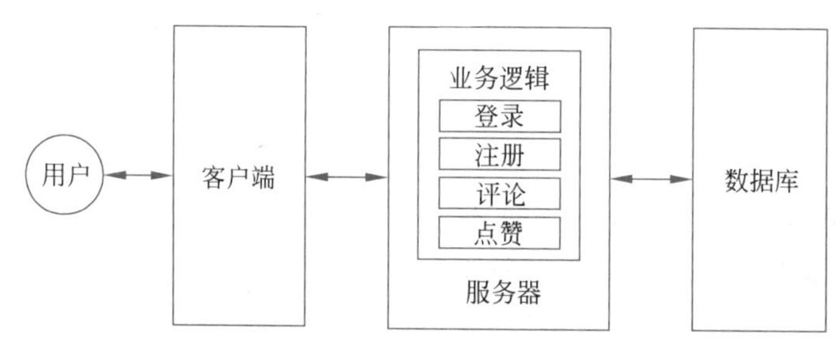

图 7.3 传统应用架构

为了开发一个这样的传统应用,可能需要这样几个步骤。首先需要设计应用、设计完成后进行开发,包括客户端开发和服务器的开发,开发完成后需要将业务逻辑部署到服务器上,然后测试,测试通过后正式上线,上线之后还要运维。整个过程如图 7.4 所示。

图 7.4 传统应用开发流程

传统应用的开发流程长,尤其是运维工作更是要花费大量的人力物力,Serverless 架构应用则打破了这一局面。

7.3.2　Serverless 应用

为了适应 Serverless 理念，运行在 Serverless 平台上的应用在架构上与普通应用相比有着显著的区别。也是因为这些不同，Serverless 应用的开发会更加高效，运营部署更加迅速，并且成本更低。

在 Serverless 架构中，原本在服务器中表现为一个整体的业务逻辑被分割成了多个相互独立的函数，直接部署在 FaaS 平台之中，并以 API 服务的形式向外提供服务。数据库等服务则通过 BaaS 来提供。Serverless 应用架构如图 7.5 所示。

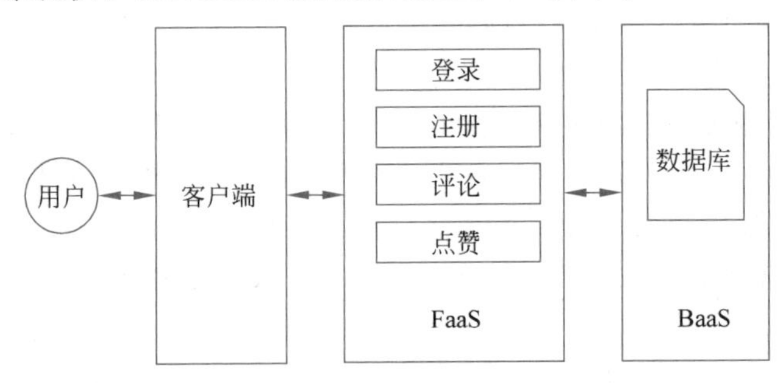

图 7.5　Serverless 应用架构

Serverless 应用相较于传统应用有以下优点。

1. 业务逻辑被分解成了独立的函数

Serverless 应用将业务逻辑打散，形成多个细粒度的函数，并以事件或请求的方式控制函数运行。这样做的好处是提高了资源利用率，同时节省了成本。比如在网站的初创阶段，可能有大量用户进行注册，注册函数会被大量调用，这时 FaaS 平台便会为注册函数分配更多的资源，而为其他调用量小的函数分配较少的资源。

2. 开发流程更短

开发一个 Serverless 应用需要如下步骤。首先设计应用，然后进行开发，包括编写函数和客户端的开发，开发完成后将函数上传到 FaaS 平台，测试并上线，如图 7.6 所示。

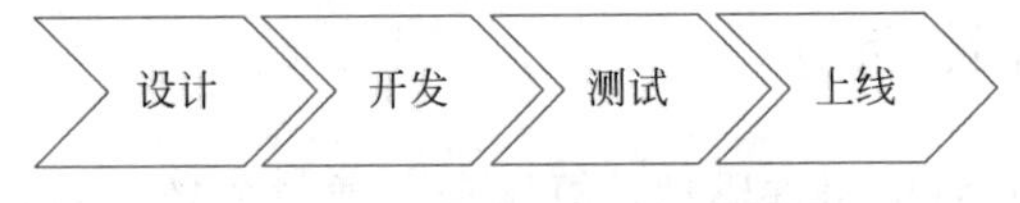

图 7.6　Serverless 应用开发流程

相较于传统应用，Serverless 应用的开发流程更短。更重要的是，产品上线后的所有运维工作都不需要开发人员来进行，而是直接交到了云计算平台的手上。

3. 降低成本

Serverless 旨在让开发人员不再关注服务器，而只专注于应用的业务逻辑。开发人员需要开发的东西少了，开发成本自然会下降。同时 Serverless 平台还会提供大量的函数计算模板，开发人员只需要修改少量代码便可以实现应用的快速开发，这进一步节省了开发成本。

除了降低开发成本外,Serverless同时有效降低了运营成本。Serverless采用自动伸缩和按需计费,这会极大地降低应用的运营成本。

4. 安全性更强

应用安全问题一直是一个很棘手的问题,但有了Serverless之后,便不需要考虑这个问题了,所有的安全问题都交给了Serverless平台来解决。

虽然Serverless架构在许多方面具有优势,但它也存在一些不足之处需要考虑,例如冷启动问题与完全依赖于第三方平台等问题。

- 冷启动问题

Serverless函数基于请求或事件触发运行,当请求或事件来临时,函数运行需要一个冷启动时间。对于一些复杂函数,这个冷启动时间甚至能够达到秒级,这样的启动延时对于一些应用来说是不能被接受的。为了解决冷启动的问题,部分Serverless平台推出预留功能,即预留一部分常驻的函数实例。当然,这样的方式一定程度上打破了“按需付费”的模式。

- 完全依赖于第三方平台

使用公有云Serverless服务,会让应用运行完全依赖于第三方Serverless平台。这里可能涉及一些安全问题,因此要尽量选择可信赖的公有云平台。当然,如果拥有自己的服务设施,这个问题就可以忽略不计了。

7.4 函数计算

关于函数计算有以下四方面内容:

- 函数计算简介
- 函数计算工作原理
- 函数计算中的核心概念
- 函数的部署

7.4.1 函数计算简介

函数计算是一种全托管的事件驱动计算服务。通过函数计算,开发者便无须手动管理服务器,只需要上传代码便可以完成应用的部署。同时函数计算为开发者免去了后期的运维工作,开发者只需要监控应用的运行情况。

传统应用的部署流程和使用函数计算应用的部署流程如图7.7所示。

相比于传统应用,函数计算后部署应用的复杂度大大降低了。开发者无须购买服务器并对服务器进行一系列配置工作,也无须手动搭建负载均衡和日志收集等系统,这些工作都由函数计算平台完成,这将大大提高开发者的工作效率。

函数计算提供自动扩缩容的功能,弹性可靠地运行任务。同时,函数计算平台提供内置的日志收集和监控系统,帮助开发者发现并定位问题。

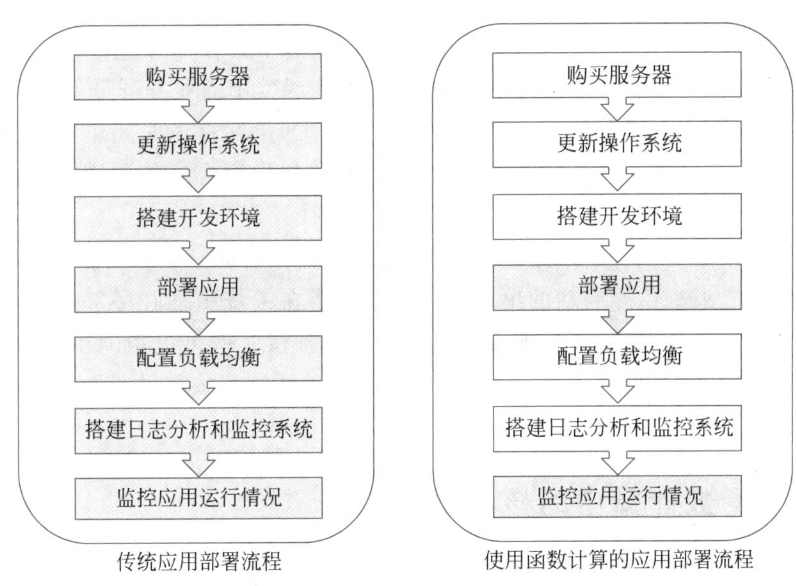

图 7.7 两种应用部署流程比较

7.4.2 函数计算的工作原理

1. 函数调用

函数计算是事件驱动的计算服务，当事件发生时，函数才会被调用，比如，当上传视频这个事件发生后，系统会自动调用视频压缩函数对视频进行处理。在函数计算的概念中，事件的发生方称为事件源，事件源在函数计算中支持多种类型，包括日志服务、对象存储（OSS）、表格存储、消息服务等。除了事件自动触发外，用户也可以通过 API/SDK 直接调用函数。图 7.8 为完整的函数计算调用链路。

函数调用有两种常见的方式，分别为同步调用和异步调用。

1）同步调用

同步调用适用于那些想要立刻获得计算结果的函数。它在调用之后会立刻为函数分配执行环境并开始执行，执行完成后返回结果。如果执行中报错，函数计算不会重试，而会返回错误信息。

2）异步调用

异步调用适用于不急于得到计算结果的函数。它会将调用请求放入一个队列当中，然后立刻返回成功。队列中的请求会逐条执行，如果执行出现错误，会进行错误重试。

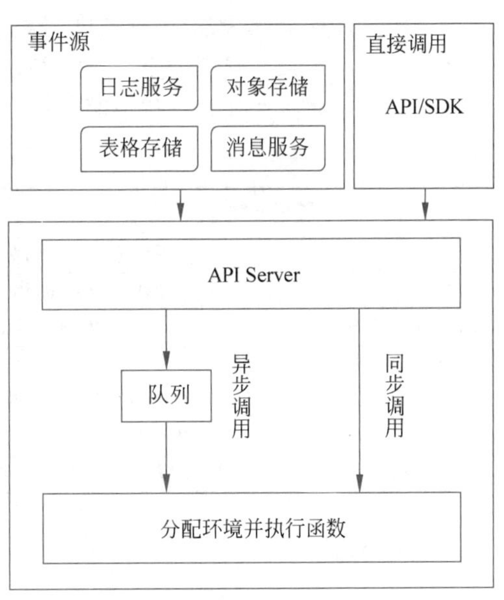

图 7.8 完整的函数计算调用链路

2. 函数执行

函数调用成功后便开始为函数分配执行环

境,包括调度实例、下载并解压代码、启动实例等步骤,这个过程称为冷启动。当执行环境准备好之后,函数计算才开始真正进行函数的执行,处理函数中的业务逻辑。当函数执行结束以后,函数实例并不会立即释放,而是等待一段时间。如果在这段时间里有新的调用,函数计算会直接复用这个实例,这就节省了冷启动的时间,如果没有新的调用,函数实例就会被释放。

冷启动会导致函数执行出现延迟,所以要尽量避免冷启动。除了上面的策略外,阿里云还推出了预留功能来避免冷启动的出现。预留功能指在系统中常驻一部分预留实例,预留实例由用户来控制生命周期,不会被系统自动回收。预留实例可以帮助用户消除冷启动带来的延迟,但一定程度上限制了 Serverless 原生的自动伸缩和按需付费能力,可能并不适合所有的应用。

7.4.3 函数计算中的核心概念

函数计算中有一些非常重要的概念,包括服务、函数、触发器、版本/别名。

1. 服务

服务是函数计算资源管理的单位。在创建函数之前,需要先创建服务,而同一个服务可以包含多个函数,这些函数共享服务的配置,比如日志配置、网络配置、存储配置、权限配置等。

可以将服务理解为一个应用,服务中的所有函数组成了这个应用。当然并不排除一些复杂应用由多个服务组成,它们不是一一对应的关系。

2. 函数

在函数计算中,函数是系统调度和运行的基本单位。一个函数通常由一些配置和一个可运行代码包组成。函数的配置选项包括名称、运行环境、函数触发方式、实例类型等,表 7.2 列出了这些选项并进行说明。

表 7.2 函数配置参数

参数	是否必填	说明
名称	否	填写函数的名称,如果不填写名称,系统会自动生成
运行环境	是	选择函数运行的语言环境、例如 Python、Java、Node. js 等
函数触发方式	是	目前包括两种方式,事件触发和 HTTP 请求触发
实例类型	是	目前包括 3 种类型:弹性实例、性能实例、GPU 实例。弹性实例是基本的实例,性能实例的规格更高,可占用的资源上限更高,适用于计算密集型场景。GUP 实例为阿里云最新推出的实例,主要适用于人工智能等场景
内存规格	是	设置函数需要的内存大小

3. 触发器

触发器中定义了哪些情况下会触发函数执行。也就是说触发器像是一个事件筛选器,其会在某些特定事件发生时通知函数进行函数执行。用户可以为函数指定一个触发器,触发器中包含一组规则，当符合规则的事件发生时，函数便被触发执行。

4. 版本/别名

版本指的是服务的版本，相当于对服务的快照，版本中的内容包括服务的配置、服务内的函数代码和配置信息。一旦应用的开发和测试完成，就可以发布一个版本，发布后的版本不可更改。当需要对现有服务进行更新时，可以发布一个新的版本。服务的版本号逐渐递增，不同版本的服务之间相互独立，不会产生影响。通过版本控制，用户可以更有效地管理服务。

然而，引入版本也带来了一些问题。由于版本号的唯一性，当用户发布新版本后，需要避免修改客户端代码以选择最新版本的服务这样繁琐的步骤。为了解决这个问题，别名应运而生。别名可以被视为指向特定版本的指针，客户端使用别名来调用所需的版本。当版本更新时，只需更改指针的指向，便可以实现版本之间的平滑迭代，而无须修改客户端代码。使用别名还可以对服务进行回滚，只需要将指针指向旧的版本就可以了。

别名还支持灰度发布。当一个新的版本来临，用户可能还不适应新版本，因此开发者会选出部分喜欢尝试的用户使用新版本，其余用户使用旧版本，当用户适应后，再逐渐扩大新版本的使用范围，最终完全过渡到新版本。这种平滑过渡的发布方式便称为灰度发布。别名可以用于控制访问流量，访问旧版本或新版本，从而实现灰度发布。

7.4.4　函数的部署

本小节将介绍一个运用函数的实例。

首先需要登录阿里云官网，如果没有账号可以自行注册。进入官网后单击控制台，可以看到阿里云的众多产品，如图 7.9 所示。

图 7.9　阿里云控制台页面

选择函数计算 FC，便可以进入函数计算页面。如果没有开通服务，先开通服务。选择服务及函数，便可以看到当前存在的服务，因为此时还没有创建任何服务所以列表为空，如图 7.10 所示。

想要创建函数先要创建服务。单击创建服务，进行服务创建。此时需要输入服务名称，例如 hello_serverless，日志和链路追踪功能暂时选择禁用，如图 7.11 所示。

图 7.10 服务及函数页面

图 7.11 创建服务页面

单击确认之后，会自动跳转到创建函数的页面。单击创建函数，进入创建函数的页面。目前阿里云提供了 3 种创建函数的方式：使用内置运行时创建、使用自定义运行时创建和使用容器镜像创建，这里选择使用内置运行时创建。然后填写函数名称比如 hello_world，请求处理程序类型为 HTTP 请求，运行环境选择 Node.js14，内存规格和并发度保持默认就好，如图 7.12 所示。

图 7.12 函数基本设置

另外还要配置触发器。填写触发器名称，例如 hello_world_trigger，是否需要认证为否。如图 7.13 所示。

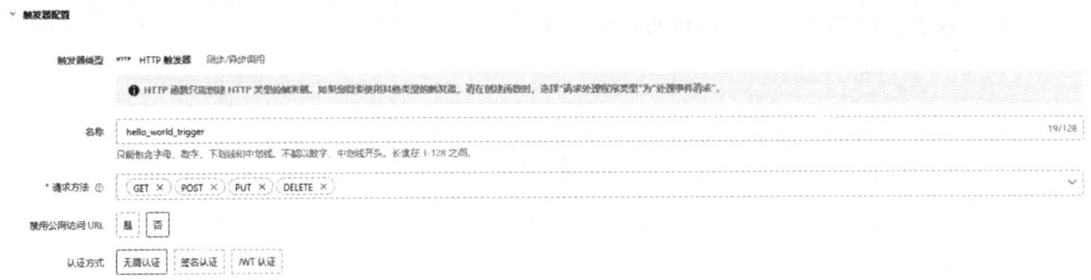

图 7.13 配置触发器

单击“确认”之后，会打开一个在线的函数编辑器，里面自动创建了一个名为 index.js 的 js 文件，里面有一些默认代码。将默认代码替换为如下代码。

```
1.  var getRawBody = require('raw-body')
2.  module.exports.handler = function (request, response, context) {
3.      getRawBody(request, function (err, data) {
4.          var respBody = new Buffer.from("你好,世界!");
5.          response.setStatusCode(200)
6.          response.setHeader('content-type', 'text/html')
7.          response.send(respBody)
8.      })
9.  };
```

更改完成后单击保存并部署，到这里函数便部署完成了。然后单击调用，可以看到如图 7.14 所示页面，说明调用成功了。

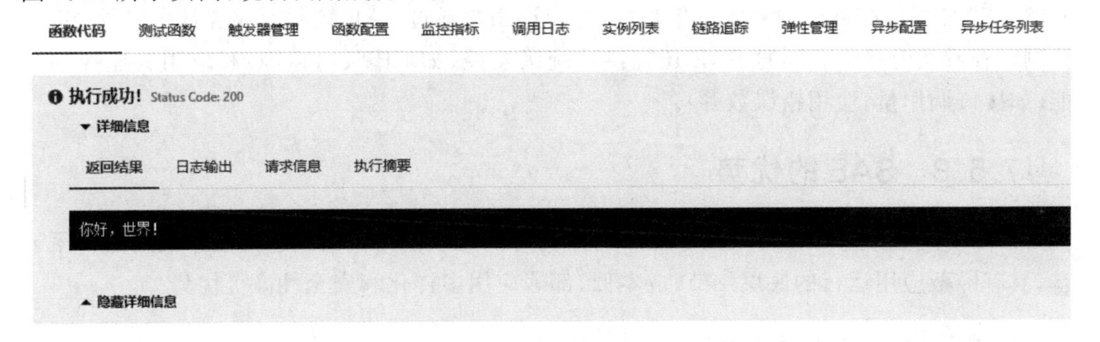

图 7.14 调用页面

除了在线编辑，也可以上传代码包进行函数部署。另外阿里云函数计算还支持客户端部署，比如通过命令行工具或 VSCode 插件进行部署。

7.5 Serverless 应用引擎

关于 Serverless 应用引擎有以下四方面内容：

- Serverless 应用引擎概述
- SAE 的功能

- SAE 的优势
- SAE 的架构

7.5.1 Serverless 应用引擎概述

函数计算可以让用户无须关注服务器基础设施,而只关注业务逻辑的开发。但用户的需求是多样的,除了在函数层面,用户可能希望在应用、容器等诸多层面都能享受到 Serverless 的好处。所以,除了 FaaS 相关产品外,各大云厂商还推出了其他的 Serverless 产品,比如阿里云 Serverless 应用引擎、AWS Fargate 等。

Serverless 应用引擎 SAE(Serverless App Engine)是由阿里云推出的面向应用的 Serverless PaaS 平台。不同于其他产品,SAE 在应用层面上为用户提供 Serverless 服务。SAE 可以帮助用户将应用快速部署到云端,用户不需要关心应用运行的基础设施,而只需要关心应用的配置。

AWS Fargate 是 AWS 推出的一种计算引擎,它在容器层面上为用户提供 Serverless 服务。AWS Fargate 用于部署和管理容器,而无须管理任何底层基础设备。用户可以在几秒之内启动大量的容器,而无须关心是否为这些容器预留了充足的计算资源。

7.5.2 SAE 的功能

SAE 提供了十分全面的应用管理功能,包括应用生命周期管理、一键启停、负载均衡、弹性伸缩等,降低了用户的运维难度。并且,SAE 支持灰度发布、分批发布等多种发布策略,同时支持回滚操作,满足用户在应用升级时的各种需求。

SAE 还提供了强大的监控管理功能,确保用户能够及时发现并定位应用运行过程中的问题。SAE 提供高性能的日志采集功能,并允许用户通过 SAE 控制台或者日志服务(SLS)控制台查看实时日志。同时 SAE 还提供系统级监控(如 CPU、内存等)和应用级监控的功能(如接口调用量、应用错误数等)。

7.5.3 SAE 的优势

SAE 是业界首款 Serverless PaaS 平台,它可以无须任何代码改造便能将应用迁移至云端,具有屏蔽应用运行的底层细节、成本低、部署应用多样化和安全性高等优势。

1. 屏蔽应用运行的底层细节

基于 Serverless 架构,SAE 可以帮用户屏蔽底层基础设施的运维,解放繁杂的运维工作,从而提高应用的开发部署效率。同时 SAE 支持应用的平滑迁移,区别于 FaaS 类产品,用户无须任何代码改造便可以将一个已存在的应用迁移至云端。

2. 降低成本,不为闲置浪费

SAE 提供自动弹性伸缩,最小化闲置资源,并采用按量计费,降低用户的不必要开销,从而大大降低了运营成本。

3. 多种方式部署应用，支持多种微服务框架

SAE 支持 war、jar、镜像 3 种方式部署应用，用户无须任何容器基础便可完成部署操作。并且，SAE 支持 Spring Cloud、Dubbo、HSF 等多种微服务框架，实现了 Serverless 架构和微服务架构的完美融合，进一步方便用户的开发和部署。

4. 安全性高

SAE 底部使用安全容器技术，网络层面通过虚拟私有云技术（VPC）强隔离，双重保障应用安全。

7.5.4 SAE 的架构

SAE 支持 Spring Cloud、Dubbo、HFS、Web 等多种类型的应用，并支持 jar、war 和镜像 3 种部署方式。

在底层，SAE 使用 Kubernetes 作为容器管理工具。SAE 为用户屏蔽了 Kubernetes 的管理细节，对应用进行抽象，在应用层面向用户提供了生命周期管理、弹性伸缩等功能。

SAE 的架构图如图 7.15 所示。

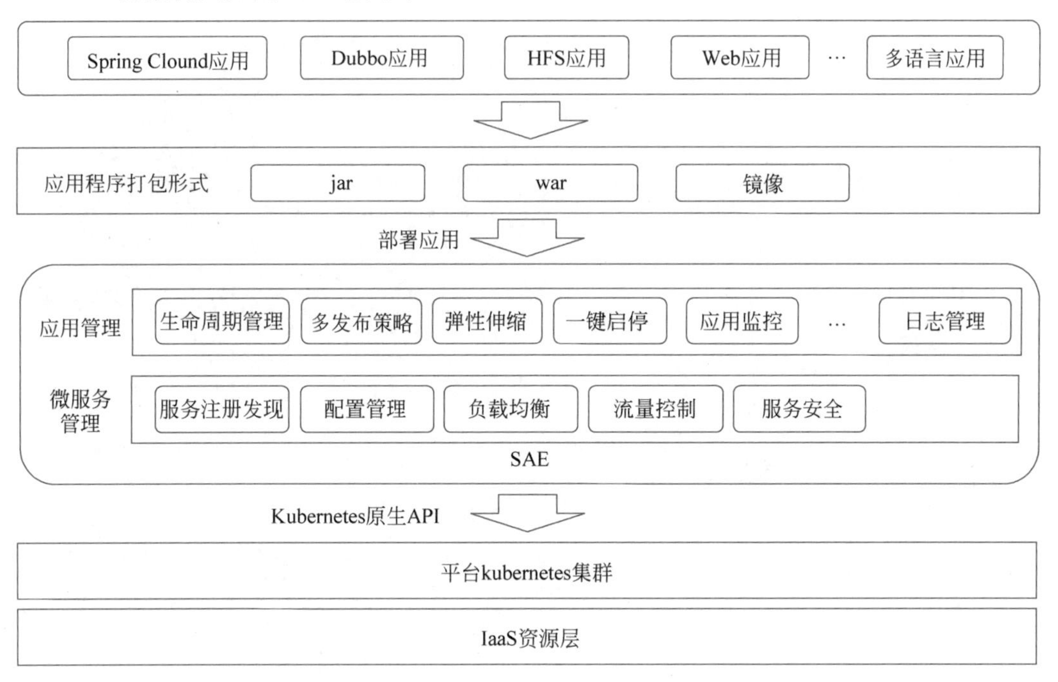

图 7.15 SAE 的架构图

7.6 本章小结

本章主要介绍了 Serverless 的相关知识，包括 Serverless 的基础概念、应用架构、常见应用等。另外本章还着重介绍了 Serverless 中 FaaS 的概念，让读者对 Serverless 的原理有

更深入的认识。最后本章介绍了阿里云的一个 Serverless 典型应用——SAE,以深化读者在应用层面对 Serverless 的认识。

习题 7

1. 什么是 Serverless?
2. Serverless 的常见应用有哪些?
3. 函数计算的优势体现在哪里?

第8章

Hadoop

微课视频

CHAPTER 8

本章学习目标

- 掌握 Hadoop 的基础知识
- 掌握 Hadoop 核心组件的相关知识
- 了解 Hadoop 生态的相关产品

本章首先介绍了 Hadoop 的基础知识，并概述了本章所讲的内容，让读者对 Hadoop 有一个整体的了解。之后本章着重介绍了 Hadoop 的 3 个核心组件。最后，本章介绍了 Hadoop 生态圈中的几个常见产品。

8.1 Hadoop

关于 Hadoop 有以下四方面内容：

- Hadoop 简介
- Hadoop 发展简史
- Hadoop 的组成
- Hadoop 生态概述

8.1.1 Hadoop 简介

Hadoop 是一个开源的分布式计算框架，主要用于处理大规模数据集。它最初由 Apache 软件基金会开发，并成为 Apache 项目的一部分。Hadoop 的设计目标是能够在由数千台普通计算机组成的集群上进行高效的数据处理和存储。Hadoop 可以同时驾驭成千上万台机器为用户提供数据存储和计算服务，其因具有诸多优势而受到大数据工作者的喜爱。Hadoop 的优势有可靠性强、扩展性强、高效率和高容错性 4 方面。

（1）可靠性强：Hadoop 在底层为数据维护了多个副本，确保不会因故障导致数据丢失。

（2）扩展性强：Hadoop 在一个集群中进行作业，用户可以轻松增加集群节点，对 Hadoop 集群进行扩展。

（3）高效率：Hadoop 可以控制集群节点并行作业，因此处理速度非常快。

（4）高容错性：当某个节点发生故障时，Hadoop 可以自动将数据复制到其他节点上，确保数据的可靠性和可用性。

8.1.2 Hadoop 发展简史

Hadoop 的创始人名为 Doug Cutting，他在 Nutch 之上进行改进形成了 Hadoop。Nutch 是 Apache Luncene 的子项目之一，始于 2002 年，其目标是建立一个大型互联网搜索引擎。但 Nutch 的开发过程困难重重，其最大的难点就是如何解决数以亿计的存储和索引问题。Google 曾在 2003 年发表了一篇论文，公开了 Google 公司内部对海量数据的存储方案 GFS(Google File System)，2004 年，Google 又发表了一篇论文，公布了公司内部对海量数据的计算方案 MapReduce。这两篇论文成了 Hadoop 的思想来源，根据这两篇论文，Nutch 的开发人员很快开发出了 HDFS 和 MapReduce，即开源版本的 GFS 和 MapReduce。后来 HDFS 和 MapReduce 从 Nutch 项目中独立出来，形成了最早的 Hadoop。

图 8.1 Hadoop 的标志

Hadoop 的名字来源十分有趣，灵感是创始人 Doug Cutting 儿子的玩具象，因此 Hadoop 选择小象作为其标志。图 8.1 为 Hadoop 的标志。

到 2008 年，Hadoop 已经成为 Apache 基金会的顶级项目,并开始快速发展。时至今日,除了最初的 HDFS 和 MapReduce 之外,Hadoop 已经发展出了庞大的生态体系。

8.1.3　Hadoop 的组成

Hadoop 目前发行了 3 个大版本,1. x、2. x 和 3. x。

Hadoop 1. x 时,Hadoop 主要由两部分组成：HDFS 和 MapReduce。HDFS 用于数据的存储,MapReduce 用于数据的计算和资源调度。

在 Hadoop 2. x 时,Hadoop 对 MapReduce 进行了拆分,将资源调度的任务拆分出来形成了 YARN。因此 Hadoop 2. x 便由 3 部分组成,如图 8. 2 所示。3. x 版本沿用了 2. x 版本的架构。

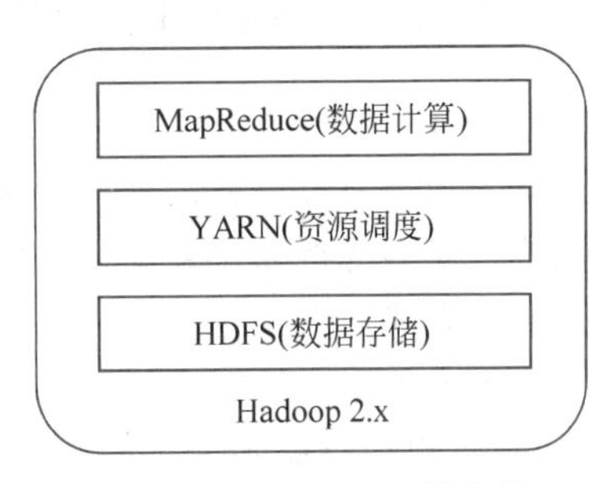

图 8. 2　Hadoop 2. x 的组件

8.1.4　Hadoop 生态概述

Hadoop 发展到现在已经形成了庞大的生态圈。甚至在广义上讲,Hadoop 已经不单单指 Hadoop 本体,还包括 Hadoop 的周边生态产品。图 8. 3 中列出了 Hadoop 生态的部分产品。

Hadoop 生态产品众多,功能多样,比如,图 8. 3 中的产品,Sqoop 用于数据传递,Flume 用于日志收集,Hive 作为数据仓库,Zookeeper 用于平台配置和管理,kafka 作为消息队列,Azkaban 用于任务调度,Storm 用于实时流处理等。在 8. 3 节中会对其中的部分产品作详细介绍。

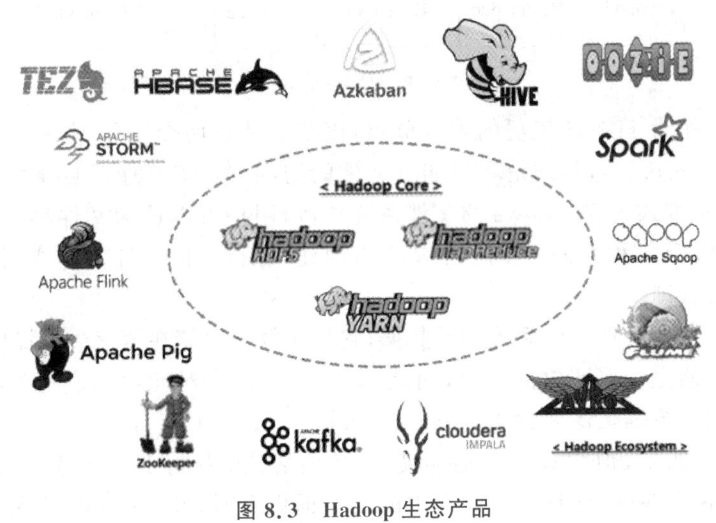

图 8. 3　Hadoop 生态产品

8. 2　Hadoop 的核心组件

关于 Hadoop 的核心组件有以下三方面内容：

- 数据存储 HDFS。
- 任务调度与资源分配 YARN。
- 数据计算 MapReduce。

8.2.1 数据存储 HDFS

在大数据的背景下,如何存储 TB、PB 级的海量数据一直是一个亟待解决的问题。如此巨量的数据通过一台机器存储显然是无能为力的,但如果用多台机器进行存储,数据的维护和管理又会变得非常麻烦。解决上述问题的方法正是能够横跨多个节点进行数据存储和管理的分布式文件系统。

HDFS(Hadoop Distributed File System)是 Hadoop 的核心组件之一,它以目录树的形式呈现,将数据存储到 Hadoop 集群的众多节点上,是一个分布式文件系统。HDFS 参考自 Google 的 GFS 进行设计实现,现在是 Apache Hadoop Core 项目的一部分。

1. HDFS 的架构

HDFS 采用主从结构模型,其集群由一个 NameNode(管理节点)和众多 DataNode(工作节点)组成,另外还有一个 Secondary NameNode 作为 NameNode 的辅助。其架构如图 8.4 所示。

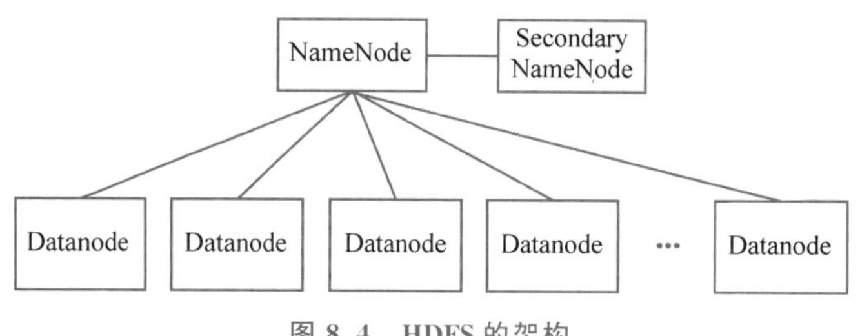

图 8.4 HDFS 的架构

NameNode 作为 HDFS 集群的管理节点,该节点负责两个工作,其一是管理文件系统的名称空间(Namespace),其二是客户端对文件的访问。HDFS 通过目录树的形式对外展示数据,这种展示方式与 Windows 的文件系统类似,用户可以认为文件都存储在某个目录中。用户可以执行各种名称空间操作,例如创建、删除、重命名文件或目录,它们都由 NameNode 进行管理。

NameNode 负责管理文件系统的元数据,它将元数据存储在内存中以提供快速的访问。但这样的做法不能完全保证数据安全,因此,必须在磁盘中对元数据进行备份,NameNode 在磁盘中备份的元数据文件名为 FsImage。NameNode 不可能对 FsImage 进行实时同步,因为这样效率太低了,但数据一致性问题又必须解决,为此 HDFS 引入了 Edits 文件。Edits 文件同样保存在磁盘当中,当内存中的元数据更新时,NameNode 会将更新操作追加到 Edits 文件中。这样,如果内存中的数据丢失,只需要根据 Edits 文件中记录的操作对 FsImage 进行更新,便可以恢复出最新的元数据了。

当元数据持续修改,Edits 文件会变得非常大,这样将 FsImage 和 Edits 合并就需要很长的时间。所以,NameNode 需要定期执行合并操作,合并 FsImage 和 Edits 为新的 FsImage 并清空 Edits。另外,如果在 NameNode 节点进行合并,将会对整个集群的运行速度产生负面影响。为此，HDFS 加入了 Secondary NameNode，专门用于执行 FsImage 和 Edits 的合并任务。Secondary NameNode 会定期接收来自 NameNode 的 FsImage 和 Edits 文件，并对其进行合并操作，合并完成的文件将传送回 NameNode 中。

DataNode 是 HDFS 集群的工作节点，负责实际存储和管理数据块。数据在 DataNode 上以数据块的形式存储，默认的数据块大小在 Hadoop1. x 时为 64M，在 Hadoop2. x 和 3. x 中为 128M，可以通过配置文件来修改数据块大小。数据块的大小不宜过大也不宜过小，过小会增加数据块的寻址时间，过大则会降低后续对数据处理的并行度，因此选择一个合适的数据块大小非常重要。HDFS 默认会为每个数据块在不同的 DataNode 上保留 3 个备份。当某一个 DataNode 上的数据块出现损坏时，HDFS 会通过其他节点上的副本对其恢复，这大大提高了数据存储的可靠性。

2. HDFS 数据的写流程

下面将通过 HDFS 数据的写入流程来了解 HDFS 的工作过程。HDFS 写入数据的流程如图 8.5 所示。

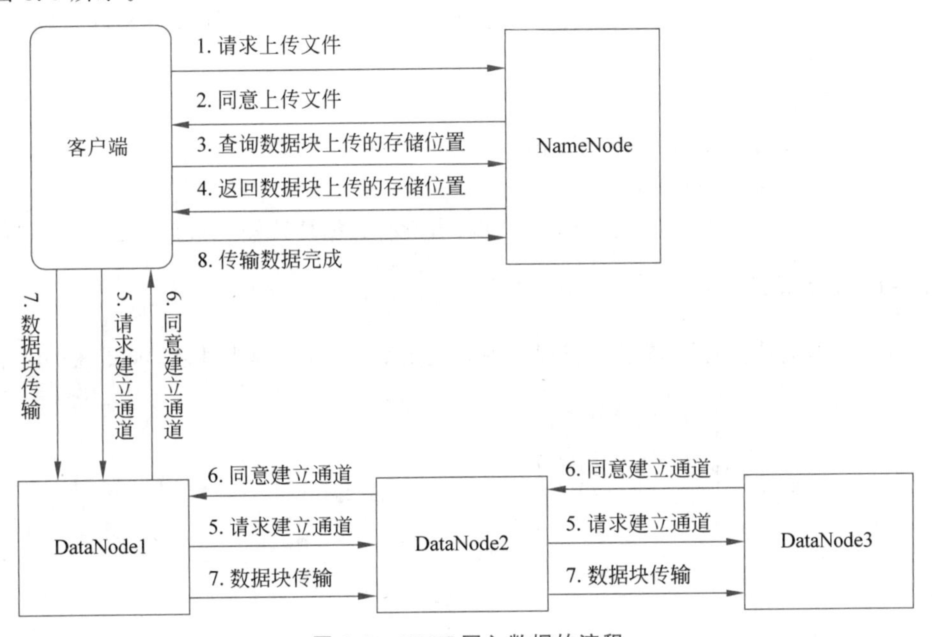

图 8.5 HDFS 写入数据的流程

HDFS 数据的写入大致分为 8 步。

第一步：需要客户端向 NameNode 发送请求，表示想要上传文件。

第二步：NameNode 会根据请求信息做一系列验证，比如检查用户是否有上传权限、文件是否已经存在等。如果判断不能上传，NameNode 会给客户端返回异常信息，如正常则会同意上传。

第三步：客户端向 NameNode 查询数据块上传到哪个 DataNode 中。

第四步：NameNode 为数据块选择存储的 DataNode 后返回，因为数据块默认有 3 个副本，所以 NameNode 要选择 3 个 DataNode。NameNode 选择 DataNode 需要考虑到多方面的内容，包括数据安全和传输效率等。HDFS 常用的副本放置策略如图 8.6 所示。

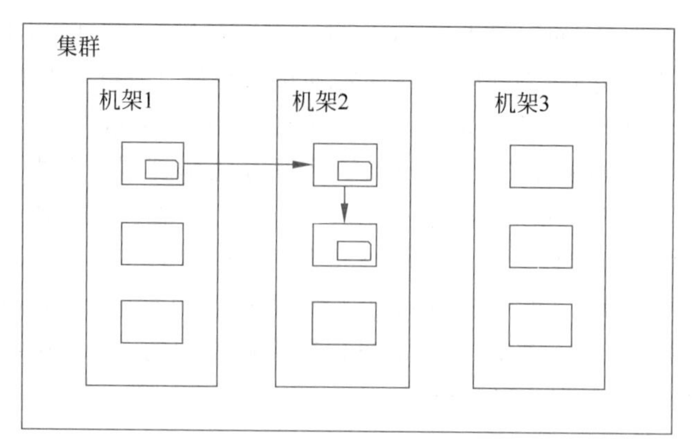

图 8.6　HDFS 常用的副本放置策略

针对数据块存储部分，HDFS 首先将其存储至集群内的客户端节点。如果客户端节点在集群之外，HDFS 通过随机选择策略来进行节点的存储。

第五步：客户端明确了目标 DataNode 后会向其中一个请求，请求建立通道，DataNode1 收到请求后会向 DataNode2 发送请求，DataNode2 再向 DataNode3 发送请求，建立起一个完整的数据传输通道。

第六步：各 DataNode 回应请求。

第七步：正式传输数据，客户端传给 DataNode1，DataNode1 再传送给 DataNode2，DataNode2 再传送给 DataNode3。

第八步：每个数据块都需要经历 3～7 步，当所有数据块传输完成后文件传输完毕。

3. HDFS 数据读流程

HDFS 数据的读流程相较于写流程来说要更加简单，其过程为几步，如图 8.7 所示。

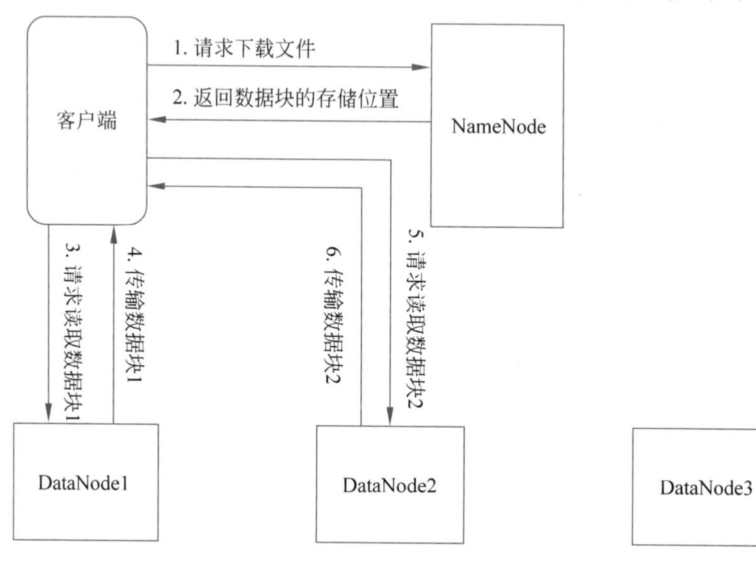

图 8.7　HDFS 数据的读流程

第一步：客户端请求下载文件。

第二步：NameNode 通过查看元数据，找到文件的数据块在哪些 DataNode 中，并返回。

第三步：请求读取数据块 1。因为数据块存在多个副本，所以客户端在请求前需要先选择好从哪个 DataNode 读数据。客户端选择 DataNode 的规则是就近原则，具体来说就是优先同一个节点（客户端和 DataNode 在同一个节点），其次同一个机架，再次同一个数据中心，最后不同数据中心。如果多个副本的存储距离相同，则随机选取。

第四步：返回数据。

第五步：数据块 1 读取完成后，客户端使用同样的方式选择数据块 2 的最佳 DataNode，然后读取。

4. HDFS 的优缺点

HDFS 的优点可以总结为以下 3 点。

（1）高容错性：HDFS 采用多副本，支持数据的自动恢复。

（2）适合处理大数据：HDFS 的集群节点能够达到上万台，这让它能够处理百万规模的文件以及 TB 级的数据。

（3）机器门槛低：HDFS 有着高容错性，对节点故障具有一定的包容能力，所以其对机器没有太高的要求。

HDFS 也并不是万能的，在某些情况下其也有着缺点。其缺点可以总结为以下 4 点。

① 低延时数据访问时间长：在处理低延时数据访问方面表现较差，因为它的寻址时间较长。

② 小文件存储效率低：它的设计初衷是处理大型数据文件。当用户试图存储大量小文件时，HDFS 的寻址时间会变得相对较长，而这超过了实际读取文件数据的时间。

③ 单线程写入：当多个线程同时尝试写入数据时，只有一个线程能够执行写入操作，而其他线程需要等待。因此一次只能写入一个。

④ 不支持对已有文件进行随机修改：一旦文件被写入，用户无法直接修改文件中的特定部分。

8.2.2　任务调度与资源分配 YARN

YARN（Yet Another Resource Negotiator）是在 Hadoop2. x 中加入的组件，实现了集群资源管理和任务调度。YARN 分离自 MapReduce，最初是为了支持 MapReduce 的工作，但它同样支持其他的分布式计算框架，比如 Tez、Spark 等。

1. YARN 的架构

YARN 由 ResourceManager（RM）、NodeManager（NM）、ApplicationMaster（AM）和 Container 等组件组成。其架构图如图 8.8 所示。

ResourceManager 是 YARN 中的核心节点，其负责监控 NM，处理客户端请求，启动并监控 AM，进行资源分配和任务调度。RM 中又包含了两个组件，Scheduler 和 ApplicationsManager。Scheduler 进行任务调度，将资源分配给需要运行的应用程序。它的调度策略有多种，包括 FIFO 调度、容量调度 Capacity Scheduler 和公平调度 Fair Scheduler。ApplicationsManager 主要负责接受用户的作业申请，启用和监控 ApplicationMaster，并可能在 ApplicationMaster 错误时重新启动 ApplicationMaster。

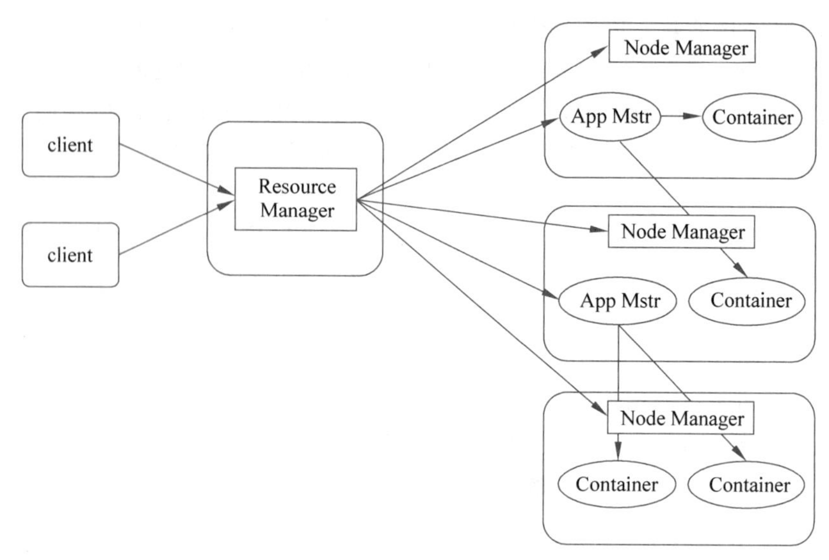

图 8.8　YARN 架构图

NodeManager 负责管理单个节点上的资源，并通过心跳信息向 RM 汇报资源的使用情况。NM 可以接受 RM 的命令并在节点上创建 Container。

ApplicationMaster 负责管理在集群中运行的应用程序，一个应用程序会有一个 AM。AM 的职责包括为应用程序申请资源、监控程序运行等。在集群中，应用程序会被分为一个一个 Task（比如 MapReduce 中的 Map Task 和 Reduce Task），这些 Task 分布在各个节点上的 Container 中运行。AM 会跟踪 Container 中 Task 的运行情况，并在 Task 出错时进行处理。值得一提的是，AM 本身也运行在一个 Container 之中。

Container 是一组计算的资源的抽象，比如内存、CPU、磁盘、网络等，YARN 创建的 Container 会被用来执行具体的计算任务。

2. YARN 的工作流程

YARN 的工作流程如图 8.9 所示

（1）上传：客户端向 RM 发送应用提交信息，并在 RM 应答后将应用资源上传到 HDFS。

（2）分配：RM 为应用程序分配一个 Container，并向 NM 发出通知，要求准备好 Container 并在其中启动 AM。RM 中会保留 AM 的注册信息以便查询。

（3）启动：AM 启动后会向 RM 申请程序运行资源。AM 采用轮询方式并基于 RPC 协议申请和获取所需的资源。RM 收到请求后基于一定的调度策略为应用任务分配 Container。AM 通知 Container 所在的 NM 启动 Task。

（4）汇报：为保证时刻了解任务运行状况，Task 会基于 RPC 协议向 AM 汇报自己的进度和状态信息，并在出错时重启任务。

（5）注销：在所有任务完成后，AM 会向 RM 发送消息注销自己。

3. 调度策略

YARN 的调度器主要有 3 种，包括 FIFO（First In First Out）调度器、容量调度器和公

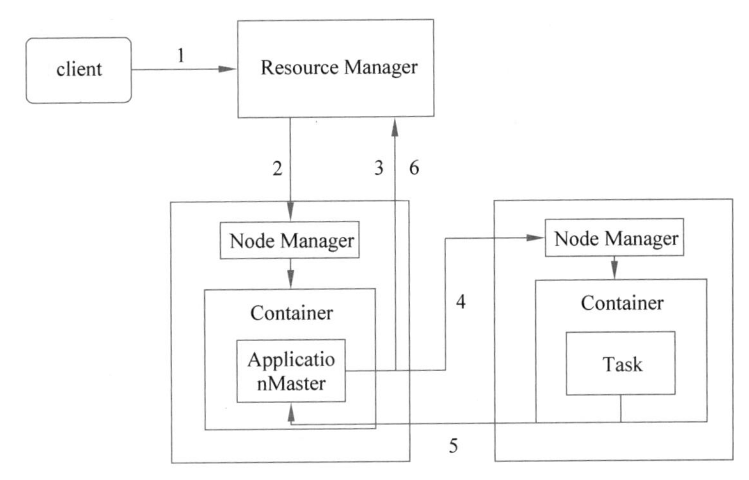

图 8.9　YARN 的工作流程

平调度器。

FIFO 调度器是最简单的一种调度器，调度器中所有作业按照顺序排序，依次执行。FIFO 调度的优点是简单易懂，不需要配置，缺点则是只支持单队列，而且对小作业不友好。因为对小作业来说，等待队列中的作业执行的时间会远大于其本身的执行时间。

容量调度器解决了 FIFO 只能支持单队列的不足，它允许多队列，多用户使用。容量调度器有以下 3 种特点。

1) 多队列和分层队列

容量调度器允许生成多个队列，每个队列中采用 FIFO 策略。同时，容量调度器还支持分层队列，即队列中还可以分出小队列。比如下面这个例子：

```
root
|-- queue1   60%
|-- queue2   40%
    |-- subqueue1   50%
    |-- subqueue2   50%
```

在 root 根队列下有 queue1 和 queue2 两个队列，在 queue2 队列下又有 subqueue1 和 subqueue2 两个子队列。分层队列可以让资源的划分更加灵活，而且更易于控制。

2) 容量保证

管理员可以为队列设置最大容量限制，限制的方式包括软限制和可选的硬限制，同时也可以为队列设置最低资源保证。比如在上例中 queue1 被设置为占所有资源的 60%，queue2 占 40%，subqueue1 和 subqueue2 各占 queue2 资源的 50%。为队列设置资源限制可以防止一个队列占用了所有资源的情况发生，保证了公平性。

3) 灵活性

队列间的空闲资源可以相互借用，如果被借用的队列中出现新的任务，那么被借用的资源将会被归还。

公平调度器与容量调度器一样也支持多队列。公平调度器旨在让所有任务能够公平地分享资源。例如图 8.10 中的例子，当一个队列中只有一个任务 Task1 时，这个 Task1 会占用队列的所有资源，而当另外一个任务 Task2 加入队列后，Task1 和 Task2 会各自占据

50%的资源,而当 Task1 执行完成,Task2 便会占用所有的资源。通过这种公平的资源分配方式,公平调度器保证了所有任务都会在合理的时间内完成,并且对于小作业非常友好。

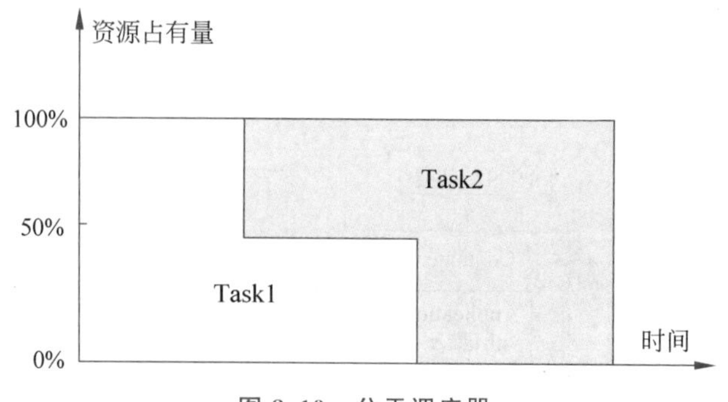

图 8.10 公平调度器

公平调度器允许用户为任务设置优先级,任务优先级越高其被分配到的资源比例便越高。

公平调度器支持分层队列,也支持容量保证,并且允许灵活借用资源。在队列中公平调度器默认采用公平调度策略,但也可以设置 FIFO 策略或 DRF(Dominant Resource Fairness)策略。当设置 FIFO 策略时,公平调度器与容量调度器并没有区别。之前提到的资源都是指内存资源,但设置 DRF 策略后,调度器对资源的分配便不再只依赖于内存,还会将其他资源作为参考,比如 CPU 资源。

8.2.3 数据计算 MapReduce

MapReduce 是 Hadoop 中的分布式计算框架,负责 Hadoop 中的数据计算。MapReduce 可以将用户提交的业务逻辑代码与 MapReduce 自带的组件结合,生成可以高效率地运行在分布式系统中的 MapReduce 程序,并在 Hadoop 集群中运行。Hadoop 支持多种语言的 MapReduce 程序,包括 Java、Ruby、Python 等。

MapReduce 与 YARN、HDFS 一样是 Hadoop 的核心组件之一。

1. MapReduce 的优缺点

MapReduce 的优点可以总结为以下 4 点:

1) 适合海量数据的离线处理

MapReduce 能够利用成千上万的集群节点并发地处理数据,因此能够处理 PB 级以上的海量数据。

2) 易于编程

编写 MapReduce 程序只需要简单地实现几个接口,这与编写一个串行程序没有什么区别。

3) 具有良好的扩展性

可以通过添加节点来增加计算资源,操作方式十分简单。

4) 具有高容错率

MapReduce 程序的高容错性使其可以运行在廉价的机器之上,如果 MapReduce 程序中某个任务运行出现错误,Hadoop 可以为这个任务重新分配节点并运行,这个过程不需要管理员的干预,而是 Hadoop 自动完成的。

MapReduce 也不是万能的,其也有不擅长的领域,例如以下两种场景:

1) 不擅长实时计算

MapReduce 程序运行往往需要一段时间,可能是几分钟也可能是几个小时,这因程序而异。所以,MapReduce 不适合需要快速返回结果的实时计算。

2) 不擅长流式计算

MapReduce 的主要优势在于处理离线数据,也就是说处理存储在本地的静态数据。面对数据会实时变化的动态数据,MapReduce 便无能为力了。

2. MapReduce 的核心思想

MapReduce 将一个分布式程序分为两个阶段执行,Map 阶段和 Reduce 阶段。Map 阶段用于数据的预处理,Reduce 阶段用于数据聚合输出最后的结果。Map 和 Reduce 阶段的输入输出都是以键值对<key,value>的形式存在。原数据输入 Map,Map 处理后输出,该输出会作为 Reduce 的输入,最后 Reduce 再次对数据进行处理,生成最后的结果。值得注意的是,在一些特殊需求下,一个 MapReduce 程序可以没有 Reduce 阶段而只进行 Map 阶段。

下面将以一个简单的 WordCount 例子了解一下 MapReduce 的工作过程。WordCount 程序的目标是查询单词在文件中出现的次数,其程序工作流程如图 8.11 所示。

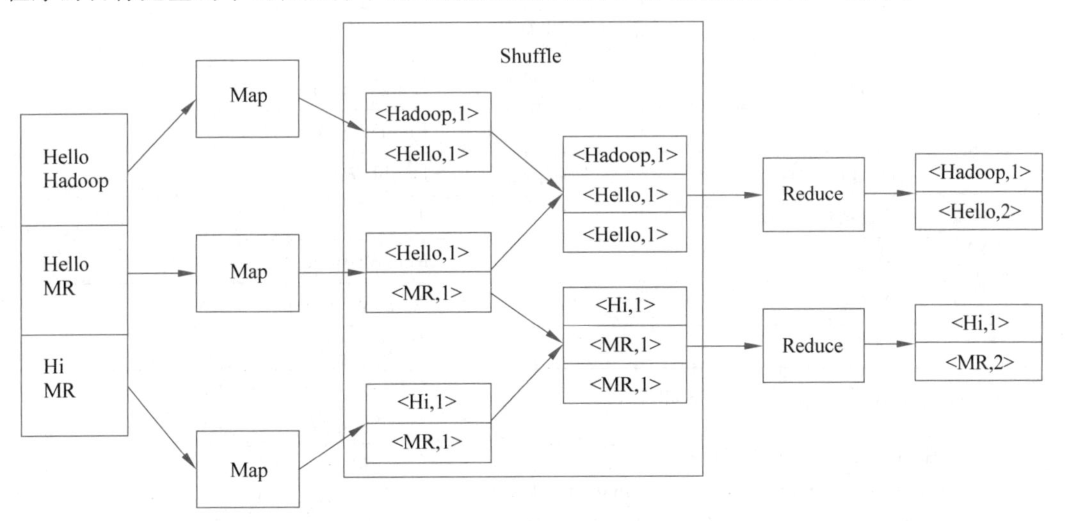

图 8.11 MapReduce 的程序工作流程

将输入数据进行切片,默认切片大小与 HDFS 的数据块大小(block)相同。比如有 300MB 的数据,block 的大小为 128MB,则会将数据切为 128MB、128MB、44MB 3 片,分别输入到 3 个 Map 程序中。

Map 阶段处理。Map 程序中的逻辑由用户进行定义,这里要统计单词的出现次数,所以只需要将每个单词作为 Key,将 Value 的值设为 1,表示这个单词出现了一次。处理完成后将所有的< k,v >输出。

Map 阶段的输出并不会直接输入到 Reduce 程序中,而是要经过一个 Shuffle 的阶段。在 Shuffle 阶段数据会进行分区和排序。默认分区是按照 Key 的 hashCode 对 Reduce 个数取模得到,同样的数据会发往同一个的 Reduce 程序中,同一个分区里的数据会发往同一个 Reduce 程序。Shuffle 时默认会对数据按照字典顺序,这是为了方便之后 Reduce 程序的执行。当然,分区规则和排序规则都可以通过自定义方法进行修改。

Reduce 阶段处理。Reduce 程序的逻辑同样由用户进行书写。Reduce 程序默认会一次读取 Key 值相同的所有数据,并将所有 Value 保存到一个集合当中。如果要实现单词计数,只需要把集合中的 Value 相加,并当作输出的 Value 值。输出的 Key 值与输入的 Key 值相同。

3. WordCount 程序的实现

下面具体实现一下 WordCount 程序。要完成一个 MapReduce 程序需要编写 3 部分,Mapper、Reducer 和 Driver。Mapper 即 Map 程序,Reducer 即 Reduce 程序。Driver 是驱动类,相当于 YARN 的客户端,用于将 MapReduce 程序提交给 YARN。

MapReduce 程序中为了方便数据的传输和存储,使用 Hadoop 封装了一套序列化类型。常用的 Hadoop 序列化类型与 Java 类型的对照关系如表 8.1 所示。

表 8.1 Hadoop Writable 类型

Java 类型	Hadoop Writable 类型
Boolean	BooleanWritable
Int	IntWritable
Long	LongWritable
Float	FloatWritable
Double	DoubleWritable
String	Text
Map	MapWritable
Array	ArrayWritable
Null	NullWritable

WordCount 程序的 Mapper 如下:

```
1.  import java.io.IOException;
2.  import org.apache.hadoop.io.IntWritable;
3.  import org.apache.hadoop.io.LongWritable;
4.  import org.apache.hadoop.io.Text;
5.  import org.apache.hadoop.mapreduce.Mapper;
6.  /* 自定义 Mapper 类需继承 Mapper 类,泛型分别代表输入的 Key,输入的 Value,输出的 Key,输
出的 Value,Mapper 默认一行一行读取数据,所以输入的 Key 为偏移量也就是行号 */
7.  public class WordCountMapper extends Mapper<LongWritable, Text, Text, IntWritable>{
8.
9.      //初始化 Key
10.     Text k = new Text();
11.     //初始化 v,设置为 1
12.     IntWritable v = new IntWritable(1);
13.
```

```
14.  //map 方法,参数为输入的 key,value 和 context(上下文,用于关联程序的其他模块)
15.     @Override
16.        protected void map ( LongWritable key, Text value, Context context ) throws
   IOException, InterruptedException {
17.
18.           // 1 获取一行
19.           String line = value.toString();
20.
21.           // 2 按空格切割
22.           String[] words = line.split(" ");
23.
24.           // 3 输出
25.           for (String word : words) {
26.               //将每个单词作为 k
27.               k.set(word);
28.               //将 k,v 输出
29.               context.write(k, v);
30.           }
31.     }
32.  }
```

WordCount 的 Reducer 程序如下：

```
1.  import java.io.IOException;
2.  import org.apache.hadoop.io.IntWritable;
3.  import org.apache.hadoop.io.Text;
4.  import org.apache.hadoop.mapreduce.Reducer;
5.  /* 自定义 Reducer 类需继承 Reducer 类,与 Mapper 类一样,泛型分别代表输入的 Key,输入的
   Value,输出的 Key,输出的 Value */
6.  public class WordCountReducer extends Reducer<Text, IntWritable, Text, IntWritable>{
7.
8.      int sum;
9.      IntWritable v = new IntWritable();
10.   /* Reduce 方法默认一行读取 key 值相同的所有数据,所以输入了一个 Value 的集合,用于存
   储 key 相同的所有 value 值 */
11.     @Override
12.       protected void reduce(Text key, Iterable<IntWritable> values, Context context)
   throws IOException, InterruptedException {
13.
14.         // 1 累加求和
15.         sum = 0;
16.         for (IntWritable count : values) {
17.             sum += count.get();
18.         }
19.
20.         // 2 输出
21.         v.set(sum);
22.         context.write(key,v);
```

```
23.     }
24. }
```

WordCount 的 Driver 类如下：

```
1.  import java.io.IOException;
2.  import org.apache.hadoop.conf.Configuration;
3.  import org.apache.hadoop.fs.Path;
4.  import org.apache.hadoop.io.IntWritable;
5.  import org.apache.hadoop.io.Text;
6.  import org.apache.hadoop.mapreduce.Job;
7.  import org.apache.hadoop.mapreduce.lib.input.FileInputFormat;
8.  import org.apache.hadoop.mapreduce.lib.output.FileOutputFormat;
9.
10. public class WordCountDriver {
11.
12.     public static void main(String[ ] args) throws IOException, ClassNotFoundException,
InterruptedException {
13.
14.         // 1 获取配置信息以及获取 job 对象
15.         Configuration conf = new Configuration();
16.         Job job = Job.getInstance(conf);
17.
18.         // 2 关联本 Driver 程序的 jar
19.         job.setJarByClass(WordCountDriver.class);
20.
21.         // 3 关联 Mapper 和 Reducer 的 jar
22.         job.setMapperClass(WordCountMapper.class);
23.         job.setReducerClass(WordCountReducer.class);
24.
25.         // 4 设置 Mapper 输出的 kv 类型
26.         job.setMapOutputKeyClass(Text.class);
27.         job.setMapOutputValueClass(IntWritable.class);
28.
29.         // 5 设置最终输出 kv 类型
30.         job.setOutputKeyClass(Text.class);
31.         job.setOutputValueClass(IntWritable.class);
32.
33.         /* 6 设置输入和输出路径,这里因为本地测试的原因选择了 windows 路径,需要注意
的是不能提前创建输出路径,否则会报错 */
34.         FileInputFormat.setInputPaths(job, new Path("D:\\input\\hello.txt"));
35.         FileOutputFormat.setOutputPath(job, new Path("D:\\output\\wordcount"));
36.
37.         // 7 提交 job
38.         boolean result = job.waitForCompletion(true);
39.         System.exit(result ? 0 : 1);
40.     }
41. }
```

程序写完之后可以打包上传到 Hadoop 集群运行，或者在本地测试。如果要本地测试，则必须添加 windows 环境依赖并配置好 HADOOP_HOME 环境变量。首先前往 Hadoop 官网 https://www.apache.org/dyn/closer.cgi/hadoop/common 下载 Hadoop，这里使用

的版本为 hadoop-3.1.3，所以下载的文件名为 hadoop-3.1.3.tar.gz。下载完成后解压，并将解压后的目录配置为 HADOOP_HOME 环境变量。

配置好 windows 依赖后，在 Java 项目中导入依赖便可以使用了，可以选择手动导入或者 Maven 工程导入。一切准备好之后，便可以本地运行 MR 任务了。注意修改 Driver 类中的输入和输出路径。

hello.txt 中保存如下内容：

```
1.  hello hadoop
2.  hello mr
3.  hi mr
```

运行完成后会在输出路径下生成 4 个文件，如图 8.12 所示，其中 part-r-00000 中保存了最后的结果。

._SUCCESS.crc	2022/5/11 11:21	CRC 文件	1 KB
.part-r-00000.crc	2022/5/11 11:21	CRC 文件	1 KB
_SUCCESS	2022/5/11 11:21	文件	0 KB
part-r-00000	2022/5/11 11:21	文件	1 KB

图 8.12　WordCount 输出结果

可以打开文件查看，单词的出现次数已经统计出来了。

```
1.  hadoop 1
2.  hello 2
3.  hi 1
4.  mr 2
```

8.3　Hadoop 生态

关于 Hadoop 生态有以下八方面内容：

- Hadoop 生态圈
- Zookeeper
- HBase
- Hive
- Kafka
- Sqoop
- Flume
- Spark

8.3.1　Hadoop 生态圈

Hadoop 拥有庞大的生态圈，涵盖数据传输、数据存储、资源管理、数据计算等诸多方面。图 8.13 中展现了本书中要介绍的组件，以及其在 Hadoop 生态圈中所处的位置。

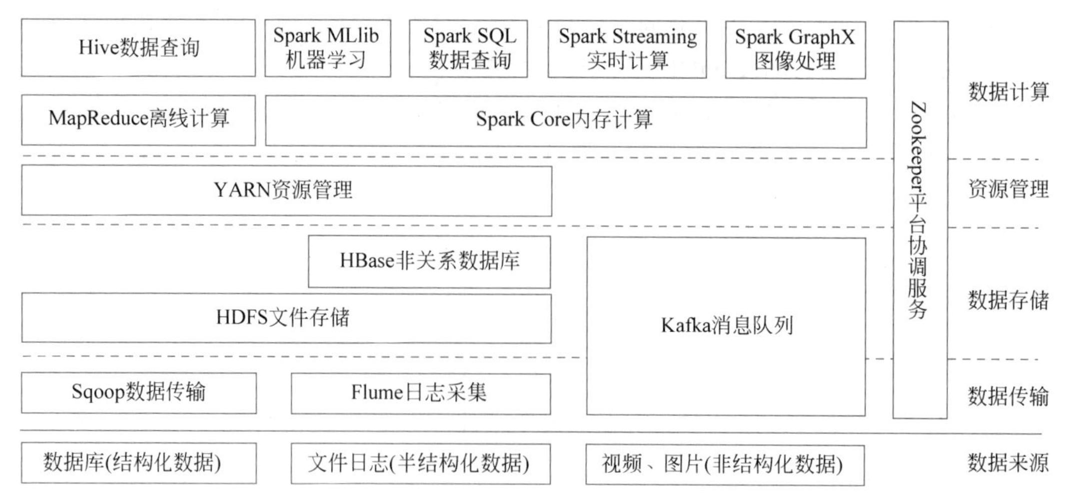

图 8.13　Hadoop 及其生态

8.3.2　Zookeeper

Zookeeper 是一个开源的分布式协调服务。分布式框架不同于单机，会存在着节点之间的协同配合问题，比如主从节点的识别，任务执行顺序，数据一致性等问题。Zookeeper 正是被设计用来当作分布式系统的协调者。

1. Zookeeper 功能

ZooKeeper 提供的服务包括命名服务、配置管理、集群管理、软负载均衡等。

命名服务类似于网络域名，Zookeeper 允许用户为分布式系统中的应用或服务起一个域名，代替 IP 地址，客户端可以直接通过域名访问应用或服务。

在分布式环境下，配置文件的管理是一个很麻烦的事情。当需要修改集群配置文件时，为了保持各节点配置文件的一致性，每个节点上的配置文件都需要改一遍。集群中的各节点会实时监控在 Zookeeper 中保存的配置信息，当配置信息变化时，Zookeeper 将通知各节点的同步配置文件。

Zookeeper 可以根据节点状态作出相应的调整，比如在节点故障时重启节点。另外，Zookeeper 还可以管理集群中节点的增加和删除。

Zookeeper 还可以根据各服务器的访问量控制客户端访问的服务器，比如让访问量最少的服务器去处理客户端请求。

2. Zookeeper 实现

Zookeeper 本身也是一个分布式系统，其节点由 Leader、Follower 和 Observer 组成。Leader 是集群的领导者，只有 Leader 有响应客户端写请求的权限。Follower 和 Observer 都可以响应客户端的读请求，但与 Follower 不同是，Observer 不参与 Leader 的选举和“过半写入”策略。

Leader 选举发生在两种情况下：一是集群刚刚启动；二是原本的 Leader 发生了故障。Leader 的选举采用投票的方式，Follower 会根据一定的规则进行投票，当某个 Follower 获得半数以上的选票之后就会成为 Leader。

为了保持数据的一致性,Zookeeper 采用"过半写入"的策略。当 Follower 收到客户端的写请求后,Follower 会将请求转发给 Leader,由 Leader 统一通知所有的 Follower 执行写入操作,只要半数的 Follower 写入成功,Leader 便通知接到请求的 Follower 向客户端返回写入成功的消息。"半数写入"策略的好处在于效率高,客户端不必等待 Zookeeper 中的所有节点写入数据便可以得到回复。并且这个过程具有原子性的特征,一次写操作要么成功要么失败,这保证了各节点数据的一致性。

3. Zookeeper 数据存储

在每个节点中,Zookeeper 以树的形式存储数据,其结构与 Unix 文件系统类似,如图 8.14 所示。

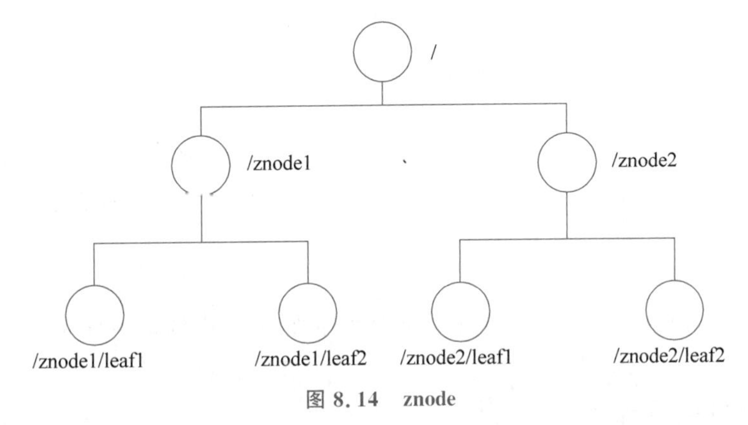

图 8.14 znode

树中的每个节点被称为 znode,znode 中可以存储其他 znode,其中/znode1 和/znode2 和下面的叶子节点都可以存储数据。每个 znode 都可以通过其路径进行唯一标识。Zookeeper 中存储的数据量很小,只是存储元数据,每个 znode 默认只能存储 1MB 的数据。

为了获取数据的变化消息,客户端会监听其感兴趣的 znode。znode 有两种类型,持久 znode 和临时 znode。持久 znode 保证在客户端与 znode 断开连接后,znode 仍然存在。临时 znode 会在与客户端断开连接后删除。

另外 znode 还支持编号,如果在创建 znode 时指定了顺序号,则会将单调递增的序列号添加到由其父节点保留的 znode 名称中。为确定事务的处理顺序,顺序号常用于对事务进行排序,比如使用顺序号实现分布式锁。

8.3.3 HBase

HDFS 具有高延时的特性,它更适合大规模的数据读写,而很难提供小量数据的快速定位和读写。为了弥补 HDFS 这方面的不足,HBase 应运而生。

HBase(HadoopDataBase)是一个分布式、可扩展的非关系型数据库(NoSQL)。HBase 底层使用 HDFS 作为其文件存储系统,并使用 Zookeeper 作为分布式协调服务。

1. HBase 数据存储

HBase 是一种非关系数据库,与关系型数据库不同,HBase 没有严格的结构,并且存储的数据也没有区分类型,而都是以字节码的形式存贮。HBase 的数据存储的逻辑结构如图 8.15 所示。

		Column_Family1			Column_Family2	
Row Key	time stamp	name	gender	address	phone	mail
row_key1	t1	张三	男	北京	132********	zhangsan@163.com
row_key2	t2	李四	女	上海	187********	lisi@gmail.com
row_key3	t3	王五	男	广州	131********	wangwu@qq.com
row_key4	t4	赵六	女	深圳	156********	zhaoliu@163.com
	t5			香港	157********	zhaoliu@gmail.com

图 8.15　HBase 的数据存储的逻辑结构

在 HBase 的数据存储中有几个概念非常重要。

1) 命名空间(namespace)

在 HBase 中每个命名空间下可以创建多个表。默认情况下,HBase 会创建 hbase 和 default 两个命名空间。hbase 中存放了系统表,default 是为用户创建的命名空间,如果在创建表时未指定命名空间,则会在 default 下创建表。

2) 行(row)

行键(Row Key)是一个字符串并按照字典顺序排序,表中的每一行都由一个行键(Row Key)进行标识。

3) 列(column)

HBase 的列比较特殊,每个列都是由列族(Column Family)和列限定符(Column Qualifier)进行限定。列族和列限定符之间使用“:”分割,比如图 8.15 中的列,Column_Family1: name,Column_Family2: mail 等。列族在 HBase 中有着重要的作用,在建表时,只需要声明列族而无须声明列限定符。一个列族中的列一般具有很强的关联性,所以物理上同一个列族中的数据会被存储在一起,方便后续操作。

4) 区域(region)

HBase 常用来存储大量的数据,所以一张表中可能存储了很多行数据,形成了高表。为了方便管理,HBase 便会将表按行进行拆分,形成区域,拆分的时机是当表中的行数超过了一定阈值的情况下。比如图 8.15 中的前三行和后两行便是两个区域。区域是 HBase 在集群上存放数据的基本单位,使用这种方式 HBase 可以将表格拆分成很多子集,分别存放在不同节点上,以存储更多的数据。

5) 时间戳(timestamp)

HBase 数据可以有多个版本,均通过时间戳进行区分。写入数据时,HBase 自动使用当前时间的时间戳,用户也可以手动指定。数据按时间戳排序,最新数据在前。未指定版本时,读取数据时返回最新版本。时间戳还被用于数据的删除,在删除数据时,用户可以选择删除指定时间戳的 Cell,如果不指定,系统默认会删除时间戳小于或等于当前时间的所有 Cell。另外注意,在 HBase 中删除数据时,数据不会立刻被删除而是被标记,到下一次数据压缩时才会真正清除。

6）单元格(Cell)

由{row,column,timestamp}三元组唯一确定的数据。

2. HBase 的架构

HBase 同样采用了主从架构模式。其主节点称为 Master,从节点称为 Region Server。另外,HBase 使用 Zookeeper 作为分布式协调服务并使用 HDFS 作为文件存储系统。其架构图如图 8.16 所示。

Master 节点是集群的管理节点。其负责管理所有的 Region Server,比如将 region 分配给 Region Server,恢复故障的 Region Server 等。另外一切对表的操作,比如创建、删除、修改表等都由 Master 负责。

Region Server 是工作节点。其负责管理 region,包括 region 的分割等。Region Server 还负责处理客户端的读写请求,并管理数据,比如数据的读取、修改、删除等。

Zookeeper 负责存储 HBase 的元数据和 Master 节点的位置信息,作为 HBase 的访问入口。另外,Zookeeper 还可以监控节点故障,协调故障的恢复。

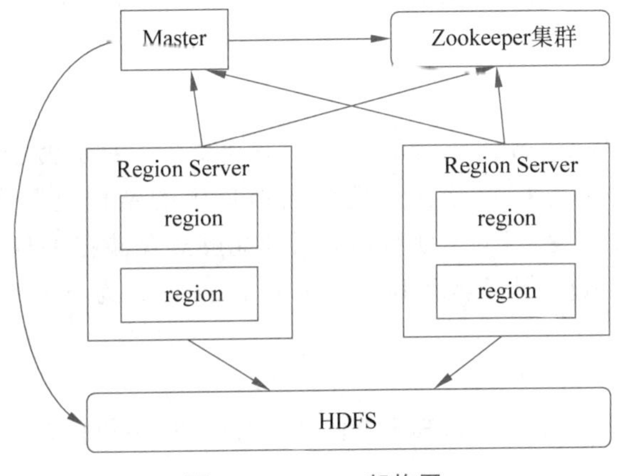

图 8.16　HBase 架构图

3. HBase 工作流程

HBase 存储元数据的表叫作 hbase:meta,这个表中存储了集群中所有 region 的位置和状态等信息。Zookeeper 中存储了 hbase:meta 所在的位置,所以想访问 HBase 的客户端会首先访问 Zookeeper 获取 hbase:meta 的位置信息,然后通过访问 hbase:meta 获取想要访问的 region 的位置。之后客户端便可以直接访问 region 所在的 Region Server 进行相应的操作了。整个流程如图 8.17 所示。

为了提高访问速度,客户端会在第一次访问 hbase: meta 时在本地缓存一份元数据文件,这样客户端想要再次访问时便可以直接使用本地缓存,而不需要再次去集群获取元数据了。如果使用本地缓存的元数据时访问出现错误,客户端会再次前往集群获取最新的元数据。

在客户端向 HBase 写入数据时,HBase 会首先将数据写入 memstore,当 memstore 中有一定数量的数据后,或存储经过一段时间后,内存中的数据会被刷写(Flush)到文件系统

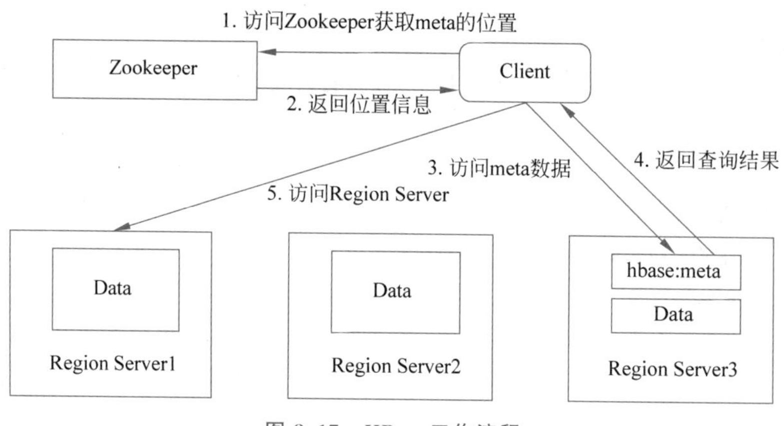

图 8.17　HBase 工作流程

中形成一个 HFile。随着 HFile 数量的增加，对数据的查询可能会变得非常困难，所以需要对 HFile 进行合并操作，以提高查询效率。

在读取数据时，客户端首先会查看 memstore 中的数据，如果在 memstore 中没有找到，则会从新到旧依次查看文件系统中的 HFile，直到找到数据或将 HFile 查询完毕。

8.3.4　Hive

Hive 是一个基于 Hadoop 的数据仓库工具，它提供了一种类似于 SQL 的查询语言(称为 HiveQL)，用于处理和分析存储在大规模数据集中的结构化数据，并提供查询功能。Hive 最初由 Facebook 开发，目的是使数据分析师能够对存储在 HDFS 上的大规模数据进行查询，即使他们精通 SQL 但不熟悉 Java。现在，Hive 已成为 Apache 的开源项目之一。

1. Hive 的架构

Hive 的架构图如图 8.18 所示，其主要由 3 部分组成，用户接口、元数据库(MetaStore)和驱动(Driver)。

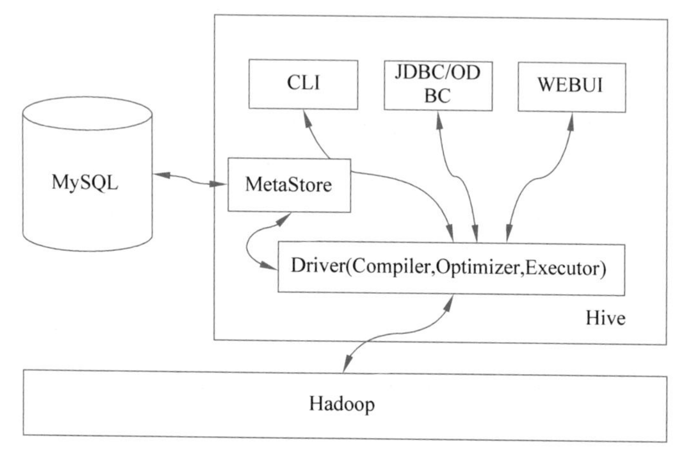

图 8.18　Hive 的架构图

1) 用户接口

Hive 提供了 3 种用户接口，CLI 即 Shell 命令行，JDBC/ODBC 是 Hive 为 Java 客户端

准备的访问方式，WEBUI 即使用网页访问 Hive。

2）元数据库

Hive 的元数据（表名、表的所有者、表所属的数据库、数据存储目录等信息）默认情况下，会存储在 Hive 内嵌的 Derby 数据库中，但使用内嵌的 Derby 数据库最多只能开启一个 Hive 会话，并不支持多会话。如果想要支持多会话，可以外接一个数据库存储元数据，最常用的数据库为 MySQL。另外，Hive 还支持远程 MetaStore，此时的 MetaStore 与 Hive 运行在不同的进程里。远程 MetaStore 将 MetaStore 服务从 Hive 服务中分离了出来，保证了元数据的安全性。

3）驱动

用于将用户输入的 HQL（与 SQL 十分相似）解析、编译为可执行计划，并对可执行计划进行优化，最后提交运行。Hive 默认使用 MapReduce 作为执行引擎，所以 Hive 所做的工作本质上就是将 HQL 转换为 MR 程序。除了 MapReduce，Hive 还支持其他的执行引擎，比如 Tez 和 Spark。

另外，Hive 默认使用 MapReduce 作为执行引擎，并使用 HDFS 作为数据存储系统。由于依赖于 Hadoop，Hive 能够处理海量的数据。但也因如此，Hive 的查询具有一定的延时性，所以并不适合实时查询。

2. Hive 的数据存储模型

在 Hive 中，数据以表的形式存储，包括内部表和外部表两种类型。内部表将数据存储在 Hive 数据仓库的文件目录下，当删除表时，相关文件目录中的数据也会一同被删除。相反，外部表的数据存储在数据仓库文件目录之外，即使删除表，文件目录中的数据也不会被删除，这意味着表只在逻辑上被删除。

Hive 支持对表进行分区。因为 Hive 常用于大数据的处理，所以一个表中常常包含众多数据，分区有助于管理表中数据，提升查询效率。在 Hive 中，一个分区对应一个子目录，同一个分区中的数据存储在同一个目录下。

在同一个表下，还可以对数据分桶。分桶时需要用户指定一个分桶字段，Hive 会计算每个分桶字段的哈希值，并依据哈希值进行分桶。同一个分桶中的数据会存储在同一个文件中，一个文件对应一个分桶。

8.3.5 Kafka

Kafka 是一个基于发布/订阅模式的分布式消息队列。Kafka 被设计用来支持高吞吐量的数据流，所以主要用在大数据领域。

1. Kafka 的功能

Kafka 被用来当作消息队列，主要用于大数据实时处理的领域，其作用包括如下两点。

1）解耦

Kafka 可以将生产者和消费者解耦，只要保持相同的协议，不管对哪一边进行修改都不会影响到另外一边。

2) 缓冲

缓冲用来解决生产者的生产速度和消费者的消费速度不一致的问题。当超越消费者处理能力的数据洪峰来临时,Kafka 可以暂存数据,不至于让消费者超负荷运行而导致集群崩溃。另外在消费者出现错误时 Kafka 也可以暂存数据,待消费者恢复之后再进行处理。

2. Kafka 的架构

Kafka 的组件有生产者(Producer)、消费者(Consumer)、Broker 等,图 8.19 是 Kafka 的架构。

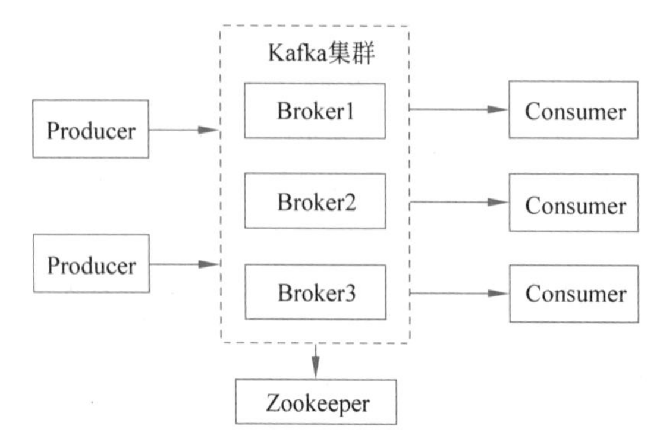

图 8.19 Kafka 的架构

1) Kafka 集群

Kafka 集群由多个 Broker 组成,一个 Broker 便是一个 Kafka 服务器。消息并不是散乱地存储在 Broker 当中的,而是以 Topic 的形式分类存储。一个 Topic 便相当于一个消息队列,生产者将消息写入 Topic,消费者从 Topic 中获取消息。

如图 8.20 所示,在 Broker 中,可以容纳多个 Topic,而每个 Topic 可以被分区(partition)。通过分区可以将 Topic 存储在不同的节点上,增大存储容量,同时有利于消费者的并发消费。正常情况下,每个分区可能包含一个 Leader 和多个 Follower 等多个副本。Leader 充当主要的交互对象,生产者和消费者只与 Leader 进行交互,而 Follower 仅用于备份的目的。

2) 生产者和消费者

生产者就是生产消息的客户端,消费者就是消费消息的客户端。它们之间通过发布订阅机制建立关联。生产者会向选择好的 Topic 发送消息,消费者订阅感兴趣的 Topic。另外,多个消费者可以组成一个消费者组,消费同一个 Topic 中的消息。

如图 8.21 所示,生产者采用循环的方式将消息分别发往 TopicA 的 3 个分区,比如第一条消息发往 partition0,第二条消息发往 partition1,第三条消息发往 partition2,第四条消息再发往 partition0,如此循环。为了避免消费者重复消费数据,每个分区中的消息都是不同的。一个消费者组由 3 个消费者组成,每个消费者负责消费一个分区中的消息。消费者组中的消息消费是以并发方式进行。需要注意的是,同一个分区不会同时被同一消费者组中的两个消费者消费,这样做是为了避免数据重复消费,但是一个消费者可以消费多个分区。

3) Zookeeper

Kafka 集群的构建依赖于 Zookeeper。在 Kafka 0.9 版本以前的 Zookeeper 中还保存着

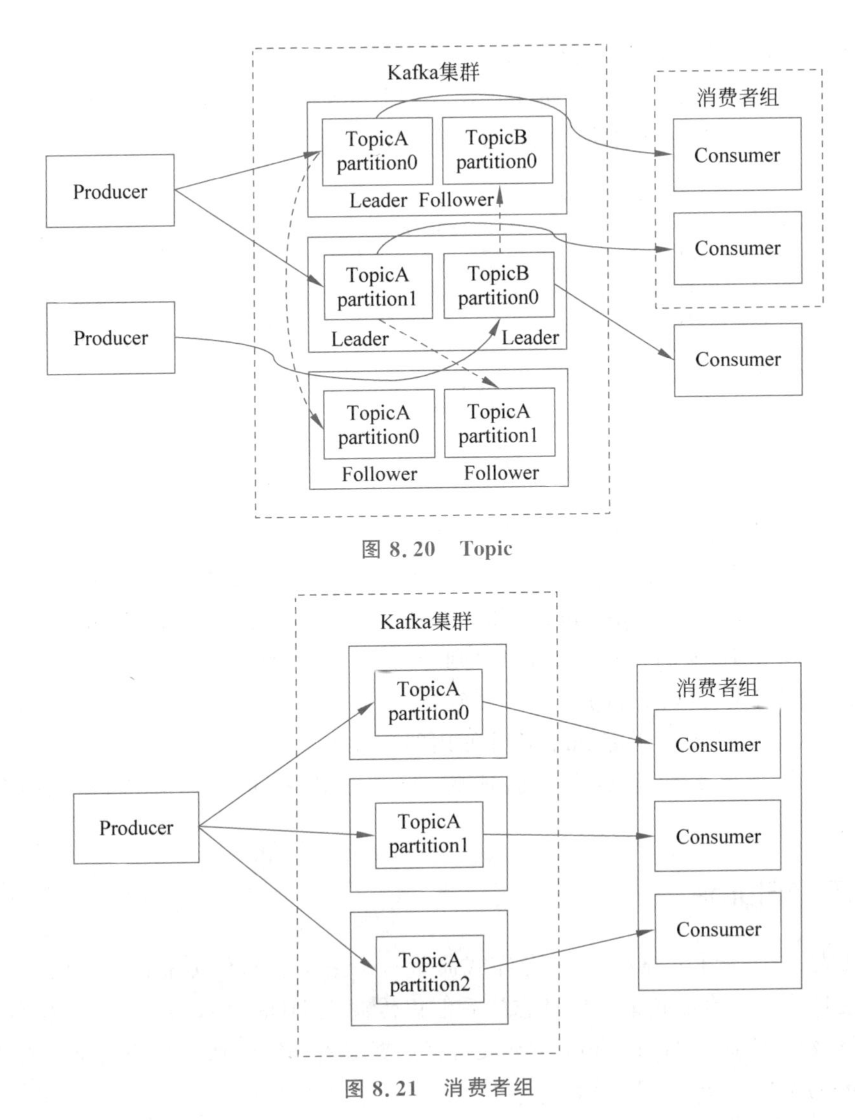

图 8.20 Topic

图 8.21 消费者组

每个分区的 Offset 信息。Offset 用来标记队列中正在消费的消息，当消费者出现故障重启后，可以通过 Offset 信息找到中断的地方并继续消费。在 0.9 版本后，Offset 信息已经存在本地了。

8.3.6 Sqoop

在生产环境中，将 HDFS 中的数据传输到外部的结构化数据库（如 MySQL），或将结构化数据库中的数据传输到 HDFS 中是十分常见的需求。Sqoop 正是用于在 Hadoop 和结构化数据库之间传输数据的工具。Sqoop 支持连接大多数关系型数据库包括 MySQL、PostgreSQL、Oracle 等，同时 Sqoop 拥有一个 JDBC 连接器，这让它支持所有使用 JDBC 协议的数据库。另外通过下载第三方连接器，Sqoop 可以支持更多的数据库。

Sqoop 存在着两个版本，Sqoop1 和 Sqoop2。Sqoop2 对 Sqoop 进行了全面的升级，比如 Sqoop2 支持多种客户端，包括命令行接口（CLI）、Java API、Web 和 REST API，而 Sqoop1 支持 CLI。另外 Sqoop2 还支持除 MapReduce 以外的执行引擎，如 Spark。但是 Sqoop2 现

在还处于开发阶段,其功能仍不完整,所以不推荐用在生产环境下。

Sqoop 进行数据传输的本质是将用户输入的命令翻译成 MapReduce 程序,由 MR 程序来完成数据的导入导出。下面便是一个导入数据的 Shell 命令。

```
1.    $ SQOOP_HOME/bin/sqoop import \
2.    -- connect jdbc:mysql://hadoop102:3306/test \
3.    -- username root \
4.    -- password 000000 \
5.    -- table user_info \
6.    -- columns id, login_name \
7.    -- where "id >= 10 and id <= 30" \
8.    -- target - dir /test \
9.    -- num - mappers 2 \
10.   -- split - by id
```

第一行的意思是启动 Sqoop 安装目录下的 sqoop 脚本,用的是 import 命令,导出便是 export。后面多行都是参数。--connect 用于指定要连接的数据库的 URL,这里连接的 MySQL 中的 test 数据库; --username 和--password 分别指定了连接 MySQL 的用户名和密码; --table 指定连接的表; --columns 则指定要选择的列; --where 添加筛选条件; --target-dir 指定数据传输的目的 HDFS 路径; --num-mappers 指定要用几个 mapper 进行传输,默认 4 个; --split-by 指定 map 切片使用的字段。

Sqoop 的命令和参数远不止上面这些,更多的内容可以参考 Sqoop 官网 sqoop. apache. org。

8.3.7　Flume

Flume 是一个高可用、高可靠的分布式海量日志采集、聚合、传输系统。Flume 的一个典型应用便是从 web 页面收集用户日志然后汇集传输至 HDFS 中,供后续的数据分析处理。当然,除了将数据传输至 HDFS,Flume 还支持将数据写入 HBase 或 solr 等其他系统当中。

Flume 的架构如图 8.22 所示。

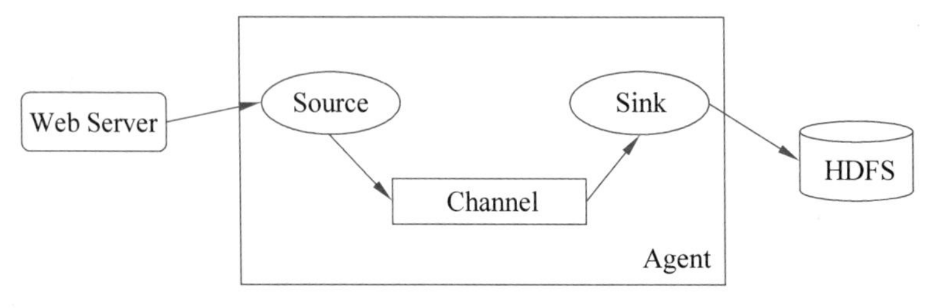

图 8.22　Flume 的架构

Agent 以 Event 的形式将数据从源头送至目的地,是 Flume 的工作单元。Flume 中可以启动多个 Agent,这些 Agent 的功能可能相同也可能不同,比如可以在集群中启动 3 个 Agent,其中两个用于将 Web 页面的日志传给 Kafka,另一个用于将数据从 Kafka 传到 HDFS。

Event 是 Flume 数据传输的基本单元,其包括 Header 和 Body 两部分,Header 中保存了 Event 的基本属性,Body 中保存了要传输的数据。

每个 Agent 由 3 部分组成，Source、Channel 和 Sink。

1. Source

Source 是 Agent 用于接收 Event 的组件。Source 可以接收并处理多种类型的日志数据，包括，avro、thrift、exec、spooling directory、netcat、taildir 等。Source 接收到数据后会将数据批量传入 Channel 中。

2. Channel

在 Source 和 Sink 之间，有一个名为 Channel 的缓冲区。它在 Source 和 Sink 以不同的速率运行时起到缓冲的作用。另外，Channel 还具备线程安全性，它可以同时处理多个 Source 的写入和多个 Sink 的读取。

Channel 有多种类型，Flume 自带的有两种，Memory Channel 和 File Channel。

Memory Channel 将数据存储在内存当中，其优点是快速，缺点则是不具备持久化存储的能力，在机器故障或程序关闭时可能会丢失数据。

File Channel 会将数据写入磁盘当中，使数据不会因故障而丢失，但相应地，其速度要比 Memory Channel 慢。

除了自带的两种，还有其他种类的 Channel，比如 Kafka Channel。Kafka Channel 将数据存储在 Kafka 集群当中，Kafka 集群具有高可用的特性并且冗余存储数据，所以数据十分安全。另外还有两种使用 Kafka Channel 的特殊方法。一种方法是跳过 Source 直接将数据从 Kafka 发往 Sink。另一种是跳过 Sink，在 Kafka 从 Source 接收到数据后直接将数据发往最终的目的地，比如 HDFS、HBase 等。这两种方式简化了数据传输的步骤，提高了传输的速度。Kafka Channel 兼具数据安全性和快速的优点，所以在生产环境中十分常用。

3. Sink

Sink 不断从 Channel 中轮询数据，并将数据传往最终目的地或者下一个 Agent 中。Sink 支持的目的地包括 HDFS、Hive、HBase、File Roll、solr 等。

8.3.8 Spark

Spark 是一个用于大数据处理的集群计算框架，它充分利用内存优化计算过程，可以实现大规模数据的快速处理。

2009 年，加州大学伯克利分校提出 Spark，随后伯克利大学于 2010 年将 Spark 开源。2013 年 6 月，Spark 在 Apache Software Foundation 进入孵化状态，并在 8 个月内迅速升级为 Apache 顶级项目，彰显了 Spark 社区的活跃度。

Spark Core 是 Spark 中最基础最核心的模块，在 Spark Core 的基础上 Spark 还推出了其他模块，这些模块主要用于特定的领域。包括用于交互式查询的 Spark SQL、用于实时处理的 Spark Streaming、用于机器学习的 Spark MLIib 和用于图形处理的 Spark GraphX。本节主要针对 Spark Core 进行介绍。

1. Spark 与 Hadoop

Spark 是一个通用的大数据计算框架，其可以独立运行，也可以与 Hadoop 结合使用。在与 Hadoop 配合工作时，Spark 主要用于替代 MapReduce。Spark 相较于 MapReduce 有以下 3 点优势。

MapReduce 在 Map 阶段会将数据写入磁盘，Reduce 阶段再从磁盘读取数据，这样的多次磁盘 IO 会影响数据处理速度。另外，需要多个 MapReduce 迭代作业来应对复杂作业的问题，在多个 MapReduce 程序之间进行数据传输仍然是通过磁盘进行的，这同样会降低数据处理速度。Spark 则充分利用内存，允许将计算结果缓存在内存中，上一次迭代的结果直接作为下一次迭代的输入，这极大地提高了处理效率。对于一些循环迭代运算的任务，Spark 的效果要明显优于 MapReduce，一个典型的例子便是机器学习任务。

MapReduce 中只提供了 Map 和 Reduce 两种操作，数据处理的颗粒度较大。Spark 采用弹性分布式数据集(RDD)模型，并提供了更多的基本操作，比如 sort、filter、count 等。

Spark 原生支持 Java、Scala、R 和 Python API，编程更加简单，代码更加简洁。虽然 Spark 相较于 MapReduce 有很多优势，但 Spark 并不能完全替代 MapReduce。Spark 是基于内存的计算框架，这虽然会提高其速度，但也让内存消耗增大。所以，如果内存资源不充足并且对于计算速度没有太高要求的话，MapReduce 仍然是更好的选择。

2. Spark 架构

运行在 Spark 上的一个应用程序包含一个 Driver 和多个 Executor。Driver 是管理整个应用程序运行的驱动器节点，其负责执行应用程序中的 main 函数，启动 SparkContext。SparkContext 会将整个程序拆分为一个个的 Task，并对 Task 进行调度，分配给 Executor 执行。SparkContext 还负责与 Cluster Manager 通信，申请或注销资源，如图 8.23 所示。

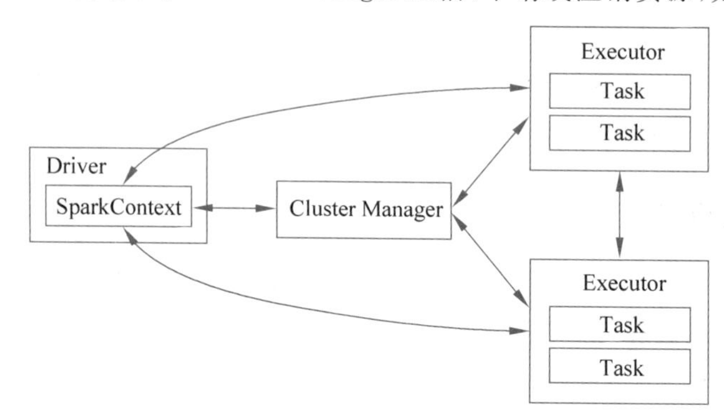

图 8.23 Spark 运行架构

Executor 负责运行 Task，一个应用程序可能会拥有多个 Executor，它们在应用程序启动的同时启动，并与应用程序拥有相同的生命周期。当一个 Executor 出现故障后，其中的 Task 会被分配到其他的 Executor 执行。Executor 使用多线程执行 Task，因此资源开销要比 MapReduce 中的多进程小得多。另外，Executor 利用自身的 Block Manager 将数据缓存进内存，计算时不需要再从磁盘中读取，从而提高了计算的效率。

Cluster Manager 负责申请和管理运行应用所需要的集群资源。Spark 提供了多种

Cluster Manager，包括 Local、Standalone、Mesos、YARN 等。

Local 主要用于测试，这种模式下的 Driver 和 Executor 运行在同一 JVM 中，且 Executor 只有一个。

tandalone 是独立部署模式，这种模式下 Spark 需要运行一个 Master 和多个 Worker 用于集群资源管理。Master 相当于 Yarn 中的 ResourceManager，Worker 相当于 NodeManager。

Mesos 是一个第三方的通用集群资源管理器。

Yarn 即 Hadoop 的资源管理器，使用 Yarn 模式可以让 Spark 与 Hadoop 配合工作。

一般来说 Mesos 模式和 Yarn 模式要优于独立部署模式，因此生产环境中多使用这两种模式。

3. 弹性分布式数据集

在 Spark 中弹性分布式数据集(RDD)是最基本的数据处理模型。Spark 代表着一个可分区、可并行操作的弹性数据集合，集合中的元素可以分区，并在不同的工作节点上并行计算。如图 8.24 所示。

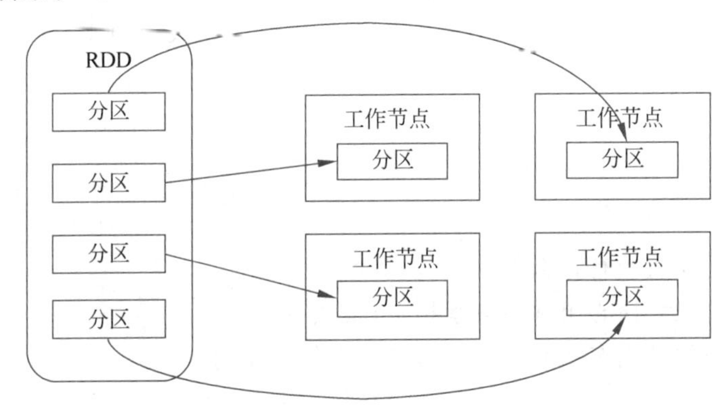

图 8.24 RDD

RDD 有 3 种创建方式，使用内存中的对象集合创建，使用外部存储器(如 HDFS)中的数据集，和对现有的 RDD 进行转换。RDD 是只读的，也就是说创建之后便不能修改，如果想要修改 RDD 则只能通过转换生成新的 RDD。

对于一个已有的 RDD，可以对其进行两种操作，转换(Transformation)和行动(Action)，Transformation 操作是利用现有的 RDD 生成新的 RDD，而 Action 操作则是对 RDD 按指定形式进行计算，得到需要的结果，其输入是一个 RDD，输出非 RDD。

比如下面一段 Spark 程序，其使用 Scala 编写，实现的是 WordCount 的功能。第 1 步是从外部存储中生成 RDD，第 2 步到第 4 步都是 Transformation 操作，可以看到其返回值都是 RDD，第 5 步是一个 Action 操作，其返回值是一个 Array 而非 RDD。

```
1.  // 1.从文件数据中生成 RDD
2.  val fileRDD: RDD[String] = sc.textFile("input/word.txt")
3.  //2. Transformation 将文件中的数据进行分词
4.  val wordRDD: RDD[String] = fileRDD.flatMap( _.split(" ") )
5.  //3.Transformation 转换数据结构 word => (word, 1)
```

```
6.  val word2OneRDD: RDD[(String, Int)] = wordRDD.map((_,1))
7.  //4.Transformation 将转换结构后的数据按照相同的单词进行分组聚合
8.  val word2CountRDD: RDD[(String, Int)] = word2OneRDD.reduceByKey(_ + _)
9.  //5.Action 将数据聚合结果采集到内存中
10. val word2Count: Array[(String, Int)] = word2CountRDD.collect()
```

上面例子中包含了 flatMap()、map()和 reduceByKey()3 个 Transformation 操作和 collect()一个 Action 操作。除了上面提到的操作,Spark 还提供了很多的操作函数,可以前往 Spark 官网查看,链接如下:

https://spark.apache.org/docs/latest/rdd-programming-guide.html#rdd-operations

8.4 本章小结

本章首先介绍了 Hadoop 的基础知识,然后详细介绍了 Hadoop 的三大核心模块, HDFS、YARN 和 MapReduce,介绍了它们的基本工作原理和基本操作。最后,本章介绍了 Hadoop 的相关生态产品,包括平台协调服务 Zookeeper、非关系数据库 HBase、数据仓库工具 Hive、消息队列工具 Kafka、数据传输工具 Sqoop、日志采集工具 Flume 和数据处理工具 Spark。

习题 8

1. Hadoop 是什么?有什么作用?
2. Hadoop 的三大核心组件各自承担了什么职责?
3. Hadoop 的常见生态产品有哪些?它们有什么作用?

第9章

阿　里　云

CHAPTER 9

本章学习目标

- 掌握阿里云的基础知识
- 了解阿里云飞天平台的基本情况
- 了解阿里云提供了哪些相关产品

本章首先对阿里云进行简要介绍，然后介绍了阿里云的飞天平台，最后介绍了阿里云提供的相关产品。

9.1 阿里云

关于阿里云有以下三方面内容：

- 阿里云简介
- 阿里云发展历史
- 阿里云基础设施

9.1.1 阿里云简介

阿里云是指阿里巴巴旗下的云计算品牌，它诞生于2009年。时至今日，阿里云已经是世界著名的云计算与人工智能技术企业。阿里云将建设安全、可信、公平、开源的云计算服务平台作为目标，将云计算真正变成公共服务。

据中国信息通信研究院发表的《云计算发展白皮书(2022)》显示，阿里云2021年在国内IaaS市场所占市场份额约有34.3%，位于所有厂商之首。另外根据Gartner发表的研究显示，在2021年，阿里云在全球云计算IaaS市场约占据10%的份额，仅次于亚马逊和微软，居于世界第三位。阿里云服务着各领域内的很多大型企业，包括中国联通、中石化、中石油、飞利浦、优酷、新浪微博等。

9.1.2 阿里云发展历史

在2008年，阿里巴巴确定了“云计算”和“大数据”为公司的发展方向，并开始自主研发名为“飞天”的分布式计算操作系统。2009年，阿里云计算有限公司成立。2010年，阿里云宣布对外公测，迈出商业化的第一步。2014年，阿里云正式向海外提供服务。2015年，阿里云在美国西部开设数据中心，开始向北美及全球提供服务。

2016年10月，阿里云与杭州合作推出了城市大脑项目，利用阿里云人工智能ET技术实现智能城市交通疏导。同年11月，阿里云扩展至欧洲、中东、日本和澳大利亚，实现了全球互联网市场的覆盖。2019年，阿里云与Facebook合作，将PyTorch深度学习框架整合进阿里云机器学习平台。2020年，阿里云在图像识别领域取得重大突破，包揽了训练时间、成本以及推理延迟和成本等四项指标的第一名。2022年，阿里云入局“东数西算”工程，其下多个数据中心成为“东数西算”工程中的枢纽。

9.1.3 阿里云基础设施

阿里云的基础设施分为4种形态，中心地域、本地地域、边缘云节点和现场计算节点。全面的基础设施相互配合工作，提升了云计算服务的速度与灵活性，可以为用户提供更加丰富多样的云计算服务。

1. 中心地域

中心地域是指大规模数据中心，凭借大体量的服务器集群为云计算需求提供支持。阿里云目前在全球拥有24个公共中心地域和81个可用区，覆盖广泛的地区。这些中心地域提供高效处理和可靠的云服务，满足不同地区用户的需求。

2. 本地地域

本地地域是阿里云最新发布的公共云解决方案，该方案专注于数字经济活跃且有潜力的地区，偏重于对本地进行服务。本地地域相较于中心地域规模较小，但飞天架构与中心地域一致，可部署阿里云的五十多款产品。

3. 边缘云节点

边缘云节点是小型去中心化的云计算平台，靠近用户侧，提供全球内容分发加速和边缘计算服务，具有广覆盖、低时延、大带宽的技术特点。阿里云在全球拥有 2800 多个边缘计算节点，其中中国国内有 2300 多个，境外有 500 多个。这些节点具备广覆盖、低时延和大带宽的技术特点，为用户提供快速可靠的云服务。

4. 现场计算节点

现场计算节点是提供算力支持的关键组件，包括阿里云物联网边缘计算系列产品和云盒。该节点与中心地域、本地地域和边缘节点协同工作，实现云边端的协同。现场计算节点在用户现场扩展云原生架构，提供实时数据处理、边缘分析和关键业务操作，降低延迟和网络成本。

9.2　飞天开放平台

关于飞天开放平台有以下九方面内容：

- 飞天开放平台的组成
- 分布式协调服务（女娲）
- 远程过程调用（夸父）
- 安全管理（钟馗）
- 分布式文件系统（盘古）
- 资源管理和任务调度（伏羲）
- 集群部署（大禹）
- 集群监控（神农）
- 飞天 2.0

9.2.1　飞天开放平台的组成

飞天（Apsara）开放平台是阿里云自主研发的大规模分布式计算系统，将全球各地的服务器联合起来，形成强大的“超级计算机”，为用户提供存储和计算资源的公共服务。该平台具有高性能、可靠性和弹性伸缩性，用户可以通过标准化接口与之交互，灵活扩展和调整应用程序。

飞天开放平台由飞天内核和飞天开放服务组成。飞天内核是基于 Linux 集群构建的底层支持，提供存储和计算等功能。飞天开放服务是阿里云面向用户的云计算产品，包括弹性计算服务(ECS)、开放存储服务(OSS)、人工智能服务等。本节主要介绍飞天内核，飞天开放服务将在 9.2.2 节进行介绍。

飞天内核由众多的组件组成，包括分布式协调服务、分布式文件系统、远程过程调用、安全管理系统、任务调度系统、资源管理系统、集群部署和监控系统，各组件之间的关系如图 9.1 所示。较底层的服务包括远程过程调用(夸父)、安全管理(钟馗)、分布式协调服务(女娲)、资源管理(伏羲)，其为上层的分布式文件系统(盘古)和任务调度(伏羲)提供支持。集群部署(大禹)和监控模块(神农)监控整个集群，为工作人员及时发现并处理错误提供帮助。

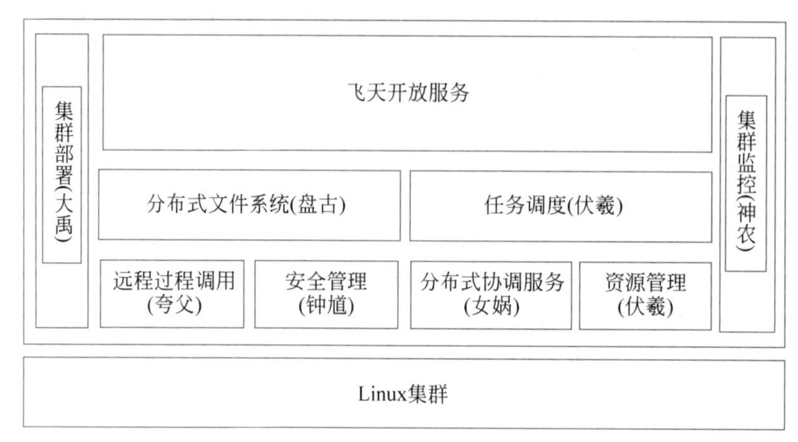

图 9.1　飞天内核架构

9.2.2　分布式协调服务(女娲)

阿里云的女娲(Nuwa)系统是飞天开放平台的分布式协调服务系统，其为飞天提供了分布式锁、名字解析、Meta 存储等分布式一致性服务。作为底层模块，女娲直接支持着上层的分布式文件系统——盘古和任务调度系统——伏羲，另外，出于对名字解析等服务的需求，许多上层云产品也在直接使用女娲的分布式协同服务。

1. 女娲系统的设计目标

女娲系统主要有正确性、高服务性能和水平扩展性 3 个设计目标：

1）正确性

女娲系统必须能够处理各种异常情况，比如程序故障、网络延迟等，以保证任何情况下分布式锁的正确性和消息通知的一致性。并且，系统的数据存储应该是高可靠的，以提高对节点故障的容错能力。

2）高服务性能

女娲系统需要支持百万规模的分布式锁和万台集群的高效消息通知服务。分布式锁要求快速的切换时间，确保不超过 10 秒。消息通知服务需要毫秒级别的传递延迟。

3）水平扩展性

女娲系统允许通过动态扩容的方式快速提升分布式锁服务和消息通知服务的容量。

2. 女娲系统的服务架构

女娲系统从下至上被分为 4 层，如图 9.2 所示。

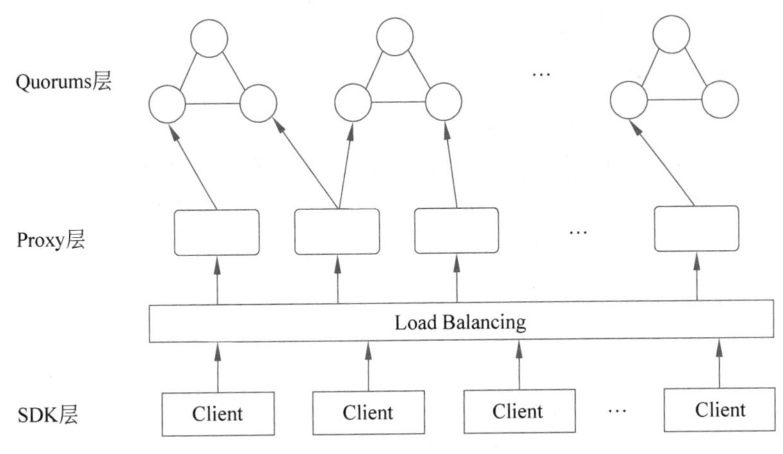

图 9.2 女娲系统服务架构

SDK 层是女娲系统的第一层，客户端应用通过女娲 SDK 来使用女娲系统的服务。

Load Balancing 直接处理 Client 发来的服务请求，并对访问流量实行负载均衡。

Proxy 层是代理层，用于共享集群内成千上万客户端的订阅行为。多个订阅相同内容的 Client 可以通过代理与女娲后端通信，以减轻后端的压力。代理层提供负载均衡和缓存等功能，提高系统性能和稳定性。它集中处理和管理订阅请求，优化系统架构，提升用户体验和整体效率。

Quorums 层由众多分布式一致性的 Quorum 组成，每个 Quorum 内部都是基于一致性算法实现的独立的分布式一致性系统。

9.2.3 远程过程调用（夸父）

远程过程调用（RPC）是计算机之间进行通信的一种手段，其可以在 A 计算机上像调用本地函数一样调用 B 计算机上的进程。

夸父是飞天内核的网络通信模块，旨在为飞天提供高可用、大吞吐量、高效率、易用的 RPC 服务，它支持同步和异步调用 RPC 两种方式。同步调用在接收到结果后继续执行，异步调用则可以并发执行其他任务。

9.2.4 安全管理（钟馗）

钟馗是飞天系统中的安全管理模块，包括身份认证、授权和资源访问控制。它使用密钥机制进行身份认证，并采用 Capability 机制实现资源的访问控制。Capability 是一种数据结构，其中定义了一组资源的访问权限。可以将 Capability 理解为一张门票，只有持有这张门票的用户才有访问这组资源的权限。通过这些功能，钟馗确保系统只允许合法用户访问资源，提供可信的安全保障。

9.2.5　分布式文件系统(盘古)

盘古是飞天系统中的分布式文件系统,类似于 Hadoop 中的 HDFS。盘古旨在为用户提供可扩展、大规模及高可靠性的存储服务。

盘古的总体架构如图 9.3 所示。盘古可分为 Master、ChunkServer 和 Client 3 部分。Client 即客户端,其可以向 Master 发送请求,并向 ChunkServer 读写数据。Master 用于存储元数据,管理数据的存储位置等。ChunkServer 是数据存储的地方。

其中 Master 是整个系统的核心,如果作为 Master 的节点故障,则整个系统都可能瘫痪。为了防止上述情况的发生,盘古使用多个 Master 组成一个 Master 集群,保证了 Master 的高可用。多个 Master 节点之间采用 Paxos 协议保证数据一致性。

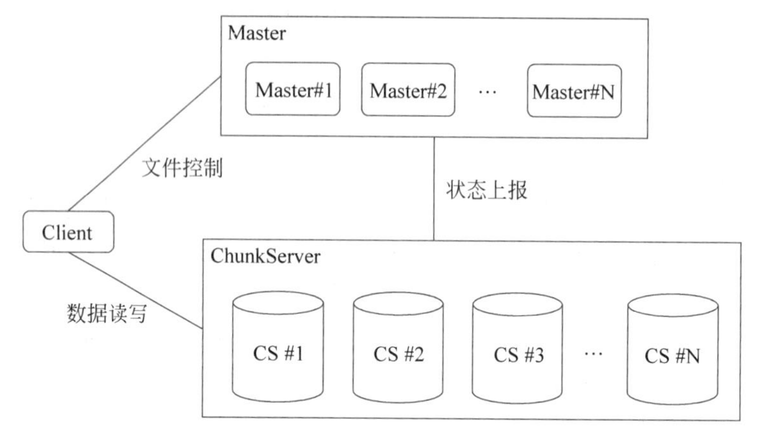

图 9.3　盘古的总体架构

盘古采用冗余存储的策略,以确保所有数据的安全可靠。每一份数据都有 3 个副本,分别存储在不同的故障区,当某一个数据副本出现故障时,盘古会自动根据其他副本对故障副本进行恢复。另外盘古采用端到端数据校验、静默错误检查保证数据的完整性。后台会周期性扫描 CRC 校验码,该校验码会附在每段数据之后,当检测到数据与校验码不匹配时,就会利用其他副本进行恢复。

盘古实现了运维的自动化,可以在不终止服务的情况下进行应用的升级。为实现自动的配置变更,盘古的配置信息都集中存放在一个配置管理库中,管控中心会自动将配置管理库中的配置信息推送给整个集群,保证整个盘古集群配置的一致性。

9.2.6　资源管理和任务调度(伏羲)

伏羲是飞天的资源管理和任务调度系统,类似于 Hadoop 中的 YARN。为了将任务运行在分布式系统上,统一的资源管理和任务调度是重中之重,伏羲就好比是飞天系统的“中央处理器”,管理着运行在飞天系统之上的任务。

伏羲的整体架构如图 9.4 所示。伏羲集群包括一台 Fuxi Master 和多台 Tubo。Fuxi Master 是集群的管理节点,其负责集群资源的分配管理。Tubo 在集群中的每个节点上都会存在一个,其相当于伏羲在各节点上的代理,管理所负责节点的用户进程。另外,由于用户在集群上执行任务时,会将程序和配置文件打包上传,所以伏羲还需要一个包管理模块

Package Manager 用于对用户上传的包进行管理。

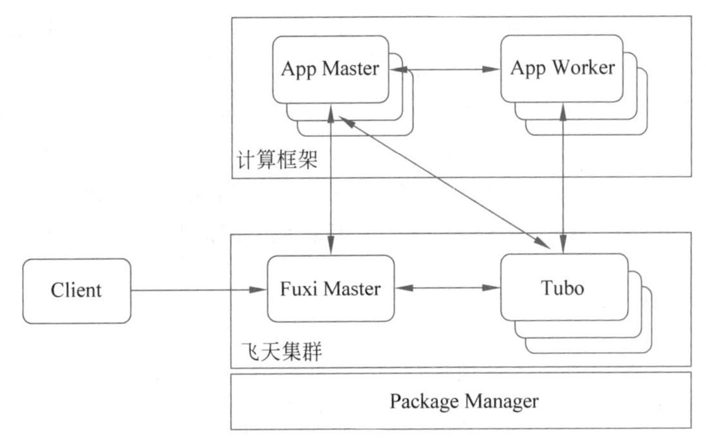

图 9.4 伏羲的整体架构

伏羲的工作流程如下。用户使用 Client 向 Fuxi Master 提交一个任务，Fuxi Master 收到请求后，会通知某个 Tubo 启动一个 App Master。App Master 会收集任务信息，并向 Fuxi Master 申请执行任务所需要的资源。Fuxi Master 收到资源申请后，通过一定的资源调度策略为 App Master 分配资源。App Master 基于分配给它的资源进行任务调度，将不同的任务分配给相应的 Tubo 进程，Tubo 收到任务后，从 Package Manager 中获取对应的包，并启动 App Worker 进行任务的执行。

1. 资源调度

伏羲的资源调度由 Fuxi Master 和 Tubo 配合完成。Tubo 会收集每个节点的资源情况（内存、CPU、磁盘等），并告知 Fuxi Master。Fuxi Master 在收到 App Master 的资源请求后会对资源进行分配，并在任务执行完成后回收资源。

伏羲支持优先级和抢占、公平调度、配额等分配策略。使用优先级和抢占策略时，高优先级任务优先获取资源，低优先级任务在资源不足时被回收，这样的策略提高了系统效率。公平调度确保任务公平竞争资源，配额策略限制资源的使用量，保持公平和有效性。

公平调度即所有任务平均分配资源，所有任务会轮流占用部分资源。配额是指为每个任务组设置一个资源使用上限，本组中任务的资源使用量不得超过这个上限。配额策略下伏羲支持资源的灵活分配，即当一个组没有用完分配给它的配额时，可以将多余的资源暂借给其他组使用。

Fuxi Master 是集群的中控节点，因此如果 Fuxi Master 出现故障需要立刻对其进行重启。在重启之后，需要对 Fuxi Master 的状态进行恢复，恢复的状态主要来自两方面。一方面 SnapShot 是由 Fuxi Master 生成的一种 Checkpoint，其主要作用是保存之前提交的 Application 的配置信息，以便后续恢复，这部分配置信息扮演着重要的角色。另一方面信息则来自各个 Tubo 和 App Master，其中包括机器列表和分配给每个 App Master 的资源情况等。

2. 任务调度

伏羲的任务调度主要涉及 App Master 和 App Worker 两个角色，在资源分配完成后，

App Master 会将任务分配给 App Worker。数据亲近性是伏羲在任务调度时考虑的因素之一,也就是说伏羲会尽量保证 App Worker 在进行数据处理时从本地读取数据,计算结果也尽量写回本地,所以要将任务尽量分配到保存数据的节点上。

除了任务调度之外,App Master 还负责 App Worker 之间的消息传递和 App Worker 状态的监控,并在 App Worker 故障时重启 App Worker。

App Master 的故障重启策略同样采用了 SnapShot 机制。在 App Master 故障重启后,会加载 SnapShot,并结合 App Worker 的汇报恢复到之前的状态。

9.2.7 集群部署(大禹)

大禹是飞天的配置管理和部署模块,提供集群配置管理、自动化部署、在线升级和扩缩容等功能。它由集群配置数据库、节点守护进程和客户端工具组成。

集群配置数据库负责集中存放飞天系统的配置信息,包括集群节点信息,各模块的版本信息和参数配置等。另外数据库还负责存储各节点在部署和升级时的状态信息,以便在节点离线重连之后继续进行相应的部署和升级操作。节点守护进程部署在每个节点上,负责与集群配置数据库通信,同步节点的状态。客户端工具是运维人员进行集群部署、升级等操作时使用的工具。

9.2.8 集群监控(神农)

神农是飞天的监控模块,用于收集集群信息并监控运行情况。它部署轻量级信息采集模块在节点上,以获取节点信息与状态,并实时评估集群运行情况,及时发现故障。神农提供全面的集群监控功能,帮助管理员解决问题并提升系统可靠性和性能。

神农系统由 Master、Inspector 和 Agent 3 个组件构成。Master 的职责是处理用户的订阅请求,管理所有的 Agent,并向外界提供统一的接口。Inspector 部署在每个节点上,负责采集信息。Agent 也同样部署在每个节点上,它接收 Inspector 采集的数据,并根据 Master 发出的订阅消息对数据进行过滤和处理。

9.2.9 飞天 2.0

在 2018 年 9 月 19 日的云栖大会上,阿里云发布了飞天系统的全新升级版本——飞天 2.0。飞天 2.0 在飞天 1.0 的基础上进行了全面改进,具备百亿级设备的计算能力,覆盖了从轻量计算到大规模集群的全范围的超级计算能力,同时飞天 2.0 实现了 1EB 数据存储并支持 IPv6。飞天 1.0 与 2.0 的最大区别在于,飞天 1.0 的数据计算更偏向于集中计算,而 2.0 更偏向于分散计算。在飞天 2.0 中,数据计算不再需要将数据传输到大规模数据中心,而是采用更高效的方式,直接将计算操作移到数据产生的地方。飞天 2.0 的目标是将飞天系统推向客户端,这在未来海量的网络设备的环境下将拥有更好的表现。

9.3 阿里云产品

关于阿里云产品有以下六方面内容:

- 弹性计算
- 存储服务
- 数据库服务
- 容器与中间件
- 大数据
- 人工智能

9.3.1 弹性计算

弹性计算是一种允许用户自定义计算资源多少的计算服务，常见的弹性计算服务包括云服务器 ECS、弹性裸金属服务器、函数计算 FC 等。

云服务器 ECS(Elastic Compute Service)为用户提供动态的虚拟服务器环境。用户可以像使用物理服务器一样使用 ECS 虚拟服务器，而且用户可以根据需要动态调整服务器数量，比物理服务器更便利。如图 9.5 所示，ECS 从真正的服务器集群之中虚拟出虚拟服务器，用户可以通过 SSH 或远程桌面直接登录到虚拟服务器上，进行相应的工作。此外，用户还可以使用 ECS 的 API 服务，用程序管理虚拟服务器。

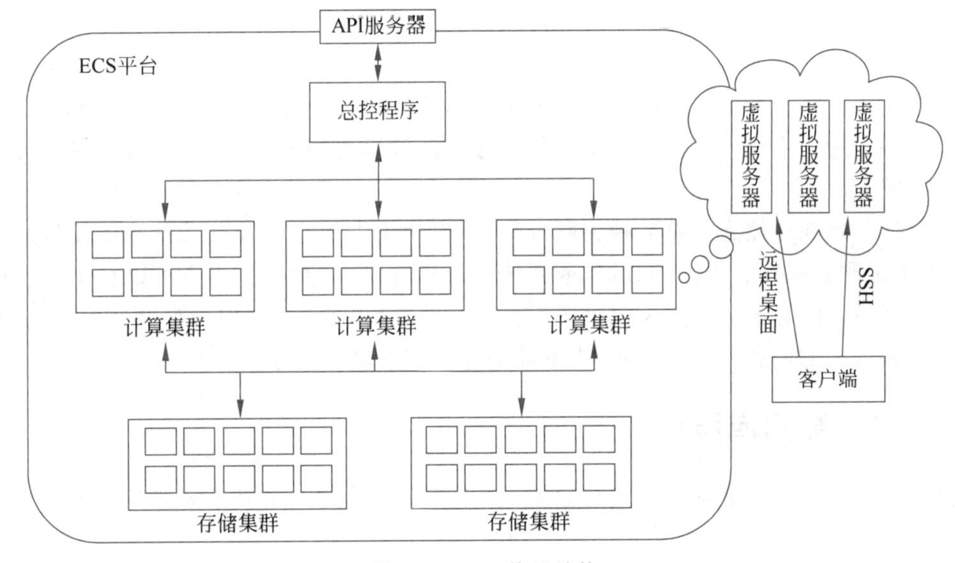

图 9.5　ECS 体系结构

ECS 还支持宕机自动迁移、快照备份等服务，保障用户服务稳定运行。同时，ECS 提供 DDoS 防护、木马查杀等功能，ECS 云盘还支持数据加密功能，全面保障用户的数据安全。除了可以动态增减服务器数量，ECS 的弹性还体现在可以升降单台服务器的配置，并支持云盘扩容，搭配阿里云的弹性伸缩和弹性供应，ECS 可以实现自动扩缩容，来应对不稳定的访问流量。

弹性裸金属服务器是阿里云基于神龙架构研发的新型服务器。它综合了虚拟机和物理机的优势，具备弹性伸缩、灵活交付、智能运维和物理机的高效性能、硬件级强隔离等优点，是阿里云专门为云原生应用研发的云服务器。

函数计算 FC 是阿里云推出的 Serverless 计算服务。有了它用户便无须再与服务器打交道,只需要上传代码便可以完成应用的部署。

9.3.2 存储服务

在大数据时代,数据存储是企业首先需要考虑的问题之一。阿里云提供安全稳定、高速智能的云存储服务,满足用户的各种需求。云存储服务包括对象存储OSS、文件存储NAS和混合云存储等,用户可以根据需求选择适合的存储服务来管理数据。阿里云存储服务具有高安全性、稳定性和快速智能的特点,确保数据的安全和可靠性。无论是小企业还是大企业,阿里云存储服务都能提供可靠、高效的解决方案。

对象存储OSS是一款海量、安全、低成本、高可靠的云存储服务。其以Key-Value对的形式存储数据,支持存储图片、视频、音频、文档等非结构化数据。OSS采用多重冗余架构设计,防止数据丢失和错误。同时,OSS拥有完善的权限控制并支持多种加密算法,保障企业的数据安全。另外OSS还提供数据的智能处理功能,比如图片水印处理、音视频转码等,协助用户对云上数据进行处理。

文件存储NAS是一个可大规模共享访问、弹性扩展的云原生分布式文件存储服务。其基于分布式架构,提供了11个9(99.999999999%)的数据持久性和3个9的服务可用性。同时,NAS通过其独特的生命周期管理机制实现了冷热数据分层,自动将不常访问的数据迁移至低频介质,降低数据存储成本。

混合云存储将本地数据中心和云数据中心相结合,为用户提供灵活、可扩展和安全的数据存储方案。用户不仅可以享受到本地数据存储的快速与便利,同时享受云存储的无限空间和数据安全。

云存储和本地存储之间有多种关联方案,可以使用本地存储缓存云存储传输过来的数据,或者本地和云端存储不同的数据,或者使用云端备份本地数据,用户可以根据自己的业务场景选择适合的方案。阿里云提供了混合云存储阵列、混合云CPFS存储、混合云分布式存储等多种形态的混合云存储方式,为不同的业务需求提供服务。

9.3.3 数据库服务

阿里云的数据库产品涵盖关系数据库、非关系数据库、数据仓库和数据库生态工具4方面的内容。

关系型数据库产品中的云数据库RDS是非常受欢迎的云原生数据库服务。RDS为用户提供安全、弹性、经济、稳定的关系型数据库服务。RDS MySQL版的产品逻辑图如图9.6所示。在最底层的是IaaS层资源抽象,其上是阿里云定制的数据库内核AliSQL,同时RDS MySQL版向用户提供弹性升降级、按时或按需付费、异常自愈、智能报警等一系列管控功能。内核上层是安全防护,最上层则为用户应用程序和控制台。

阿里云RDS支持MySQL、SQL Server、PostgreSQL等多种数据库类型。非关系数据库产品则支持包括Redis、MongoDB、HBase在内的主流非关系型数据库,满足客户的各种需求。同时,阿里云还提供以数据分析为主要目的的数据仓库服务和数据传输、数据库自治服务、数据库备份等数据库生态工具。

在底层,阿里云对MySQL、Redis、MongoDB、PostgreSQL等开源的数据库产品进行了

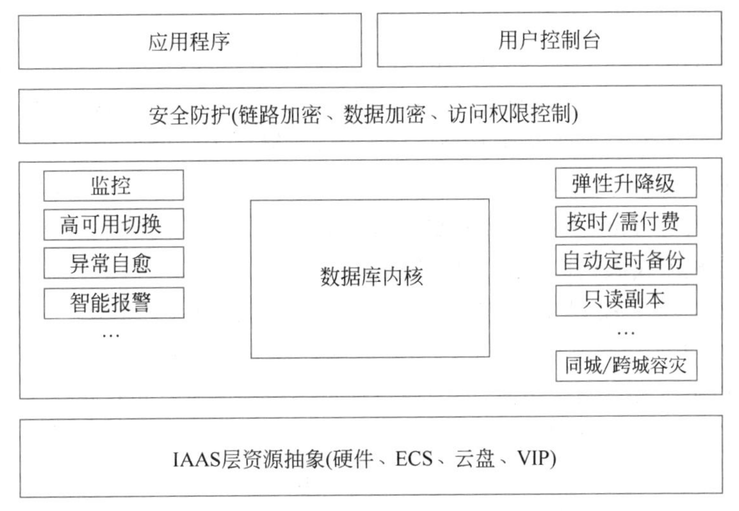

图 9.6　RDS MySQL 版的产品逻辑图

源码级别的改进,不仅修复了版本漏洞,还使数据库获得了三倍的性能提升。在安全方面,阿里云的数据库服务使用 SSL 和 TDE 进行双重的数据加密,并在网络层支持专有网络(VPC)隔离外部网络环境,保障用户数据安全。

使用云数据库服务,用户无须投资硬件也无须下载软件,只需要在 Web 页面上根据自己的需要购买相应的产品,便可以在几分钟之内建立起一个数据库集群。底层的数据库开发交给阿里云,用户可以更加专注自己的业务。

9.3.4　容器与中间件

阿里云容器与中间件服务包括容器服务、消息队列、应用工具、微服务等方面的内容。

容器服务 Kubernetes 版(ACK)提供容器应用管理功能。使用 ACK,用户可以一键创建 Kubernetes 集群,并可以使用很多方便的集群管理功能。同时,ACK 提供应用的灰度发布、蓝绿发布等多种发布策略,并提供应用监控和弹性伸缩功能。ACK 拥有专有版、托管版和 Serverless Kubernetes 3 种形态。使用专有版时,用户需要手动创建和管理 Kubernetes 集群中的 Master 节点和 Worker 节点。使用托管版时,用户只需创建管理 Worker 节点,而无须管理 Master 节点。使用 Serverless Kubernetes 时,Master 节点和 Worker 节点都不需要用户进行创建管理,用户直接配置容器启动应用即可,Kubernetes 集群管理对用户完全透明。

消息队列 MQ 可用于异步解耦、削峰填谷、顺序消息、大数据分析等业务场景,使用 MQ 构建的松耦合架构在业务场景中具有更高的可用性和可扩展性。阿里云 MQ 形态多样,包括 RocketMQ 版、Kafka 版、RabbitMQ 版等版本。RocketMQ 最初由阿里云开发,后来捐赠给了 Apache 基金会。RocketMQ 借助其低延时与高并发特性,多年来支持着阿里集群的全部业务,并在双十一、春晚抢红包等业务场景中经受起了千万级并发、万亿级数据洪峰的考验。

9.3.5　大数据

阿里云大数据平台旨在提供简单、易用、全托管的云原生大数据服务。其产品涵盖即时数仓、实时计算、数据开发、集中式存储等方面内容。

即时数据仓 Hologres,是一站式的即时数据仓库引擎。它专注于实时场景,提供数据的实时输入、实时发布和即时数据分析。Hologres 具备多种分析方式,包括多维分析、即席分析和探索式分析等。该系统在所有分析任务中,能够将等待时间控制在亚秒级别。该引擎采用了全新的分析服务一体化理念(HSAP)设计实现,统一数据存储,统一数据服务,简化了设计架构。同时,Hologres 使用存储计算分离架构,计算存储独立弹性伸缩,提供三副本冗余存储和细粒度权限访问控制,保证数据安全。

阿里云的实时计算 Flink 版是基于 Apache Flink 构建的实时大数据处理系统。它适用于实时数仓、实时 ETL、实时反作弊和实时物联网数据分析等应用。实时计算 Flink 版提供自动故障诊断和作业自动调优功能,助力用户处理业务。它具有可扩展性和灵活性,能处理大规模的高速数据流,并支持各种实时场景。

阿里云 DataWorks 是一个大数据开发治理平台。DataWorks 集成了数据集成、建模、开发、治理、分析、服务等功能,几乎覆盖了大数据全生命周期的产品服务。同时 DataWorks 支持 MaxCompute、Hologres、EMR、CDP 等大数据引擎,为用户提供更多的选择。

9.3.6 人工智能

阿里 AI 旨在提升 AI 应用开发效率,推进 AI 在各行业规模化应用,实现业务价值最大化。

阿里云的机器学习平台 PAI 为开发者提供全流程的机器学习和深度学习工程服务。其提供了数据准备、模型开发、模型训练、模型部署的全流程服务。PAI 提供智能化数据标注工具 PAI-iTAG,简化数据准备过程。可视化建模工具 PAI-Designer 和交互式建模工具 PAI-DSW 支持模型开发,提高开发效率。PAI-DLC 提供一站式云原生深度学习训练平台,加速模型训练。PAI-EAS 提供在线预测服务,PAI-Blade 提供推理优化服务,方便模型部署和推理。

除了统一的开发平台,阿里云还提供涵盖了视觉智能、智能语音、文字识别、自然语言处理等多个人工智能研究方向的具体产品。在视觉智能领域,阿里云提供了分割抠图、图像识别、人脸识别、目标检测等多方面的产品。在智能语音领域,阿里云提供语音识别、语音合成、语音分析等服务。在文字识别领域,阿里云拥有个人证照识别、车辆物流识别、通用文字识别、票据凭证识别等相关产品。在自然语言处理领域,阿里云提供分词、命名实体识别等 NLP 基础服务和文本机构化、智能电商分析、医疗文本理解等具体服务。

9.4 本章小结

本章首先简要介绍了阿里云的相关情况,包括阿里云的发展历史和基础设施情况等。其次,本章重点介绍了阿里云飞天开放平台。最后,本章介绍了阿里云提供的众多产品,其涵盖弹性计算、存储服务、数据库服务、容器与中间件、大数据、人工智能等方面。

习题 9

1. 阿里云的主要业务是什么？
2. 阿里云飞天开放平台有哪些功能组件？
3. 阿里云提供了哪些方面的产品？

第10章

云数据中心

CHAPTER 10

本章学习目标

- 熟练掌握数据中心的概念
- 了解数据中心基础设施
- 熟练掌握云数据中心的高可用建设的重要性

本章先向读者介绍数据中心的相关知识，包括其定义、区别等，然后介绍了云计算数据中心的特性以及架构。接着介绍了云计算数据中心的基础设施，其中包括服务器、存储、网络、电源系统和制冷系统。最后介绍了云计算数据中心高可用建设的重要性。

10.1　云计算数据中心概述

关于云计算数据中心的概述有以下两方面内容：

- 云计算数据中心简介
- 云计算数据中心和传统数据中心的区别

10.1.1　云计算数据中心简介

数据中心是一套复杂的基础设施，支持云计算服务。它包括计算机、通信、存储系统安全装置等。数据中心是云计算技术的基础设施，而云计算技术是重要的公共资源，它提供灵活、可靠和安全的计算资源。通过数据中心，云计算技术获得了更高的性能，推动了各行业和组织的发展。

数据中心的发展经历了几个时代。首先是大型机时代(1946—1971)，在这个时期，计算机使用的器件通常是电子管，它们十分昂贵且庞大，主要应用于科研和军事领域，数据安全性要求很高，因此计算机房多用于大型机的数字运算。接着是微型机时代(1971—1995)，随着大规模集成电路的发展，技术和性能逐渐提升，中小型机房快速增长。随着网络的普及进入了互联网时代(1995—2005)，互联网数据中心(IDC)迅速兴起，将大量散落在世界各处的信息和数据集成起来。最后是云时代(2005—至今)，随着数据量的增长和技术的变革，数据中心面临着更大的挑战，虚拟化、分布式和模块化的数据中心正在占据市场。

在以往的时代中，数据的存储需求不断增加，占用的物理空间也逐渐扩大。随着数据量的不断增长和技术的变革，存储机房逐渐演变为数据中心。数据中心的快速发展必将带来翻天覆地的变化，以满足日益增长的数据需求。

云计算数据中心的实质是一种基于云计算架构的新型数据中心，通过高度虚拟化，处理各种 IT 设备，将数据转化为计算资源、网络资源、存储资源等，并利用相应的技术根据互联网上的用户需求自动分配这些资源。

10.1.2　云计算数据中心和传统数据中心的区别

云计算数据中心注重 IT 系统的协同优化，以此保证数据中心整体的高效运行。相比之下，传统数据中心将更多的精力置于安全性考虑，更加注重机房的安全与可靠，但传统数据中心与 IT 系统分离的运行形式，导致了较高的成本。因此，云计算数据中心和传统数据中心在平台运行效率、服务类型、资源分配、收费模式 4 方面有着显著区别。

1. 平台运行效率

相较于传统数据中心，云计算中心有着进一步的发展。它提高计算效率的方式是将多个计算节点连接成一个大型虚拟资源池。在提高效率的同时消除了资源分配规模和效率之间的限制，增强了其运行灵活性，不再仅限于单个物理服务器或单个数据中心。此外，云计算数据中心在服务方式、资源配置规模、资源配置速度以及整个平台的运行效率等方面都有显著提升，这些改进为用户创造了更高的价值。

2. 服务类型的区别

常用的传统数据中心服务包括物理服务器托管和租赁。物理服务器托管是指自行购买硬件设备的用户,购买后将其送至机房,设备的监控和管理由用户自己负责,传统数据中心提供 IP 接入、带宽接入、电源供应和网络维护等服务。租赁指的是用户本身没有硬件设备,直接由传统数据中心提供使用环境。相比之下,云计算数据中心则更为全面,它提供一套连续完整的服务,形成了一个综合的服务体系,服务内容从基础设施到业务基础设施平台再到应用层。

3. 资源分配上的区别

在传统数据中心,资源的交付通常需要数小时到数天的时间,这导致了资源再分配困难,以及资源的闲置和浪费。相比之下,云计算数据中心能够在数分钟到几十秒内分配资源,实现快速资源再分配。

4. 收费模式的区别

传统数据中心的收费方式通常是按月或按年计算,计费标准包括机柜数量、带宽大小和功耗等因素。然而,这些数据的广泛性和统计不够准确往往导致资源浪费的情况发生。而云计算数据中心与传统数据中心不同,它采用按需计费模式,最低可以按分钟计价。客户只需支付实际使用的计算、带宽和存储资源,按需获取所需的资源。

10.2 云计算数据中心的特点与结构

关于云计算数据中心的特点与结构有以下两方面内容:

- 云计算数据中心的特点
- 云计算数据中心的功能与架构

10.2.1 云计算数据中心的特点

云计算以资源池的形式将计算、网络和存储能力融合,使数以万计的服务器聚合成一个整体,通过这种方式,大数据的压力将不再存在,再庞大的数据也难以对巨大的资源池产生威胁。资源的问题也可以通过自动化阈值设定获取更加充裕的性能。传统数据中心面对压力只能通过增加硬件缓解,而云计算数据中心则是通过调用空闲资源完成。

标准化、高密度、模块化和集中管理是云时代数据中心表现的基本特征,这些特征使得云时代数据中心能够更好地适应云计算和大数据的需求,提供高效、灵活和可扩展的计算和存储资源。

1. 标准化

标准化是指在云计算数据中心中采用统一的硬件、软件、配置和管理标准,以提高整个数据中心的效率、可靠性和可维护性。同时,标准化可以使云计算数据中心更容易扩展和管理,减少了设备和系统之间的兼容性问题。

2. 高密度

高密度是指在云计算数据中心中通过采用更高效的硬件和设备,以及更完善的管理和配置,实现更高的计算、存储和网络密度。高密度可以提高云计算数据中心的能效和资源利用率,减少能源和空间的浪费。

3. 模块化

模块化是指在云计算数据中心中采用模块化设计和部署,将云计算数据中心划分为多个相互独立的模块,每个模块可以独立升级、维护和扩展。并且,模块化可以使云计算数据中心更加灵活和可靠,降低了停机时间和维护成本。

4. 集中管理

集中管理是指在云计算数据中心中采用集中化的管理和监控平台,一体化管理云计算中心。这种管理方式使得云计算数据中心更具可视化和可控性,减少了维护和管理的工作量,同时也提高了云计算数据中心的安全性和可靠性。集中管理还可以提供实时监控和预警功能,及时发现和解决问题,保障云计算数据中心的稳定性。此外,集中管理还可以对整个云计算数据中心的资源进行优化和调度,提高了资源的利用效率和服务质量。

10.2.2 云计算数据中心的功能与架构

1. 云计算数据中心的功能

云计算数据中心有用户界面、定制服务和资源付费、云平台管理、模板部署、平台监控和安全保障六方面关键功能,如图 10.1 所示。这些关键功能为用户提供灵活、易管理和安全可靠的云服务环境。

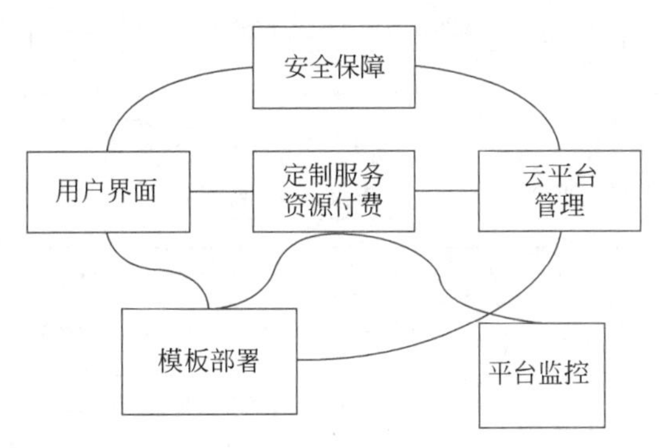

图 10.1　云计算数据中心的功能

1) 用户界面

用于用户与云计算平台进行交互和管理的界面。用户可以通过这个界面来访问和控制他们在云计算数据中心中的资源和服务。

2）定制服务和资源付费

用户登录平台定制所需的虚拟 CPU、内存、存储空间、网络以及操作系统，需要对资源进行付费，如果使用一段时间发现不能满足需求，需要添加或者减少某些资源，同样可以进行相应的扩展或退订操作。

3）云平台管理

云数据中心有众多资源，需要一个统一的平台进行管理。用户只需要接触前台页面，其他复杂的工作都交给云管理平台处理。

4）模板部署

云平台上的部署模板保证了自助服务，有了自助服务可以避免和数据中心管理人员做大量沟通，提高效率。自助服务是云计算的标志之一。

5）平台监控

云数据中心面对数十万、数百万的物理服务器和虚拟服务器，具备一套自动化监控系统，该系统可以对云数据中心进行实时监控，及时发现故障问题，某些故障可以通过平台本身自行处理，还可以对资源进行负载均衡。

6）安全保障

数据和系统需要连续可用，可靠的方法就是进行数据备份和集群。在云中，集群环境更出色。

2. 云计算数据中心的架构

云计算数据中心的架构包括 4 个层次的组成部分，如图 10.2 所示。在底层，是云计算数据中心机房，提供了物理设施和基础设备支持整个云计算数据中心的运行。第二层是云平台，它包括了多个关键组件，如云管理平台、虚拟化和计算、网络以及存储设备，这些组件共同协作以提供资源管理和服务调度功能。第三层是云计算数据中心应用平台，它构建在云平台之上，包括虚拟桌面平台、统一门户和 API 管理平台等，为用户提供虚拟化桌面环

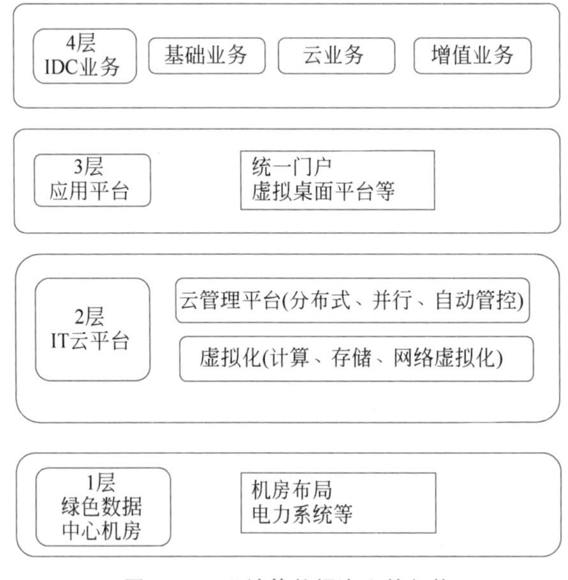

图 10.2　云计算数据中心的架构

境、集中式访问入口以及方便的接口管理功能。最顶层是云计算数据中心业务层，它涵盖了基础业务和云业务，其中基础业务提供传统的计算、存储和网络等基础服务，而云业务则基于云计算的创新模式和服务，如云存储和云计算资源租用等。

10.3 云计算数据中心的基础设施

关于云计算数据中心的基础设施有以下六方面内容：

- 服务器和计算设备
- 存储设备和系统
- 网络系统和结构
- 电源系统
- 制冷系统
- 云计算绿色数据中心

10.3.1 服务器和计算设备

云计算数据中心的建设是一个系统工程，该工程的实现与建筑技术的发展密切相关。通过将信息技术与其他基础设施相结合，可以产生更强大的推动力，促进云计算数据中心的高效运行。并且，信息技术的发展以及建筑技术的改进，又进一步确保了云计算数据中心的可靠性和高效性。同时，这种基础设施相融合的方式，推动了云计算数据中心的发展，提升其整体性能。因此，云计算数据中心的基础设施主要由服务器与计算设备、存储设备与系统，网络系统和结构、电源系统和制冷系统这 5 部分构成。

服务器在云计算数据中心中用于承载和运行云服务。这些服务器通常以大规模集群的形式部署，每个集群包含数百甚至数千台服务器。服务器的硬件配置通常包括多个中央处理器、大容量内存和高速存储设备(如硬盘或固态硬盘)。

计算设备是指用于执行计算任务的硬件设备，包括服务器、虚拟机和容器。在云计算数据中心中，计算设备可以以物理服务器或虚拟机的形式存在。通过这些计算设备来提供高性能的计算能力和处理服务。

云计算数据中心的服务器和计算设备之间通过高速网络进行连接，以实现数据的传输和通信。这些网络通常具有高带宽、低延迟和高可靠性的特点，以满足云计算中对数据传输速度和可用性的要求。

10.3.2 存储设备和系统

云计算数据中心的存储设备和系统是用于存储和管理大量数据的关键组成部分。它们提供了高容量、高性能和可靠的数据存储解决方案，支持满足云计算和大数据处理的需求以及云计算环境中的各种应用和服务。云数据中心通常采用分布式存储架构，将数据分散存储在多个存储设备中，并使用冗余技术保障数据的可靠性和可用性。此外，数据中心还会实施数据备份、快照、数据压缩和数据加密等技术，以增强数据的保护和安全性。在云数据中心中，存储系统通常会采用冗余和数据备份技术来提高数据的可靠性和可用性。同时，存储系统也需要支持数据的快速检索和高效的数据管理，以满足云计算环境中对大规模数据的存储和处理的需求。

在云计算数据中心中，常见的存储设备有硬盘驱动器(Hard Disk Drives，HDD)、固态硬盘驱动器(Solid State Drives，SSD)和存储区域网络(Storage Area Network，SAN)等，常见的存储系统有文件存储系统、块存储系统和对象存储系统等。

10.3.3 网络系统和结构

传统数据中心网络体系一般分为三层，接入层、汇聚层和核心层，其中接入层提供接入服务，主要功能是用于处理交换机端口的连接，同时负责服务器、存储设备等设备之间的连接；汇聚层负责连接不同的接入层交换机，并将其汇聚到核心交换机上，提供高带宽的数据汇聚服务；核心层作为数据中心网络的核心，负责处理数据流量，提供高速数据交换和路由服务，同时支持各种协议。这种网络体系存在一些缺点，如扩展性有限、管理复杂、设备老旧和实施成本高等问题。此外，传统数据中心需要较大程度的人工介入，因为其自动化程度较低，对人工操作的要求很高，往往在重新分配服务器时，由于数据中心网络地址空间的限制，导致人工操作失误。随着云计算、大数据等新兴技术的发展，传统的数据中心网络体系已经无法满足日益增长的数据处理和传输需求，因此需要新的网络体系来支持高效、可扩展的数据中心。

新一代云计算数据中心网络的架构不再局限于传统模式，而采用多根树、立方体和随机图等多种形式以提高网络效率。在高度自动化的前提下，降低人工操作失误的概率，提升了工作效率，降低了服务器成本，并减少相关风险。这样的工作模式使整个网络系统更加健康和稳定地运行。并且，新的应用模块在云计算数据中心网络中得到广泛应用，提高了使用自由度，满足了更多用户需求。其中，服务器与虚拟机的方便配置与移植是关键需求之一。通过引入虚拟 IP 地址，任何一台服务器都可以灵活地加入服务器池，而无须改变 IP 地址，并且不会中断现有的应用层状态。此外，为了满足云计算数据中心系统需要支持大量的服务器的需求，新的云计算数据中心网络可以在数据库中心设置可增加的配置或扩展选项，以适应不断增长的需求。

从网络设备的选择和构建、路径连接的多样性以及网络架构的演进这 3 方面来说，基于商业交换机构建、多节点之间多路径连接和从机架式向集装箱式转变是云计算数据中心网络中的 3 个重要特征。

1. 基于商业交换机构建

在传统的数据中心网络中，通常采用树形结构进行连接，其中根节点成为数据传输的瓶颈。例如，在一个三层树形设计中，每一层都是使用 48 端口交换机。由于根节点的限制，核心层只能利用所有服务器出口总带宽的千分之四，这导致可用带宽非常有限。随着交换机端口数目和层数的增加，核心层可用带宽所占比例将进一步降低。为了提升整体系统性能，需要采用更先进的交换机设备，但这些高端设备往往价格昂贵。尽管树形结构的问题仍然存在，但是为了节省成本，现代数据中心(如微软和谷歌等)通常倾向于使用普通商用交换机。这种做法是为了平衡性能和成本，并满足云计算数据中心的需求。

2. 多节点之间多路径连接

在传统的数据中心框架结构中，为了满足服务器之间高速数据传输的需求，常常采用商用交换机作为解决方案。然而，由于每个商用交换机只提供有限的传输容量，这导致需要在服务器之间添加多个通道来增加总体的传输带宽。这种多路径连接的方式可以有效地提高服务器间数据传输的速度和效率。通过增加通道数量，云计算数据中心可以更好地应对大规模数据处理和高负载情况，提供更快速、可靠的数据传输服务。这种扩展的部署方案能够满足云计算数据中心的需求，并减少数据传输过程中的瓶颈和延迟。

3. 从机架式向集装箱式转变

在传统的数据中心框架结构中，数据中心的搭建和连接是一项复杂且繁重的任务，需要人工进行大量的物理连接。这种方式不仅工作量巨大，还需要花费大量的时间来完成部署。而集装箱型数据中心是一种使用标准集装箱作为基础结构的移动式数据中心，可以快速部署和搬迁。它具有灵活性、可移动性、节能环保、安全性和快速部署 5 个优点。

1）灵活性

集装箱型数据中心可以根据业务需求进行快速部署和搬迁。由于其模块化结构，可以根据需求增加或减少服务器数量。

2）可移动性

集装箱型数据中心可以通过陆路、海路或空运等方式快速搬迁。这种灵活性可以用于紧急情况或临时数据中心需求。

3）节能环保

由于集装箱型数据中心采用模块化设计，可以根据需求选择节能环保的设备，例如，高效节能的服务器、制冷设备以及节能的照明系统等，从而降低能源消耗和碳排放。

4）安全性

集装箱型数据中心拥有完善的物理和网络安全防护措施，可以保障数据的安全性和保密性。

5）快速部署

集装箱型数据中心可以在短时间内快速部署，相比传统数据中心的建设时间和成本更低。

10.3.4　电源系统

大型数据中心的电力消耗十分庞大，因此供电系统非常重要。为确保机房的稳定供电，通常会接入两个或更多不同的电力公司，并配置柴油发电机和 N+1 以上的不间断电源系统。当一路电力公司出现故障时，另一路电力公司可以提供备用电力。在极端情况下，如果所有接入的电力公司都出现故障，柴油发电机也可以保证数据中心的正常运行。

然而，传统的不间断电源系统并不完全安全。典型的不间断电源系统需要将市电的 380V 电压经过整流和反转等步骤转换为服务器机架所需的标准 220V 交流电源。服务器电源再将电压转换为 12V 直流电源供应给主板。转换过程越多，结构越复杂。为了避免单点故障，数据中心的供电架构复杂且难以维护，通常采用多台电源并机甚至进行 1∶1 备份。

然而,由于这些原因,电源系统本身也会消耗大量电能。

根据实验分析,在实验室环境和理想负载情况下,不间断电源系统的理想效率可达95%。考虑到实际情况,通常会增加供电系统的安全系数,因此不间断电源系统的效率一般不超过90%。此外,不间断电源系统本身产生的热量还会增加空调系统的负荷。所以改善配电系统效率成为云计算数据中心需要解决的重要问题。目前,已采取市电直供配电技术和高压直流配电技术两种方案进行配电改进。

1. 市电直供配电技术

目前很多云计算数据中心采用市电直供配电技术,比如美国科技巨头公司Facebook就使用一路市电直供服务器,一路48V直流电源作为备用电源,这些结构能够将配电系统的损耗进一步降低。从国内来看,阿里巴巴也借鉴了这种技术,在其数据中心得到成功部署。市电直供电源支持热插拔的模块化设计,保留了机架式电源,同时也采用机架分散供电的方式。该设计减少了配电系统中的转换环节,其中市电转换为服务器主板的12V电源只经过两个阶段的电路转换,使整个配电系统的整体效率可以达到92%,与传统技术相比具有更大的优势。

2. 高压直流配电技术

一些云计算数据中心采用240V直流供电架构,使用模块化设计的直流电源。相较于交流不间断电源系统,240V直流不间断电源系统减少了一级转换,因此实际运行效率通常超过92%。通过采用240V直流供电,云计算数据中心能够实现更高的能效,降低能源消耗和碳排放,为用户提供稳定高效的云计算服务。

10.3.5 制冷系统

云计算数据中心与传统数据中心在核心理念上有着显著区别。传统数据中心的核心理念是"拥有资源",云计算数据中心的核心理念是"共享资源",其中的服务器和存储设备等资源是共享的。这意味着云计算数据中心需要一个更加灵活、高效的制冷系统,以确保服务器和存储设备的稳定运行。传统数据中心中的服务器和存储设备是独立的,不需要共享资源,所以制冷系统简单,只需要保持设备的温度在合适的范围内即可,通常采用机械制冷和空调系统,这种系统的主要目的是保持服务器和存储设备的温度在合适的范围内。

相比之下,云计算数据中心则需要更加先进的制冷系统作为散热器,以确保服务器和存储设备在高负载下不会过热。为了确保能够及时对设备进行降温,机房配置多台空调,不间断地对设备制冷送风。云计算数据中心还会采用自然冷却和液冷技术,以提高能效和降低能耗,例如Google在芬兰的Hamina数据中心,通过将服务器直接浸入一个含有冷却液的密封容器中,然后通过传输冷却液将热量带走。另外,云计算数据中心的规模通常比传统数据中心更大,这意味着制冷系统需要更加高效和可靠。云计算数据中心的制冷系统需要能够适应不同的负载和温度变化,同时还需要提供高可用性和容错性,以确保数据中心的连续运行。

总的来说,云计算数据中心和传统数据中心的制冷系统的核心理念和技术都有很大的不同。云计算数据中心需要更加灵活、高效、可靠的制冷系统,以应对不同的负载和温度变化，同时也需要降低能耗和提高能效，以减少对环境的影响。

10.3.6　云计算绿色数据中心

云计算绿色数据中心是指采用尽可能多的节能和环保技术来运营数据中心，以降低能源消耗和碳排放。在我国，云计算绿色数据中心也被称为“低碳数据中心”，它是国家可持续发展理念的一部分。

中国的云计算绿色数据中心采用了多种技术来提高能源利用效率和降低碳排放。首先，它使用高效节能的服务器、存储系统和网络设备。其次，云计算绿色数据中心利用清洁能源，如太阳能和风能等，来满足能源需求。此外，通过优化空气循环系统和采用自然冷却技术，进一步减少能源消耗。为了提高管理效率，云计算绿色数据中心还采用智能化的管理系统和精细化的监测系统，实时监测和控制能源使用情况，以优化数据中心的运行效率和能源利用率。

云计算绿色数据中心可以从电力消耗、能源效率、运行管理等方面来衡量它是否“绿色”。云计算绿色数据中心的“绿色”体现在整体设计和规划，以及机房空调、服务器等 IT 设备和管理软件的应用上。它应具有节能、环保、高可靠性、可用性和合理性。

中国的云计算绿色数据中心在大型互联网企业和电信运营商中得到广泛应用和推广。这些企业致力于构建可持续发展的数据中心，通过降低能源消耗和碳排放来实现环保和节能的目标。云计算绿色数据中心的发展对于推动中国的可持续发展和应对气候变化具有重要意义。

10.4　高可用建设的重要性

关于高可用建设的重要性有以下两方面内容：

- 高可用建设
- 云数据的安全保障

10.4.1　高可用建设

云数据中心的高可用建设是指通过技术手段和设计方案，提高数据中心系统的可用性和可靠性，以确保业务系统在面对各种异常情况时能够保持高度稳定性、连续性和可靠性。

进行高可用建设主要有系统可靠性要求、业务需求、用户体验、降低成本和避免风险这 5 个原因。

1. 系统可靠性要求

云计算数据中心是企业业务系统的核心，若系统发生宕机或数据丢失，会直接影响到业务连续性和数据完整性。

2. 业务需求

现代企业的业务发展速度非常快，业务量增长迅速，因此需要保证系统的高可用性和容错性,以确保业务能够不断运转。

3. 用户体验

用户对于云服务的使用体验要求越来越高,若系统出现异常或宕机现象,会给用户带来很大的不便和损失。

4. 降低成本

云计算数据中心建设需要大量的硬件和设备投入,若系统可靠性不高会增加维修和故障排除成本。通过高可用建设,可降低这些成本。

5. 避免风险

云计算数据中心存储着企业的重要数据和资产,若系统不稳定容易导致信息泄露、丢失,造成重大风险和损失,进行高可用建设可以有效地避免这些风险。

综上所述,云数据中心的高可用建设是非常重要的,可以提高系统的可靠性和稳定性,确保业务的连续性和数据的完整性,降低成本和风险,提高用户的满意度和信任度。

10.4.2 云数据的安全保障

在云计算数据中心的高可用建设中,确保云数据的安全是一个至关重要的方面。云数据的安全保障不仅是为了防止数据泄露和未经授权的访问,还涉及保护数据完整性、防止数据丢失、应对网络攻击和恶意行为等。在高可用性的要求下,云数据中心必须采取一系列的安全措施,以确保云数据的机密性、完整性和可用性。因此,高可用建设和云数据的安全保障是紧密相连的,共同构建了一个稳定、可靠且安全的云计算环境,为用户提供持续可用的数据服务。

1. 安全的相对性

云数据安全的相对性指的是云计算平台的安全与使用该平台的用户的安全需求相对应。不同用户的安全需求各不相同,因此云数据的安全性也是相对的。对于一些个人用户或小型企业用户而言,他们可能只需要基本的身份认证和数据加密保护,以防止数据泄露或被篡改。然而,对于一些大型企业或政府机构而言,他们可能需要更高级别的安全保障措施,例如安全审计、防火墙保护、安全域隔离等。在设计云计算数据中心的安全性时,通常采用软件和硬件结合的方式,实施多层次的保护措施。云数据安全中有模块级保护、硬盘级保护、数据级保护和系统级保护等不同分类或层级的保护措施。

1) 模块级保护

云数据安全保障的模块级保护是指云计算平台上的各个模块都采取了一系列的安全措施,以保护数据的安全性、完整性和可用性。这些保护措施包括:认证和授权、数据加密、安全审计、防火墙保护、安全域隔离、安全更新和维护、多重备份和容灾等。

2) 硬盘级保护

云数据安全保障的硬盘级保护通常是指通过加密、备份和恢复等方式,保护存储在硬盘中的数据不受损坏、泄露和未经授权访问等安全威胁。在云数据安全保证方面,硬盘级保护会包括以下措施。

(1) 数据加密：使用强大的加密技术，将数据加密存储在硬盘中，只有授权过的用户才能解密并查看数据。

(2) 数据备份：定期备份数据，以防止在硬盘出现故障或其他问题时，数据丢失或不可恢复。

(3) 数据恢复：提供丢失和损坏的风险，确保云数据的安全性和可靠性，保护用户的隐私和权益。

(4) 硬盘健康检测：定期检测硬盘的健康状况，及时发现并处理故障，保证数据安全。

(5) 访问控制：全面实施访问控制策略，保障数据的隐私和安全性，保证数据只被授权用户访问。

3) 数据级保护

云数据安全保障的数据级保护是指在云计算平台上对数据进行保护的措施。这些措施包括以下几方面。

(1) 数据加密：采用加密算法对数据进行加密，在数据传输和存储过程中提供额外的保护层，确保数据的安全。

(2) 数据备份和灾备：采用数据备份和灾备技术，确保数据的可用性和完整性，即使出现硬件故障、自然灾害等情况也能及时恢复。

(3) 访问控制：对用户进行身份验证和访问授权，确保只有拥有权限的人才能接触到核心数据。

4) 系统级保护

网络链路端到端冗余，所有存储模块是分布式的，甚至分布在不同的物理地点。

2. 数据的可用性、完整性、隐私性

1) 数据可用性

数据可用性(Availability)是指数据能够在需要时可被正常访问和使用的程度。这意味着数据不能被损坏、丢失、篡改或被其他威胁所影响。数据可用性通常受到系统、网络和存储设备是否正常运行的影响。高可用性的数据意味着它能够随时被访问和使用，没有任何中断或延迟的问题。

2) 数据完整性

数据完整性(Integrity)是确保数据保持原始状态和一致性的重要方面。它防止数据在存储和传输过程中被篡改、破坏或修改，以保持其准确性和可信度。数据完整性包含多个方面，包括数据的完整性保护、数据备份和恢复、数据版本控制等。高数据完整性要求旨在确保数据安全。

3) 数据隐私性

数据隐私性(Confidentiality)是指数据被保护在有限的人员或者系统中，以防止未经授权的访问和使用。简单来说就是数据只能被授权的人访问和使用，对于未经授权的人来说是不可见和不可接触的。数据隐私性包括数据加密、访问控制、身份认证、审计和监控等方面。

另外，数据安全也不是一个孤立的问题，广义的安全也包括其他的层面，也可以从数据

库安全、网络安全等方面进行考量。

3. 其他关键因素

虽然云计算数据中心会呈现高度虚拟化的态势,但是无论如何始终是架设在物理设备之上,物理设备的瘫痪将直接影响云计算数据中心的其他关键服务,因此物理设备的安全建设非常重要。

云计算数据中心的基础环境包括很多方面,比如内部环境、冷却系统、电力系统、自然灾害等,保证云计算数据中心的设施安全,要确保其免受高风险自然灾害和人为灾害的影响,这一点至关重要。在选址方面,云计算数据中心应避免在自然灾害频发地段,远离地震、海啸和洪水多发的高风险地区。除了位置以外,还应该提高基础设施和保护系统的可靠性。数据中心应设置不间断电源、火灾报警系统、防鼠系统等。

10.5 本章小结

本章介绍了数据中心的概念,以及云计算数据中心和传统数据中心的区别,以及云计算数据中心的特性和体系结构,还介绍了云计算数据中心的基础设施以及高可用建设的重要性。

习题 10

1. 请简述数据中心的概念并比较云计算数据中心和传统数据中心的区别?
2. 请描述云计算数据中心的特征?
3. 请描述云计算数据中心有哪些重要组成部分?
4. 谈谈你对未来云数据中心的理解?

第11章

云 安 全

CHAPTER 11

本章学习目标

- 了解信息安全的现状和形式
- 了解云数据安全和云应用安全
- 掌握云上安全防护的方法

本章先向读者介绍了信息安全现状和形式，包括数据安全的重要性、信息系统安全以及常见的云安全风险，然后从数据、应用和整个基础构架3个不同层面介绍云安全的云数据安全、云应用安全和云上安全防护。

11.1 信息安全现状和形势

关于信息安全现状和形势有以下三方面内容:
- 数据安全的重要性
- 信息系统安全
- 常见的云安全风险

11.1.1 数据安全的重要性

作为数据经济产业的基石,数据安全有着十分重要的地位,在《十四五数字经济发展规划》中提到建设数据安全治理体系和完善行业数据安全管理政策的重要性。在数字经济框架下,"东数西算"作为数字经济的关键支点,被寄予厚望,希望将数据中心、云计算和大数据构建于一体,创建新型算力网络体系。随着该战略的推进,数据流通量增加的同时,数据安全的标准也需要进一步提高。

数据安全涉及的范围很广泛,其中包括确保数据的完整性、可用性和保密性,数据安全是维护信息安全的基础,在国家、企业和个人层面都离不开信息安全。对于国家而言,随着信息技术的迅猛发展,大量信息存储在政府机构中,这些信息具有重要的经济和政治价值。非法访问这些信息可能严重破坏国家的经济和政治利益。对于企业来说,数据安全不仅关系到商业活动,而且是提升竞争力的关键。如果数据安全得不到有效保护,将严重威胁企业的信息安全,进而影响业务发展。对于个人来说,个人数据安全可以保护隐私,防止个人信息被非法获取或个人账号被盗用。此外,个人数据安全还能防止个人信息被篡改,避免欺诈等问题的出现。

近年来,各种信息安全恶性事件层出不穷,信息泄露往往会导致重大的损失,个人隐私、企业商业秘密和国家机密都面临不同程度的威胁,例如,北京市教育考试院信息篡改事件、教育部学籍信息泄露事件、车主股民信息泄露、福彩中奖信息篡改等案例都提醒我们必须重视和保护数据安全。

为了确保数据安全,我们必须采取有效的措施。传统的安全措施包括安装防火墙、使用加密技术和安全协议等来保护网络信息的安全性。同时,应积极采取预防措施,如定期系统审计、建立回溯技术、提供基于网络的安全审视,以及定期进行安全测试和培训。另外,还可以利用现有的网络安全技术,如身份认证和授权认证,以防止潜在的安全威胁。为了有效保护信息安全,必须从管理层开始采取一系列管理措施,建立合理的规章制度、搭建安全审查体系、制定全面的安全管理条例、制定安全责任制等。总而言之,这些措施能够有效防范信息安全风险,保障数据的安全和完整性。同时,技术手段和管理措施的有效结合也是确保信息安全的关键。

11.1.2 信息系统安全

信息系统安全即保密性(Confidentiality),完整性(Integrity),可用性(Availability)三要素,缩写为CIA,也称为信息安全三原则,是指在信息安全领域中建立的一个最基本的安全原则和基础。保密性即保证信息不被未经授权的第三方访问、复制或使用；完整性即保证信息不被未经授权的第三方篡改、删除或添加；可用性即保证信息及时、准确地提供给授权的用户。

然而，CIA 原则并不能解决所有信息安全的关键问题，例如网络安全漏洞、恶意攻击和数据泄露等。因此，为了确保信息安全，需要采用更全面的安全措施，例如云安全技术，以防止数据泄露。

云安全技术能够更好地保护数据，并有助于阻止未经授权的访问、篡改和删除。它提供了监控、认证和审计等安全服务，以确保信息的安全性。将 CIA 信息系统安全原则与云安全技术相结合，可以提供更完善的信息安全保护，二者相互补充，共同提供安全保障。其中，CIA 原则可以保护信息的安全，而云安全技术则进一步增强了信息安全，防止数据泄露、篡改和删除。同时，云安全技术还能高效处理大量的数据，实现安全的数据共享和存储。所以，将 CIA 信息系统安全原则与云安全技术相结合，可以提供更全面、完善的信息安全保护，同时提升数据处理的效率。

11.1.3　常见的云安全风险

了解云安全风险的意义在于云计算技术可能会随时遭受潜在的威胁，需要采取措施来预防和应对这些威胁。常见的云安全风险有数据外泄、恶意攻击、网络攻击、未经授权的访问、数据丢失、数据损坏、服务终端和隐私泄露这 8 方面。

1. 数据外泄

数据外泄可能是由于系统配置或管理不当，或用户的意外行为而导致敏感数据的不安全和泄露。例如，未经认证的用户可能会访问未经授权的资源，从而导致数据外泄。此外，用户可能通过访问不安全的网站或下载不受信任的文件，而意外地暴露数据。

2. 恶意攻击

恶意攻击是恶意攻击者利用云计算环境的漏洞和弱点，进行破坏性的攻击，攻击的方式十分多样，管理者难以预测，其中包括拒绝服务攻击、API 攻击和蠕虫攻击等。并且还可能会尝试窃取用户信息，比如登录凭据、财务信息等，从而破坏系统。恶意攻击的目的通常是获取未授权的访问权限、窃取敏感数据、干扰服务正常运行或者单纯对云基础设施造成破坏。

3. 网络攻击

网络攻击包括利用系统漏洞和弱点对系统进行攻击，以获取用户的敏感信息。攻击者可能利用已知或未知的漏洞，如软件漏洞、系统配置错误等，通过攻击系统的弱点，进一步侵入系统并获取用户数据，这种攻击方式可能包括注入恶意代码、执行拒绝服务攻击、利用跨站脚本漏洞等。攻击者的目标通常是窃取用户的身份信息、登录凭据、财务数据等敏感信息，以进行进一步的非法活动，如身份盗窃、金融欺诈等。

4. 未经授权的访问

未经授权的访问可能是由于系统的不当配置或管理，而导致未经授权的用户可以访问未经授权的资源。此外，未经授权的访问难以保证其安全性，用户可能在无意识地操作下，导致数据泄露。

5. 数据丢失

数据丢失是由于系统故障或黑客攻击，可能会导致数据丢失。数据丢失还可能是由于用户的意外行为，比如误删除数据或不当的备份，从而导致数据的灾难性丢失。

6. 数据损坏

数据损坏可能是由于病毒和恶意软件等原因导致。计算机感染病毒或恶意软件可能导致数据损坏或删除。

7. 服务中断

服务中断可能是由于恶意攻击，从而导致系统服务的中断，还可能是由于网络问题，比如网络瘫痪或网络延迟，从而影响系统的正常服务。

8. 隐私泄露

隐私泄露可能发生在数据泄露、丢失或盗窃、社交工程、共享隐私政策等情况下。隐私泄露可能导致身份盗窃、金融损失、骚扰等问题。

11.2 云数据安全

关于云数据安全有以下三方面内容：

- 用户数据安全
- 日志管理
- 权限和资源管理

云数据安全关注的是在云环境中存储和处理的数据的安全性。云数据安全的目标是保护云中存储的数据免受未经授权的访问、泄露、篡改或破坏，并确保数据的保密性和完整性。

11.2.1 用户数据安全

保证用户数据的安全是云数据安全的首要目标。为达到安全标准，可以通过用户卷访问控制和存储节点接入认证等方法和措施，以确保用户数据在云环境中的安全。

1. 用户卷访问控制

用户卷访问控制是云数据安全的重要组成部分，它能够确保云数据的安全性。通过实施访问控制策略，管理用户的访问权限，保护关键数据免受未经授权的访问和修改。通过建立周全的授权机制，只有特定用户才能访问特定卷，从而保护数据的完整和安全。该控制可以精确地控制不同级别用户的访问权限，并确保数据的隐私和安全。此外，用户卷访问控制还可以检测潜在的恶意用户，检查其访问数据时是否存在可疑行为，并根据访问行为采取相应的处理措施。同时,它还能记录用户的访问历史,及时发现安全漏洞并采取相应的措施。

2. 存储节点接入认证

存储节点接入认证是云数据安全的基础,主要目的是保证数据的安全,防止未经授权的用户接入存储系统。存储节点采用标准的 iSCSI(Internet Small Computer System Interface,互联网小型计算机系统接口)进行访问,并支持 CHAP(Challenge-Handshake Authentication Protocol,询问握手认证协议)功能。

CHAP 认证协议是云数据安全的重要组成部分,它以 iSCSI 作为标准访问接入协议,有效地提高了应用程序对服务器的存取安全性。该协议定期验证节点身份,使用递增的标识符和可变的询问值防止重复攻击,限制攻击时间。任何需要连接存储系统并访问数据的过程都需经过 CHAP 认证,即应用服务器进行验证,验证完成添加到合法 CHAP 用户中。这样确保只有合法用户可以安全地访问和操作存储系统。

通过以上措施的综合应用,可以有效保护用户数据。用户卷访问控制确保了数据的访问权限和完整性,而存储节点接入认证则提供了对存储系统的安全性查验,以确保数据安全。通过以上措施的相互结合,构建了安全稳定的数据环境,全面保障用户数据安全。

11.2.2 日志管理

随着云服务的广泛应用,安全团队面临着巨大的挑战。在云环境中,大量的系统和应用程序生成了海量的日志数据,其中包含了关键的安全事件信息。安全团队需要有效地处理这些庞大的云日志,及时捕捉并响应重要的安全事件。然而,由于日志数据的数量庞大和复杂性,导致安全团队面临着诸多难题。

为了应对这些挑战,安全团队采取了一系列主要措施。首先,他们将云日志进行分类,确保所有的云日志都被收集到一个固定的位置,以便安全分析人员能够从所有相关的云计算环境中搜集日志。大多数云服务供应商都提供了下载日志的功能,例如亚马逊的 CloudTrail 功能和谷歌公司的 Stackdriver Logging 功能。此外,还有一些云应用的安全事件聚集与分析平台,如 Splunk Cloud 平台,也提供了帮助团队能够轻松地从云服务中收集日志的接口。通过对云日志的收集和汇总,分析人员需要筛选各类事件,并对它们进行优先级排序。这需要利用安全分析工具和技术,如日志分析系统、机器学习算法和规则引擎,来自动化处理和筛选日志数据。通过这些工具的帮助,安全团队能够更快速地检测到潜在的安全威胁,并采取相应的响应措施。

对于上述的云安全日志管理,我们可以根据添加上下文、定义监视优先级、监控可疑目标和关注云活动的发起点这 4 点进行进一步的了解:

1. 添加上下文

在分析云日志时,为了更好地理解和解释事件,安全团队通常会添加上下文信息。这包括相关的用户活动、系统状态、网络流量等,以便更全面地了解事件的发生和可能的影响。

2. 定义监视优先级

安全团队需要根据事件的重要性和紧急程度,对监视的优先级进行定义。例如,对云管理控制台的所有登录活动；任何对重要云对象和数据的更改和尝试更改；凭证或加密密钥的创建、删除或修改。不同的事件可能具有不同的优先级，高优先级事件可能涉及潜在的安全漏洞或攻击，需要立即响应和调查。

3. 监控可疑目标

安全团队会监控可能成为攻击目标的系统、应用程序或数据资源。这表示他们需要搜索来自不同客户端的异常流量，以及在虚拟和物理网络之间进行非正常的数据传输活动。例如，安全团队可能会发现有客户端以异常高的速率访问某个特定的云对象，或者发现有攻击者试图从不同的客户端访问一个特定的资源。

4. 关注云活动的发起点

安全团队会关注云活动的起始点，即事件的触发源或关键节点，这可能是一个用户登录、接口调用、配置更改等行为。云日志中包含足够的详细信息识别这类行为，以记录云活动的起始点。通过关注这些活动的发起点，安全团队可以更好地跟踪和分析事件的起因和传播路径。

11.2.3 权限和资源管理

权限和资源管理包括分权管理、分域管理和权力分区管理。分权管理的目的是根据不同级别的管理员需求，设置不同的管理权限，实现差异化管理，例如，针对设备种类、区域、功能等设置不同权限。分域管理将数据和功能按管理领域划分为虚拟管理实体，实现不同区域的独立管理。权力分区管理的实质就是根据用户的账号分配具体的可管理资源和对应的管理权限，实现对资源的精细控制和管理。

总结来说，以上3点共同关注权限和资源的管理，但从不同的角度和层面进行划分和控制。分权管理强调权限的分配和层级划分，分域管理侧重于资源和功能的划分和集中管理，而权力分区管理则注重根据用户账号对资源和权限进行具体的分配和管理。3种管理方式相辅相成，以满足组织和系统对权限和资源管理的不同需求。

在云数据安全中，权限和资源管理可以分为设备操作维护层面与业务和数据配置层面两个层面：

1. 设备操作维护层面

在设备操作维护层面，权限和资源管理涉及对物理设备或虚拟设备的操作和维护，这包括设备的启动、关机、配置、升级、监控、故障排除等操作。在这个层面上，具有地区设备管理权限的管理员，仅负责本地区的设备管理和维护，无法对其他地区的设备进行管理。此外，管理员还可以根据本地区的安全要求，对设备进行安全配置，比如对设备的访问权限进行限制，对设备的日志进行记录等。

2. 业务和数据配置层面

在业务和数据配置层面，权限和资源管理涉及对业务应用和数据的配置和管理。这包括对应用程序、数据库、存储、网络设置等的配置和管理。在这个层面上，权限和资源管理需要确保只有授权的管理员能够进行业务和数据的配置，并限制对敏感数据和关键配置的非授权访问和修改。管理员根据自己的权限，对本地区的业务和数据进行管理、配置和维护，包括但不限于配置业务规则、管理数据库、添加用户权限等，确保本区域业务和数据的安全可靠。

11.3　云应用安全

关于云应用安全有以下三方面内容：

- 用户管理
- 身份认证
- 网络安全防护

11.3.1　用户管理

近几年来，越来越多的互联网应用迁移到云计算领域中，这就会产生云应用安全。随着科技的发展，攻击技术和工具也日益成熟，攻击手段也变得更加灵活，致使云应用面临的安全问题更加复杂。

一般情况下，云应用中存在两种用户权限：普通用户和特权用户。普通用户往往更容易选择容易受攻击的弱密码作为其密码设置，并且可能在不同的云应用中使用相同的密码。这种情况下，如果其中一个密码被破解，攻击者就可以访问该用户在所有相关云应用中的信息。特权用户是指负责维护云计算系统运行的管理员，他们拥有对云计算系统的控制权，这也使得他们成为云应用安全中最大的风险因素。

为了解决这个问题，可以采用账号管理来分别管理普通用户和特权用户。针对普通用户的安全管理，操作措施包括为每个用户分配唯一且禁止共用的账号，分化账号修改系统，针对账号修改进行严格审批。强制要求首次登录云应用时设置复杂密码，并进行加密保护。如果用户连续登录失败，应暂时冻结用户账号，以防止恶意攻击。对于特权用户，在云应用中可能存在多种特权用户，分别负责管理不同的功能。除了采取普通用户管理的方法外，还应在创建特权用户账号时进行实名制登记。特权用户账号的所有操作都需要被严格记录，以便日后进行问题追溯，保证账号使用的透明度和可追溯性。

通过以上措施的综合应用，可以有效管理普通用户和特权用户的权限。总结来说，针对普通用户，采取了严格的账号管理措施，包括唯一账号分配、复杂密码要求和登录失败冻结等。而特权用户除了遵循普通用户管理方法外，还强调了实名制登记和操作记录的重要性。这些措施共同构建了一个更安全的账号管理系统，有助于降低弱密码和管理员漏洞对云应用安全的风险。

11.3.2　身份认证

身份认证具有多种方法，主要包括密码登录、持有证明（如智能卡、USB Key 等）和多因子验证。由于云服务通常通过互联网进行身份认证，并且可能需要在不同系统或组织之间进行认证，仅依靠单一的身份验证可能存在风险。因此，通常完成验证会结合两种或三种独立的凭证。单点登录是实现统一身份认证的有效方式,多数情况下,云提供商支持基于OpenID协议的单点登录,它简化了用户登录流程,提高了安全性和用户体验。

OpenID协议确保用户能够在多个网站上使用同一个身份进行认证,该身份认证协议以用户为核心,使用URI(Uniform Resource Identifier,统一资源标识符)来表示用户的唯一身份。OpenID协议避免了用户在不同网站上重复注册账号,提升了用户体验。OpenID协议的验证模式可以是直接验证或间接验证,通过使用不同的认证方式,OpenID协议支持各种认证服务,从而实现安全、可靠的身份认证。

OpenID的工作流程如下:

用户首先在支持OpenID的网站A上登录,然后在网站B上输入OpenID账号。系统会自动跳转到网站A进行身份验证,并要求输入密码。验证成功后,再次跳转回网站B,用户就可以使用网站B的功能了。

通过支持多种认证服务的OpenID协议,实现了安全、可靠的身份认证,提高了用户体验。OpenID可以更好地管理用户账号和密码,减少用户在不同网站上繁琐的登录过程,为用户提供更安全、便捷的服务。

11.3.3　网络安全防护

云应用会面临各种网络攻击,现阶段云服务提供商普遍采用WAF(Web Application Firewall,网络应用程序防火墙)防护和抗DDoS(Distributed Denial of Service,分布式拒绝服务)攻击这两种相关技术进行网络安全防护。

1. WAF防护

云应用大多基于网络提供,易受到网络攻击,包括窃取用户信息,网站被注入恶意脚本等。未经过滤的恶意代码会导致浏览器无法区分可信脚本,从而执行恶意代码。而WAF可以通过执行一系列安全策略例如通过监控和分析网络应用程序的流量、识别并阻止恶意请求等方法来专门保护网络应用,有效解决了云计算应用层的安全问题。

2. 抗DDoS攻击

DDoS攻击是一种利用多台计算机联合行动的攻击手段,通过耗尽目标服务器性能或带宽,使其无法正常提供服务。攻击者安装DDoS主控程序和代理程序,然后在特定时间内与大量代理程序通信,迅速发起攻击。这种攻击可能导致源站服务器服务不可用,用户无法访问应用,并带来数据泄露和核心数据被窃取的风险。为应对DDoS攻击,需要采取流量分析、监控和使用IDS、IPS等防御系统,同时利用CDN等服务分散流量并修补安全漏洞。这样可以减少攻击影响,保护用户数据和业务连续性。

传统的抗DDoS攻击方案通常采用负载均衡、分布式集群防护等技术,通过购买昂贵的硬件设备来缓解DDoS攻击时网络流量剧增和服务器中断等问题,然而,这些方案的成本较高。近年来,基于云计算技术的防护方式开始得到应用,通过云服务来提供对DDoS攻击的防护。其中高防IP方案被广泛采用来对抗DDoS攻击。高防IP是由高防机房提供的一段IP地址,可以将攻击流量引导至高防IP进行清洗,然后将正常流量发送至用户的真实服务器IP。高防IP方案能够有效减轻用户服务器的负载压力,保护网络服务不受影响。

目前，许多云服务提供商都开发了针对 DDoS 攻击的产品，例如，腾讯云提供了棋牌盾 DDoS 防护解决方案，阿里云则提供了云盾 DDoS 高防 IP 产品。这些产品基于云计算技术，为用户提供强大的 DDoS 攻击防护能力，有效减轻了 DDoS 攻击对网络和服务器的影响。

11.4　云上安全防护

关于云上安全防护有以下六方面内容：

- 云数据加密
- 云数据备份
- 多因子验证
- 软件更新
- 端点安全保护
- VPN 技术

11.4.1　云数据加密

云计算技术的出现改变了数据计算和存储方式，解决了传统存储技术在处理海量数据时的性能问题。然而，随着存储在云上的敏感信息增加，用户对业务和数据安全性的担忧也加大。云上安全防护是云环境中对整个基础架构进行保护和安全防御的措施。

当今云计算时代，随着数据的不断涌现和广泛应用，数据的加密已经成为前所未有的重要任务。数据的加密技术扮演着关键的角色，可以有效地保护数据不受未授权访问、恶意攻击和信息泄露的威胁。可以通过同时加密静态数据和动态数据、平等对待所有数据和利用零知识证明加密等多种方式对数据进行加密。

1. 同时加密静态数据和动态数据

静态数据和动态数据都具有不同的风险，因此必须同时对它们进行加密，以确保数据的安全。静态数据是指存储在云端的数据，无论是处于休眠状态还是正在运行，其内容和结构都是固定不变的，包括文件、文件夹、数据库等。动态数据指的是正在从一个位置传输到另一个位置的数据，即从云端传输数据或向云端发送数据，例如电子邮件、即时消息等。与静态数据不同，动态数据的内容和结构可能是变化的。静态数据的加密可以防止未经授权的人访问数据，而动态数据的加密可以防止未经授权的人改变数据。这两种加密方式相辅相成，确保数据的完整性和保密性。如果仅仅对其中一种数据进行加密而忽略另一种数据，将导致数据仍然容易受到恶意攻击的威胁。因此，综合考虑静态数据和动态数据的加密是至关重要的，这样才能全面防范未经授权的访问和篡改行为。

2. 平等对待所有数据

在互联网领域，一些专业人士建议管理员根据数据的重要性对其进行分类，并根据分类结果来选择性地进行保护和加密，然而，这种方法存在一些问题。其中一个问题是，如果管理员错误地对数据进行分类，极易导致未经保护的数据被泄露或受到攻击。因此，将所有数据都视为敏感数据,是对于管理员来说更加安全可行的办法。这种全面的保护方法可以避免因分类错误而导致的数据泄露风险,确保所有数据都得到适当的保护和加密。以这种方式来管理数据,不仅更加简化了数据分类和管理的流程,而且可以更有效地确保数据的安全性和隐私性。

3. 利用零知识证明加密

零知识证明是一种密码学协议,即可以让一方在不揭示另一方任何信息的情况下,向另一方证明某个数据或事实的真实性。零知识证明的目标是实现安全的数据交换和存储,确保在没有安全漏洞的情况下,双方可以互相建立信任。将这一原则应用于云中安全领域,可以实现端到端的加密,从而有效保护重要数据,例如用户名、密码和安全账号,使其免受窥探和攻击的威胁。零知识证明加密提供了高度安全的数据加密方式,服务器以及任何可以访问存储数据的攻击者都只能看到乱码,而只有终端用户才能以明文方式访问和读取数据。

11.4.2　云数据备份

在云上安全防护中,有效进行云数据备份具有重要的意义。由于云环境中存储的数据量庞大且广泛分布,数据安全难以得到有效保障,因此进行良好的云数据备份对于云上安全防护至关重要。首先,备份数据能够有效预防病毒、黑客攻击等灾难性事件的影响。在发生安全事故时,可以迅速恢复备份数据,减少安全损失的程度。其次,备份数据有助于降低数据丢失带来的安全损失,如数据库损坏或系统故障等情况。最后,备份数据的存在能够提高云环境的安全性,减少系统故障的可能性,并提升系统的可用性。通过进行云数据备份,能够更好地保护云环境中的数据安全,确保数据的完整性和可恢复性。

11.4.3　多因子验证

多因子验证是一种强大的安全防护技术,它通过结合多个因素来识别用户身份,以防止未经授权的访问。这种技术要求用户提供多种不同类型的证据来证明其身份,例如用户名、密码、数字证书、指纹识别、短信验证码等。通过使用多因子验证,即使其中一个因素存在问题或被攻击,其他因素仍可以起到补充和替代的作用,从而保障账户安全。

多因子验证不仅适用于个人账户,也广泛应用于企业级系统和敏感信息的保护。通过引入更多的身份验证因素,如硬件令牌、生物特征识别等,多因子验证提供了更加强大和可靠的安全层,确保只有授权用户能够访问敏感数据和系统资源。

11.4.4　软件更新

确保软件持续升级是云上安全保障的关键举措,它有效防止恶意软件、漏洞和其他安全威胁。通过定期更新软件,系统的暴露机会得以降低,从而确保系统的安全性。此外,及时的软件更新还能修复已知漏洞,确保系统安全运行。同时,软件更新有时也能提升系统性能和功能,确保系统高效运行。鉴于恶意行为者不断寻找新途径通过软件漏洞获取数据,保证云中系统安装最新的安全补丁至关重要。为了简化流程,通常可以将软件设置为自动更新,从而解除后顾之忧。

11.4.5　端点安全保护

端点是指连接到网络的设备，例如笔记本电脑、智能手机和打印机等，这些设备往往是攻击者趁虚而入的薄弱环节。当端点设备成为攻击目标时，保护端点安全可以防止攻击者获取机密信息、窃取资产和破坏系统等。同时，保护端点安全还能进一步提升终端设备的整体安全性，防止病毒、恶意软件和其他安全威胁，有效阻止系统遭受恶意攻击，在发现安全漏洞时及时更新操作系统及其他软件，以及实施安全策略。

11.4.6　VPN 技术

VPN(Virtual Private Network，虚拟专用网络)在互联网上传输私有数据，并通过采取一系列安全措施来确保传输过程安全性的技术，比如采用传输协议对数据进行加密和拨号前进行身份验证等。通过这些手段，VPN 技术相当于在不安全的网络环境中建立了一条安全的通道，做到安全地传输私有数据。这种安全通道能够有效地保护数据完整，防止数据泄露和未经授权的访问。通过使用 VPN 技术，在公共网络中，用户也可以安全地传输敏感信息，确保数据的安全和隐私保护。

VPN 技术主要包括隧道技术、数据加密和解密，以及客户端和服务器的认证这 3 个关键方面。

1. 隧道技术

VPN 通过在公共网络上创建一个加密的隧道，将数据安全地传输。隧道技术使用加密协议和协议封装。

2. 数据加密和解密

VPN 使用加密算法对传输的数据进行加密，以防止未经授权的访问者截获或窃取数据。在接收端，数据会被解密，恢复成原始的明文数据。

3. 客户端和服务器认证

VPN 通过客户端和服务器之间的认证来建立安全连接。客户端需要进行身份验证，以确保只有授权用户可以访问 VPN 网络。服务器也进行认证，以确保客户端连接到合法的 VPN 服务器。

11.5　本章小结

信息安全受到越来越多的重视，特别是云安全。本章介绍了信息安全现状和当前形势，介绍了如何采取有效的措施来保护云数据安全，如用户数据安全、日志管理、权限和资源管理。接着介绍了云应用安全部分，包括用户管理、身份认证、网络安全防护。此外，还应在整个云基础构架上采取有效的云上安全防护措施，其中着重介绍了云数据加密、云数据备份、多因子验证、软件更新、端点安全保护、使用 VPN 多种措施。

习题 11

1. 什么是 CIA 信息系统安全?
2. 如何保护端点安全?
3. 如何做好云数据备份?
4. 请简述云上安全防护措施。

第12章

综合实验案例

CHAPTER 12

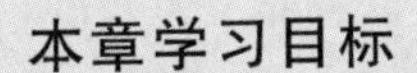

本章学习目标

- 掌握 RDS 和 ECS 的使用
- 掌握 Hadoop 的安装使用
- 了解 Docker 和 Kubernetes 的安装使用

12.1　使用 RDS 进行 MySQL 数据库操作

12.1.1　实验目的

以阿里云 RDS 为实例了解云数据库的使用方法。

12.1.2　实验环境

操作系统：CentOS7.7
MySQL 版本：MySQL 5.7
MySQL 图形化工具：MySQL Workbench
建立应用程序使用的语言工具：Python
Python 版本：3.7.2

12.1.3　实验要求

1. 购买或试用 RDS 实例，在该实例上新建 RDS 数据库 mysql

1）创建账户

创建阿里云账户，购买或免费试用一个 RDS 实例，管理 RDS 实例，修改 MySQL 数据，库版本为 5.7。

2）新建数据库

在该实例上新建数据库 mysql。

2. 操作 mysql 数据库

1）连接数据库

选择一种方法连接 mysql 数据库。

2）建表

在 mysql 数据库新建表 user，包含 4 列：id，name，age，sex。其中 id 为主键。

3）设置

对 user 表进行增、删、改操作。

3. 将本地 MySQL 数据库迁移到 RDS 上

1）新建数据库

在本地新建 MySQL 数据库 mysql。

2）设置权限

在本地数据库 mysql 中创建一个迁移账号，设置该迁移账号权限。

3）修改配置文件

修改本地数据库 mysql 中的配置文件，登录本地数据库 mysql，通过命令查看是否为

“ROW”模式。

4）数据迁移至 RDS。

4. 在本地新建一个应用程序，让它使用 RDS 上的数据库 mysql

在本地新建一个简单的应用程序，该程序需要使用 RDS 数据库中 user 表的数据，配置该程序的配置文件，使该程序可以正常运行。

12.1.4 实验步骤

1. 购买 RDS 实例，在该实例上新建 RDS 数据库 mysql

1）创建账户

创建阿里云账户，购买一个 RDS 实例，管理购买的 RDS 实例，修改 MySQL 数据库版本为 5.7。

创建并管理 RDS 实例：在阿里云首页选择免费试用，选择关系型数据库筛选标签，选择云数据库 RDS SQL Server 进行试用。为数据库选择存储地域，选择数据库版本为 5.7，系列选择基础版，其余选项按照默认设置，然后进行购买，如图 12.1 和图 12.2 所示。

图 12.1 购买 RDS(一)

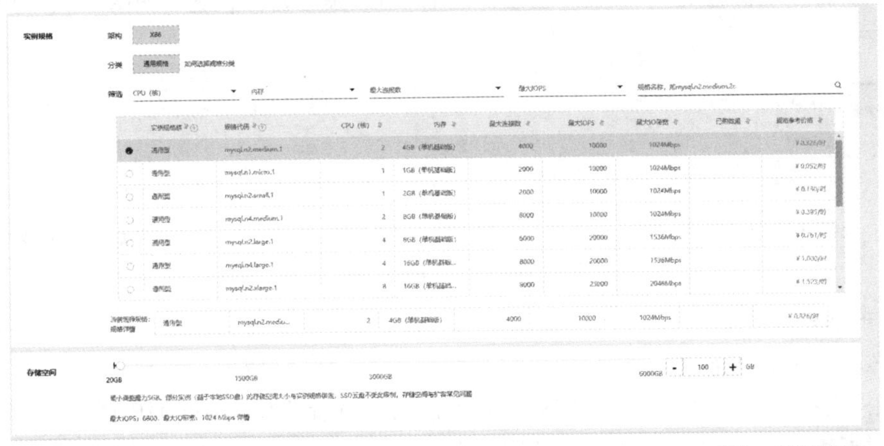

图 12.2 购买 RDS(二)

购买成功后就可以在基本信息中看到购买的 RDS 实例，MySQL 数据库版本为 5.7，如图 12.3 所示。

图 12.3　实例列表

此外，为了完成连接访问，首先需要配置 IP 白名单。白名单相当于是配置外界可以访问该数据库的 IP 地址，购买后默认是只有 127.0.0.1，在这里相当于什么 IP 都不允许通过，因此需要根据需求配置自己的 IP(也可以直接配置 0.0.0.0/0 表示所有 IP 都可以访问，但是这样安全性不高)。配置过程如下：

管理→白名单设置→修改→选择分组→配置新的组内白名单。

为方便起见直接将白名单配置为 0.0.0.0/0。配置好之后白名单信息显示如图 12.4 所示。

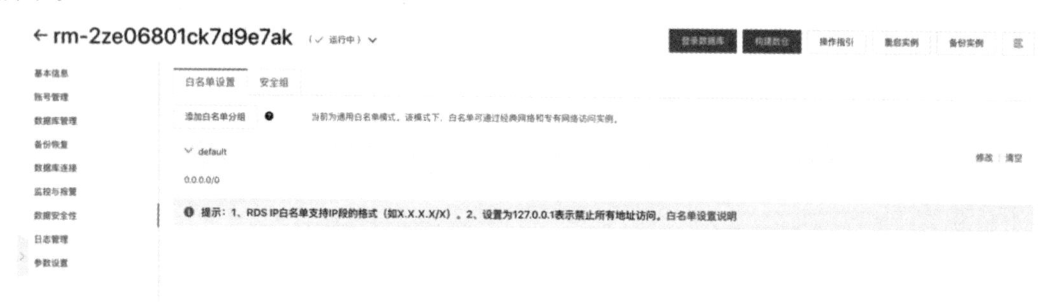

图 12.4　配置白名单

配置好白名单后需要新建 RDS 账号才能够使用。创建的账户类似于本地数据库账户，之后可以通过用户来访问数据库。账户分为高权限账户和普通权限账户两类，高权限用户默认可以使用任何权限，普通用户需要单独配置需要的读写权限。在这里创建一个高权限账户 user0 和一个普通用户 user1。创建好之后，用户账号处信息显示如图 12.5 所示。

用户账号

创建账号　自定义权限

账号	类型	状态	所属数据库	账号描述	操作
user1	普通账号	✓ 已激活	--	--	重置密码 修改权限 删除
user0	高权限账号	✓ 已激活	--	--	重置密码 重置账号权限 删除

图 12.5　账号信息

2) 新建数据库

在该实例上新建数据库 mysql。

点击“数据库管理”按钮，查看数据库基本信息。当前没有任何数据库，需要按照要求创建一个数据库，并且在弹出的界面中填写数据库相关信息。在创建数据库的时候，还可以为数据库配置用户(只能配置普通账号)。创建数据库后“数据库管理”界面情况如图 12.6 所示。

图 12.6　创建数据库

2. 操作 mysql 数据库

1) 连接数据库

使用阿里云控制台 iDB Cloud 访问数据库。进入实例后单击【登录数据库】,输入用户名和密码后,就可以登录 RDS 连接到数据库,进行对 mysql 数据库的操作。在 SQL 控制台输入 SQL 语句并点击“执行”,就能够对数据库进行操作。首先登录并且查看当前数据库中的数据库信息,如图 12.7 所示。

图 12.7　查看数据库信息

2) 建表

在 mysql 数据库新建表 users,包含 4 列 id,name,age,sex,其中 id 为主键。

在左侧菜单栏“已登录实例”中选择刚刚创建的数据库 mysql_test 来进入该数据库,通过 sql 窗口在 mysql_test 数据表中新建表 user,并包含 id,name,age,sex 4 项信息,其中将 id 设为主键。建表语句如下。

```
1.  create table user(
2.  id int not null auto_increment primary key,
3.  name varchar(20) not null,
4.  age tinyint(100) not null,
5.  sex char(1) not null
6.  );
```

表中4列数据类型分别为：自增变量(主键)id,字符串变量name,不超过100的整形变量age,单字符变量sex。执行结果如图12.8所示。

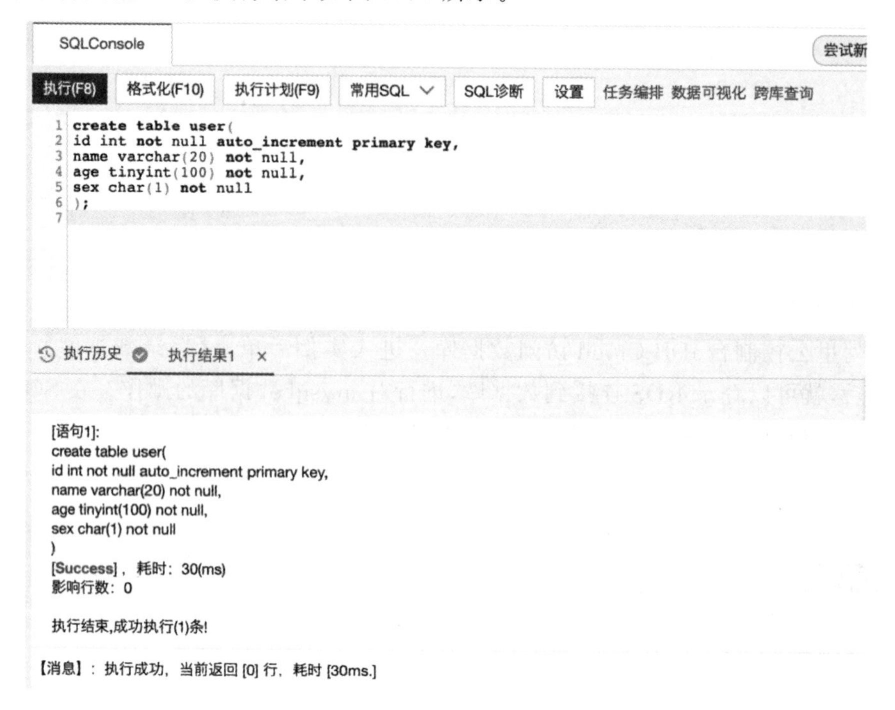

图12.8 创建表格

通过select语句查询user表信息,可以发现空表user已经建立,如图12.9所示。

图12.9 查询表格

3）设置

对user表进行增、删、改操作。

增：首先将自增变量初值置为1,之后插入3条数据信息,语句如下。

```
1.  alter table user auto_increment = 1;
2.  insert into user(name,age,sex) values ('Lucas', 20, 'F');
3.  insert into user(name,age,sex) values ('Bryce', 20, 'F');
4.  insert into user(name,age,sex) values ('Jane', 20, 'M');
```

执行结果如图 12.10 所示。

此时使用 select 语句输出 user 表的全部信息，结果如图 12.11 所示。

图 12.10　插入数据

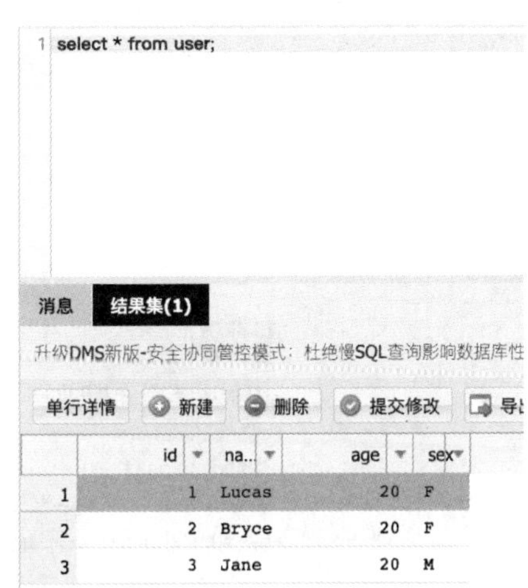

图 12.11　查询表格

删：删除表中名为 Bryce 的数据，sql 语句如下。

```
1.  delete from user where name like 'Bryce';
```

执行过程及查询结果分别如图 12.12 和图 12.13 所示。

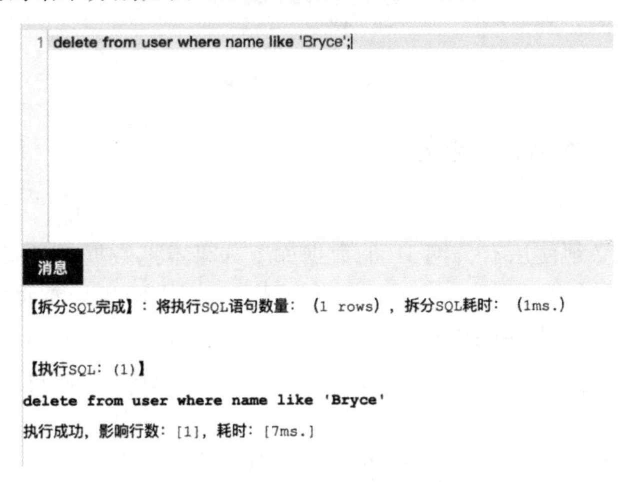

图 12.12　删除数据

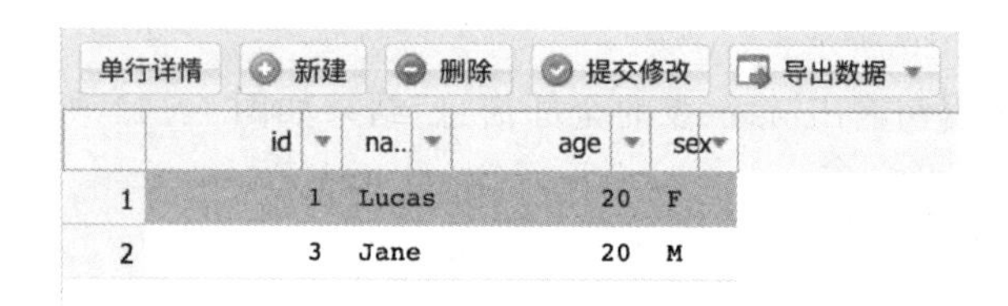

	id	na..	age	sex
1	1	Lucas	20	F
2	3	Jane	20	M

图 12.13 查询数据

改：将 Lucas 年龄改为 21,sql 语句如下。

```
1.  update user set age = 21 where name like 'Lucas';
```

执行过程如图 12.14 所示。

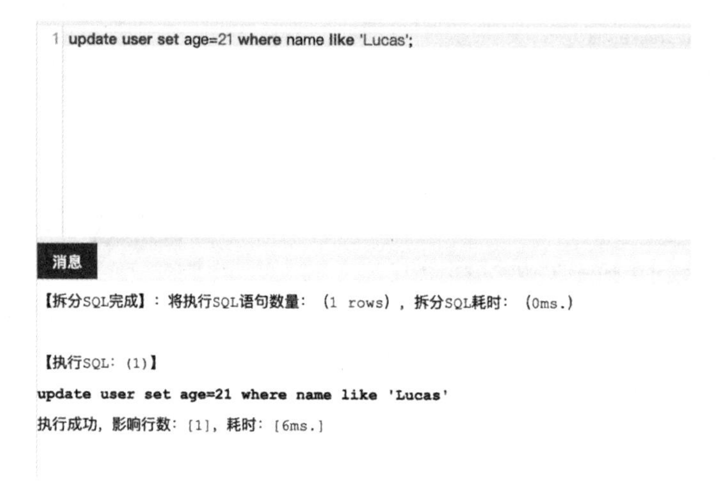

图 12.14 修改数据

查询结果如图 12.15 所示。

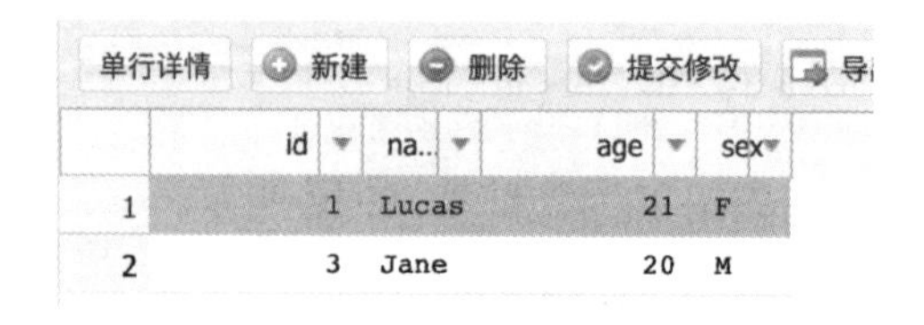

	id	na..	age	sex
1	1	Lucas	21	F
2	3	Jane	20	M

图 12.15 查询数据

3. 把本地 MySQL 数据库迁移到 RDS 上

1) 新建数据库

要想迁移数据,必须使用有公网 IP 的数据库。如果本地数据库没有公网 IP,我们可以考虑在阿里云 ECS 服务器上建立一个 mysql 数据库。点击阿里云首页的免费试用,用“云服务器 ECS”标签进行筛选,单击“云服务器 ECS”并选择 CentOS 操作系统进行试用,产品所在地域与 RDS 保持一致。建立云服务器后设置实例登录密码,通过“VNC 远程连接”连接服务器。

首先执行命令 rpm -qa|grep mariadb 查看系统是否自带安装 mysql。若有,执行 sudo rpm -e --nodeps mariadb-libs 命令进行卸载;若没有则进入下一步,进行 mysql 的安装。

下载 mysql 安装包：

```
1.  sudo wget https://dev.mysql.com/get/Downloads/MySQL-5.7/mysql-5.7.22-1.el7.x86_64.rpm-bundle.tar
```

下载完成后解压文件：

```
1.  tar -xf mysql-5.7.22-1.el7.x86_64.rpm-bundle.tar
```

依次安装以下文件：

```
1.  sudo rpm -ivh mysql-community-common-5.7.22-1.el7.x86_64.rpm
2.  sudo rpm -ivh mysql-community-libs-5.7.22-1.el7.x86_64.rpm
3.  sudo rpm -ivh mysql-community-libs-compat-5.7.22-1.el7.x86_64.rpm
4.  sudo rpm -ivh mysql-community-client-5.7.22-1.el7.x86_64.rpm
5.  sudo rpm -ivh mysql-community-server-5.7.22-1.el7.x86_64.rpm
```

安装过程中如果提示缺少 libaio 依赖，那么执行 sudo yum install -y libaio。

安装完成后初始化数据库：

```
1.  sudo mysqld --initialize --user=mysql
```

启动 mysql 服务：

```
1.  systemctl start mysqld
```

通过 systemctl status mysqld 命令查看 mysql 状态，发现 mysql 已成功启动，如图 12.16 所示。

```
[auru@hadoop104 software]$ sudo mysqld --initialize --user=mysql
[auru@hadoop104 software]$ systemctl start mysqld
==== AUTHENTICATING FOR org.freedesktop.systemd1.manage-units ===
Authentication is required to manage system services or units.
Authenticating as: root
Password:
==== AUTHENTICATION COMPLETE ===
[auru@hadoop104 software]$ systemctl status mysqld
● mysqld.service - MySQL Server
   Loaded: loaded (/usr/lib/systemd/system/mysqld.service; enabled; vendor preset: disabled)
   Active: active (running) since Fri 2022-10-28 10:52:14 CST; 31s ago
     Docs: man:mysqld(8)
           http://dev.mysql.com/doc/refman/en/using-systemd.html
  Process: 2315 ExecStart=/usr/sbin/mysqld --daemonize --pid-file=/var/run/mysqld/mysqld.pid $MYSQLD_OPTS
  Process: 2297 ExecStartPre=/usr/bin/mysqld_pre_systemd (code=exited, status=0/SUCCESS)
 Main PID: 2319 (mysqld)
   CGroup: /system.slice/mysqld.service
           └─2319 /usr/sbin/mysqld --daemonize --pid-file=/var/run/mysqld/mysqld.pid
[auru@hadoop104 software]$ 
```

图 12.16　查看 mysql 状态

修改 root 账户密码：mysql 安装完成之后，会在/var/log/mysqld.log 文件中给 root 生成一个临时的默认密码。使用 vim 工具打开该文件可以查看 root 用户的密码信息，如图 12.17 所示。

之后执行 mysql -u root -p 使用刚才查看到的 root 用户密码登录 mysql，如图 12.18 所示。

登录后修改 root 用户密码，可以采用 123456 作为 root 密码方便后续操作：

```
n (see documentation for more details).
2022-10-28T02:51:31.585041Z 0 [Warning] InnoDB: New log files created, LSN=45790
2022-10-28T02:51:31.713587Z 0 [Warning] InnoDB: Creating foreign key constraint system tables.
2022-10-28T02:51:31.776507Z 0 [Warning] No existing UUID has been found, so we assume that this is the first time that this server has been started. G
enerating a new UUID: 6d8c776d-566b-11ed-8c91-00163e04de12.
2022-10-28T02:51:31.778095Z 0 [Warning] Gtid table is not ready to be used. Table 'mysql.gtid_executed' cannot be opened.
2022-10-28T02:51:31.778563Z 1 [Note] A temporary password is generated for root@localhost: !RT5!4GiN5Fl
2022-10-28T02:52:13.960641Z 0 [Warning] TIMESTAMP with implicit DEFAULT value is deprecated. Please use --explicit_defaults_for_timestamp server optio
n (see documentation for more details).
2022-10-28T02:52:13.962800Z 0 [Note] /usr/sbin/mysqld (mysqld 5.7.22) starting as process 2319 ...
2022-10-28T02:52:13.966532Z 0 [Note] InnoDB: PUNCH HOLE support available
2022-10-28T02:52:13.966564Z 0 [Note] InnoDB: Mutexes and rw_locks use GCC atomic builtins
2022-10-28T02:52:13.966570Z 0 [Note] InnoDB: Uses event mutexes
2022-10-28T02:52:13.966575Z 0 [Note] InnoDB: GCC builtin __atomic_thread_fence() is used for memory barrier
2022-10-28T02:52:13.966579Z 0 [Note] InnoDB: Compressed tables use zlib 1.2.3
2022-10-28T02:52:13.966585Z 0 [Note] InnoDB: Using Linux native AIO
2022-10-28T02:52:13.966838Z 0 [Note] InnoDB: Number of pools: 1
2022-10-28T02:52:13.966945Z 0 [Note] InnoDB: Using CPU crc32 instructions
2022-10-28T02:52:13.968867Z 0 [Note] InnoDB: Initializing buffer pool, total size = 128M, instances = 1, chunk size = 128M
2022-10-28T02:52:13.979084Z 0 [Note] InnoDB: Completed initialization of buffer pool
2022-10-28T02:52:13.981501Z 0 [Note] InnoDB: If the mysqld execution user is authorized, page cleaner thread priority can be changed. See the man page
 of setpriority().
2022-10-28T02:52:13.994356Z 0 [Note] InnoDB: Highest supported file format is Barracuda.
2022-10-28T02:52:14.003369Z 0 [Note] InnoDB: Creating shared tablespace for temporary tables
2022-10-28T02:52:14.003423Z 0 [Note] InnoDB: Setting file './ibtmp1' size to 12 MB. Physically writing the file full; Please wait ...
2022-10-28T02:52:14.066057Z 0 [Note] InnoDB: File './ibtmp1' size is now 12 MB.
2022-10-28T02:52:14.067690Z 0 [Note] InnoDB: 96 redo rollback segment(s) found. 96 redo rollback segment(s) are active.
2022-10-28T02:52:14.067708Z 0 [Note] InnoDB: 32 non-redo rollback segment(s) are active.
2022-10-28T02:52:14.068804Z 0 [Note] InnoDB: Waiting for purge to start
2022-10-28T02:52:14.118955Z 0 [Note] InnoDB: 5.7.22 started; log sequence number 2589156
2022-10-28T02:52:14.119117Z 0 [Note] InnoDB: Loading buffer pool(s) from /var/lib/mysql/ib_buffer_pool
2022-10-28T02:52:14.120177Z 0 [Note] Plugin 'FEDERATED' is disabled.
```

图 12.17 查看 root 用户的密码信息

```
[auru@hadoop104 software]$ mysql -uroot -p
Enter password:
Welcome to the MySQL monitor.  Commands end with ; or \g.
Your MySQL connection id is 2
Server version: 5.7.22

Copyright (c) 2000, 2018, Oracle and/or its affiliates. All rights reserved.

Oracle is a registered trademark of Oracle Corporation and/or its
affiliates. Other names may be trademarks of their respective
owners.

Type 'help;' or '\h' for help. Type '\c' to clear the current input statement.

mysql> 
```

图 12.18 登录 mysql

```
1.  ALTER USER 'root'@'localhost' IDENTIFIED BY '123456';
```

注意：如果在重置密码时显示密码无法满足当前密码设置规范，有如下两种方案。

设置较为复杂的密码，使用“SHOW VARIABLES LIKE 'validate_password%';”查看密码设置规则，其中 validate_password_length 为默认最短长度，validate_password_policy 为密码验证策略。使用“set global validate_password_length=6;”将最短密码设置为 6 位，使用“set global validate_password_policy=0;”将密码认证策略调整为最低级(LOW)，就可以修改成较为简单的密码了。

之后就可以用我们设置的新密码登录 mysql 了。

创建新数据库及新表：

```
1.  create database migrate;
2.  use migrate;
3.  create table staff(
4.   id int primary key,
5.   name varchar(15),
6.   age varchar(10),
7.   sex varchar(10)
8.  );
```

插入 3 条数据：

```
1.  insert into staff values(1,'Joe','28','male');
2.  insert into staff values(2,'Anny','23','female');
3.  insert into staff values(3,'Bob','18','male');
```

2）创建迁移账号并设置权限

在本地数据库中创建一个用于数据迁移的账号：

```
1.  create user 'migration'@'%' identified by '123456';
```

其中'%'表示允许从任意主机登录该数据库。

接下来设置该迁移账号的权限。授予 migration 账号具备所有数据库和表的所有权限，并允许从任意主机登录数据库：

```
1.  grant all on *.* to 'migration'@'%';
```

3）修改本地数据库中的配置文件

修改本地数据库 mysql 中的配置文件，登录本地数据库 mysql，通过命令查看是否为"ROW"模式。

开启并设置自建 MySQL 数据库的 binlog：使用 vim 命令，修改配置文件 my.cnf 中的如下参数。

打开 my.cnf 文件：sudo vim /etc/my.cnf

向其中添加如下信息：

```
1.  log_bin = mysql_bin
2.  binlog_format = row
3.  server_id = 2              //设置大于 1 的整数
4.  binlog_row_image = full    //当自建 MySQL 的版本大于 5.6 时，则必须设置该项。
```

修改完成后，重启 MySQL(service mysqld restart)。

重新进入 mysql 后查看 binlog_format，发现是"ROW"模式(show variables like '%binlog_format%';)，如图 12.19 所示。

```
mysql> show variables like '%binlog_format%';
+---------------+-------+
| Variable_name | Value |
+---------------+-------+
| binlog_format | ROW   |
+---------------+-------+
1 row in set (0.00 sec)

mysql> 
```

图 12.19　查看 binlog 模式

4）将数据迁移至 RDS

进入阿里云数据迁移界面，源库填写数据库 IP 地址及刚刚创建的账户和密码，目标库填写 RDS 的信息即可，如图 12.20 和图 12.21 所示。如果测试连接通过，证明可以正常进行连接及数据迁移。

选择一个迁移对象，进行迁移，如图 12.22 所示。

创建任务
新建连接模板
数据来源
基本信息/高级信息
基本信息
数据来源
云数据库
ECS自建数据库
本地/他云数据库
公网数据库
VPC专线IDC
文件及日志
数据库类型
MySQL
实例地区
华北1（青岛）
ECS实例ID
i-m5eatwbeoa9pog987kl0（hadoop104）
端口
3306
数据库账号
migration
数据库密码
管控模式
自由操作
稳定变更
安全协同
点此了解

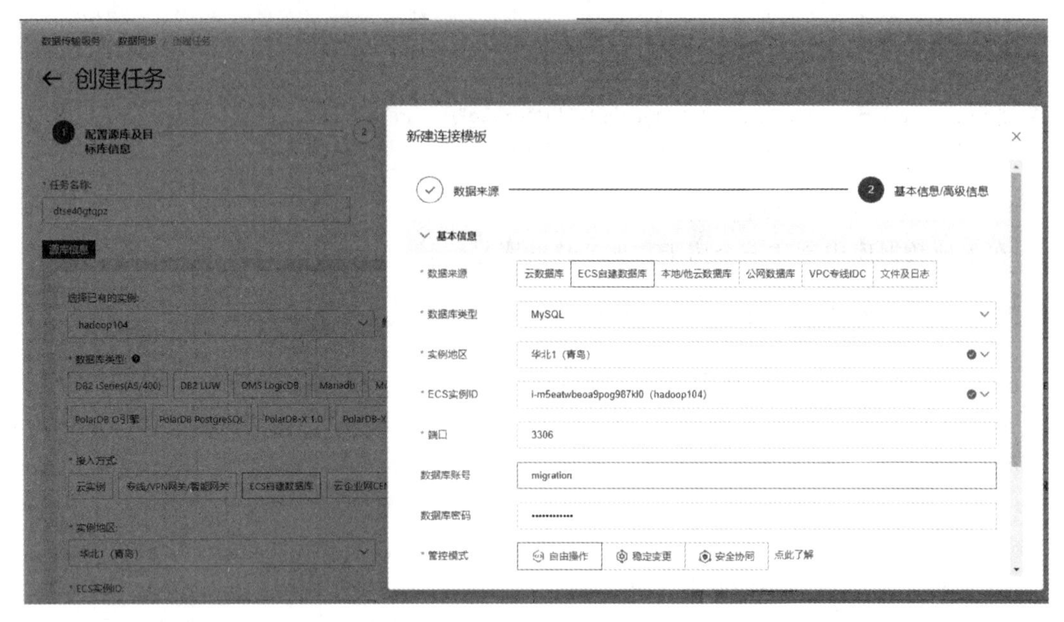

图 12.20　源库信息

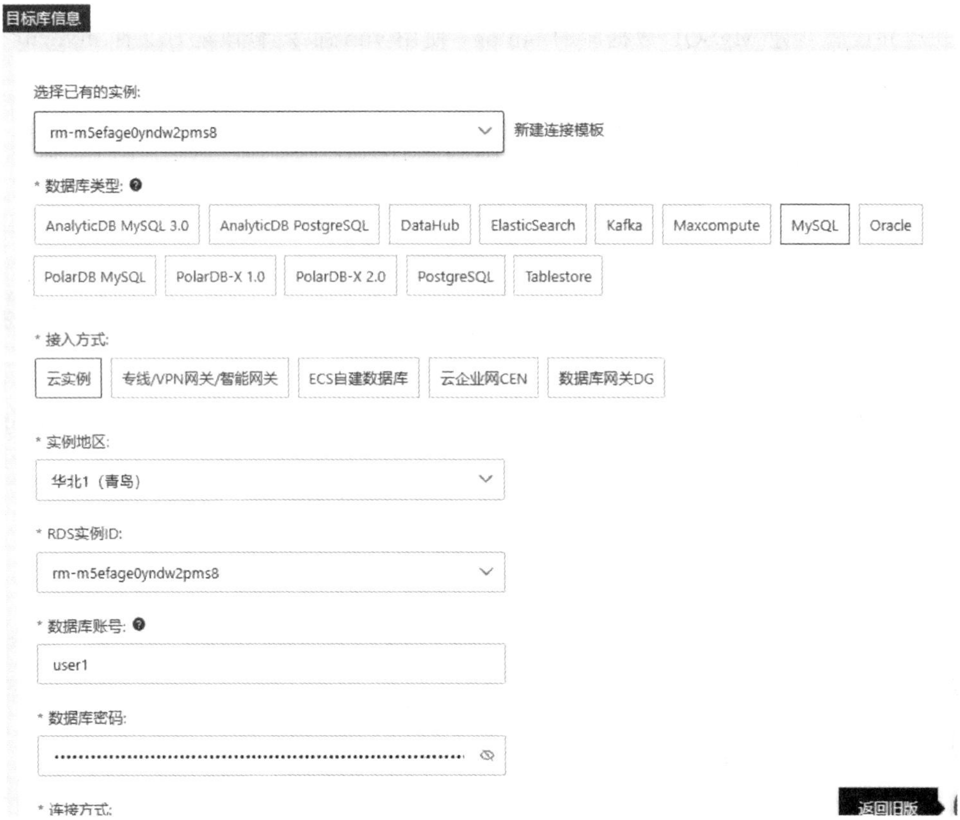

目标库信息
选择已有的实例:
rm-m5efage0yndw2pms8
新建连接模板
* 数据库类型:
AnalyticDB MySQL 3.0
AnalyticDB PostgreSQL
DataHub
ElasticSearch
Kafka
Maxcompute
MySQL
Oracle
PolarDB MySQL
PolarDB-X 1.0
PolarDB-X 2.0
PostgreSQL
Tablestore
* 接入方式:
云实例
专线/VPN网关/智能网关
ECS自建数据库
云企业网CEN
数据库网关DG
* 实例地区:
华北1（青岛）
* RDS实例ID:
rm-m5efage0yndw2pms8
* 数据库账号:
user1
* 数据库密码:
* 连接方式:
返回旧版

图 12.21　目标库信息

选中待迁移数据库后，首先进行预检查，预检查全部通过后证明可以正常完成迁移，单击下一步进行购买，如图 12.23 所示。

图 12.22　选择迁移对象

【迁移通知】新版任务编排/数仓开发带来了功能和体验的大升级，老版已经停止使用，请使用新版 >>> 迁移手册<<<

DMS　首页　mysql_test　数据同步

配置源库及目标库信息　配置任务对象及高级配置　高级配置　预检查

预检查通过率

共16个，其中运行0个，告警0个，失败0个，未启动0个，跳过0个，完成16个

检查项	检查内容	检查结果
源库连接性检查	检查数据传输服务器是否能连通源数据库	成功
目的库连接性检查	检查数据传输服务器是否能连通目的数据库	成功
源库权限检查	检查源数据库的账号权限是否满足迁移要求	成功
目的库权限检查	检查目的数据库的账号权限是否满足迁移要求	成功
源库binlog开启检查	检查源数据库是否开启binlog	成功
源库binlog模式检查	检查源数据库的binlog模式是否合法	成功
源库binlog_row_image是否为FULL	如果源库是Mysql5.6,binlog_row_image必须为FULL模式	成功
源库binlog存在性检查	检查源数据库的binlog是否被删除	成功
存储引擎检查	检查迁移表是否有不支持的存储引擎	成功
MySQL密码格式检查	检查MySQL是否使用老的密码格式	成功
源库版本检查	检查源数据库的版本号	成功
同名对象存在性检查	检查目的库是否存在跟待迁移对象同名的结构对象	成功
SQL_MODE 检查	检查源库和目标库中SQL_MODE是否合法	成功
不同名账号存在性检查	检查是否有同一实例使用不同的用户名	成功
复杂拓扑存在性检查	检查源跟目标RDS实例上是否存在不支持的同步拓扑	成功

图 12.23　预检查

之后在 RDS 上查看我们的 migrate 数据库的信息，发现数据库中的表已经能够显示在 RDS 中，如图 12.24 所示，证明数据库已经整体迁移成功。

4. 在本地新建一个应用程序，让它使用 RDS 上的数据库 mysql

在本地新建一个简单的应用程序，该程序使用 RDS 数据库中 user 表的数据，配置该程序的配置文件，使该程序可以正常运行。

图 12.24　查看迁移数据

由于在本地是通过外网连接方式访问数据库,因此必须首先申请一个外网地址。申请外网地址过程为:进入数据库连接页面→单击目标实例 ID,在左侧导航栏单击查看连接详情→单击“申请外网地址”→在弹出的对话框中选择“确定”。如图 12.25 所示。

图 12.25　申请外网地址

此时便可以通过“查看连接详情”来查看外网地址,如图 12.26 所示。

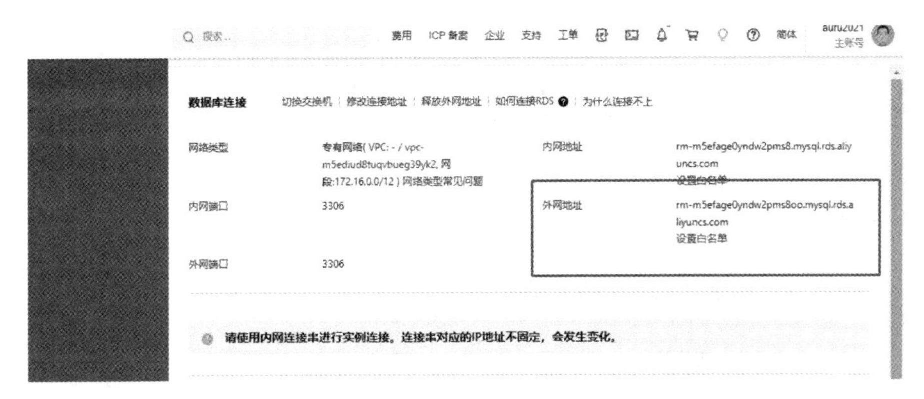

图 12.26　查看外网地址

使用 Python 连接数据库并建立应用程序。需要用到 Python 中的 pymysql 库进行数据库插入操作，插入一条数据。

```
1.  import pymysql                                          #导入 pymysql 库
2.  db = pymysql.connect(host = 'rm - 2ze06801ck7d9e7ak4o.mysql.rds.aliyuncs.com',
3.  port = 3306, user = 'user1', password = '****')         #数据库连接
4.  cursor = db.cursor()                                    #创建游标
5.  sql0 = 'use mysql_test;'
6.  cursor.execute(sql0)                                    #进入数据库
7.  sql = '''insert into user(name, age, sex) values ('Mario', 17, 'M')'''
8.  cursor.execute(sql)
9.  db.commit()                                             #插入数据
10. db.close()                                              #关闭连接
```

此时，在数据库端已经可以查询到新插入的数据信息，如图 12.27 所示。

序号	id	name	age	sex
1	1	Lucas	21	F
2	3	Jane	20	M
3	4	Mario	17	M

图 12.27　查看数据

还可以用 pymysql 库来对数据库进行其他操作。

微课视频

12.2 在阿里云进行 Docker 安装部署及使用

12.2.1 实验目的

以阿里云为平台熟悉 Docker 的安装和使用。

12.2.2 实验环境

阿里云服务器 ECS(CentOS7.7)。

12.2.3 实验要求

在阿里云安装 Docker。
创建自己的第一个容器。
容器使用,查看、启动、进入、停止、删除对应容器。
容器安装 MySQL。

12.2.4 实验步骤

1. 连接 ECS 服务器

1) 下载终端工具

Windows 用户:使用 putty 或 xshell 等远程登录工具远程登录 ECS 服务器。Xshell 可在其官网 https://www.xshell.com/zh/xshell/下载免费版本。

Mac 用户:使用系统自带的终端"Terminal"连接 ECS 服务器。

2) 远程登录到 ECS 服务器

打开 xshell 软件,新建连接,在"主机"中输入 ECS 公网地址,如图 12.28 所示。

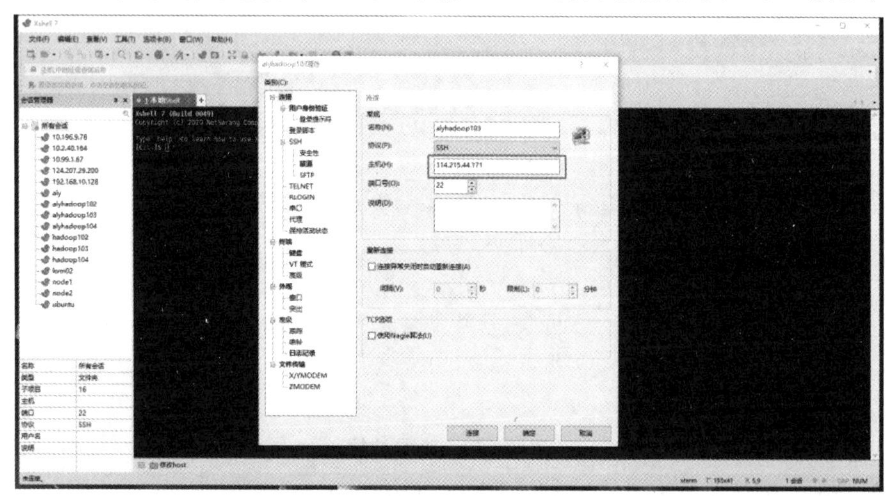

图 12.28 连接 ECS 服务器

在“用户身份验证”中填入登录的用户名、密码。完成后，单击“连接”，成功界面显示如图 12.29 所示。

若连接后仍然显示要输入 SSH 密钥，可能是由于 ECS 禁用密码登录导致，解决方案请参考 https://help.aliyun.com/document_detail/469713.html。

```
Connecting to 114.215.44.171:22...
Connection established.
To escape to local shell, press 'Ctrl+Alt+]'.

WARNING! The remote SSH server rejected X11 forwarding request.
Last login: Fri Oct 28 10:20:09 2022 from 111.200.19.204

Welcome to Alibaba Cloud Elastic Compute Service !

[auru@hadoop103 ~]$
```

图 12.29　成功登录界面

2. 在阿里云上安装并运行 Docker

进入阿里云服务器，依次运行如下命令添加 yum 源。如果不是使用 root 账号执行命令，需在命令前添加 sudo。使用 sudo 的前提是在 /etc/sudoers 中有出现的使用者。

更新 yum 源——yum -y update。

安装 epel 源——yum install -y epel-release。

清除 yum 缓存——yum clean all。

更新完成后使用 yum 安装 Docker，安装完成后显示如图 12.30 所示信息。

```
1. yum install docker - io - y
```

```
Installed:
  docker.x86_64 2:1.13.1-209.git7d71120.el7.centos

Dependency Installed:
  PyYAML.x86_64 0:3.10-11.el7
  audit-libs-python.x86_64 0:2.8.5-4.el7
  container-selinux.noarch 2:2.119.2-1.911c772.el7_8
  containers-common.x86_64 1:0.1.40-11.el7_8
  device-mapper-event-libs.x86_64 7:1.02.170-6.el7_9.5
  docker-client.x86_64 2:1.13.1-209.git7d71120.el7.centos
  fuse-overlayfs.x86_64 0:0.7.2-6.el7_8
  libcgroup.x86_64 0:0.41-21.el7
  libsemanage-python.x86_64 0:2.5-14.el7
  libyaml.x86_64 0:0.1.4-11.el7_0
  lvm2-libs.x86_64 7:2.02.187-6.el7_9.5
  oci-systemd-hook.x86_64 1:0.2.0-1.git05e6923.el7_6
  policycoreutils-python.x86_64 0:2.5-34.el7
  python-backports.x86_64 0:1.0-8.el7
  python-dateutil.noarch 0:1.5-7.el7
  python-ethtool.x86_64 0:0.8-8.el7
  python-ipaddress.noarch 0:1.0.16-2.el7
  python-setuptools.noarch 0:0.9.8-7.el7
  python-syspurpose.x86_64 0:1.24.51-1.el7.centos
  slirp4netns.x86_64 0:0.4.3-4.el7_8
  subscription-manager-rhsm.x86_64 0:1.24.51-1.el7.centos
  usermode.x86_64 0:1.111-6.el7
  atomic-registries.x86_64 1:1.22.1-33.gitb507039.el7_8
  checkpolicy.x86_64 0:2.5-8.el7
  container-storage-setup.noarch 0:0.11.0-2.git5eaf76c.el7
  device-mapper-event.x86_64 7:1.02.170-6.el7_9.5
  device-mapper-persistent-data.x86_64 0:0.8.5-3.el7_9.2
  docker-common.x86_64 2:1.13.1-209.git7d71120.el7.centos
  fuse3-libs.x86_64 0:3.6.1-4.el7
  libnl.x86_64 0:1.1.4-3.el7
  libxml2-python.x86_64 0:2.9.1-6.el7_9.6
  lvm2.x86_64 7:2.02.187-6.el7_9.5
  oci-register-machine.x86_64 1:0-6.git2b44233.el7
  oci-umount.x86_64 2:2.5-3.el7
  python-IPy.noarch 0:0.75-6.el7
  python-backports-ssl_match_hostname.noarch 0:3.5.0.1-1.el7
  python-dmidecode.x86_64 0:3.12.2-4.el7
  python-inotify.noarch 0:0.9.4-4.el7
  python-pytoml.noarch 0:0.1.14-1.git7dea353.el7
  python-six.noarch 0:1.9.0-2.el7
  setools-libs.x86_64 0:3.3.8-4.el7
  subscription-manager.x86_64 0:1.24.51-1.el7.centos
  subscription-manager-rhsm-certificates.x86_64 0:1.24.51-1.el7.centos
  yajl.x86_64 0:2.0.4-4.el7

Complete!
[auru@hadoop103 ~]$
```

图 12.30　成功安装 Docker

运行 docker，输入以下命令。

```
1. systemctl start docke
```

执行 docker --version 查看 docker 版本（或 docker -v），如果 Docker 成功启动会显示如图 12.31 所示信息。

运行命令 service docker status 查看 Docker 服务状态，发现成功处于运行状态，如

```
[auru@hadoop103 ~]$ docker --version
Docker version 1.13.1, build 7d71120/1.13.1
```

图 12.31 查看 Docker 版本

图 12.32 所示。

```
[auru@hadoop103 ~]$ service docker status
Redirecting to /bin/systemctl status docker.service
● docker.service - Docker Application Container Engine
   Loaded: loaded (/usr/lib/systemd/system/docker.service; disabled; vendor preset: disabled)
   Active: active (running) since Wed 2022-11-02 19:14:07 CST; 1min 20s ago
     Docs: http://docs.docker.com
 Main PID: 23675 (dockerd-current)
   CGroup: /system.slice/docker.service
           ├─23675 /usr/bin/dockerd-current --add-runtime docker-runc=/usr/libexec/docker/docker-runc-current --default-runtime=docker-runc --exec-...
           └─23681 /usr/bin/docker-containerd-current -l unix:///var/run/docker/libcontainerd/docker-containerd.sock --metrics-interval=0 --start-t...
[auru@hadoop103 ~]$ 
```

图 12.32 查看 Docker 状态

若要停止 Docker 服务,则使用命令:systemctl stop docker。此外,restart 命令用于重启 Docker 守护进程,enable 命令用于设置 Docker 开机自启动。

运行 docker run hello-world,测试 Docker 是否已经成功运行。如果出现如图 12.33 所示的反馈结果,证明 Docker 已经能够成功运行。

```
[auru@hadoop103 ~]$ sudo docker run hello-world
Unable to find image 'hello-world:latest' locally
Trying to pull repository docker.io/library/hello-world ...
latest: Pulling from docker.io/library/hello-world
2db29710123e: Pull complete
Digest: sha256:e18f0a777aefabe047a671ab3ec3eed05414477c951ab1a6f352a06974245fe7
Status: Downloaded newer image for docker.io/hello-world:latest

Hello from Docker!
This message shows that your installation appears to be working correctly.

To generate this message, Docker took the following steps:
 1. The Docker client contacted the Docker daemon.
 2. The Docker daemon pulled the "hello-world" image from the Docker Hub.
    (amd64)
 3. The Docker daemon created a new container from that image which runs the
    executable that produces the output you are currently reading.
 4. The Docker daemon streamed that output to the Docker client, which sent it
    to your terminal.

To try something more ambitious, you can run an Ubuntu container with:
 $ docker run -it ubuntu bash

Share images, automate workflows, and more with a free Docker ID:
 https://hub.docker.com/

For more examples and ideas, visit:
 https://docs.docker.com/get-started/
```

图 12.33 运行 hello-world

3. 容器使用,查看、启动、进入、停止、删除对应容器

列出镜像列表 docker images,如图 12.34 所示。

```
[auru@hadoop103 ~]$ sudo docker images
REPOSITORY              TAG                 IMAGE ID            CREATED             SIZE
docker.io/hello-world   latest              feb5d9fea6a5        13 months ago       13.3 kB
[auru@hadoop103 ~]$ 
```

图 12.34 查看镜像列表

执行 docker pull training/webapp 将指定镜像拉取到本地,如图 12.35 所示。

运行容器。

```
[auru@hadoop103 ~]$ sudo docker pull training/webapp
Using default tag: latest
Trying to pull repository docker.io/training/webapp ...
latest: Pulling from docker.io/training/webapp
e190868d63f8: Pull complete
909cd34c6fd7: Pull complete
0b9bfabab7c1: Pull complete
a3ed95caeb02: Pull complete
10bbbc0fc0ff: Pull complete
fca59b508e9f: Pull complete
e7ae2541b15b: Pull complete
9dd97ef58ce9: Pull complete
a4c1b0cb7af7: Pull complete
Digest: sha256:06e9c1983bd6d5db5fba376ccd63bfa529e8d02f23d5079b8f74a616308fb11d
Status: Downloaded newer image for docker.io/training/webapp:latest
[auru@hadoop103 ~]$
```

图 12.35 拉取 webapp 镜像

```
1.  docker run -d -P training/webapp python app.py
```

参数说明：-d 让容器在后台运行，-P 将容器内部使用的网络端口映射到主机上。

容器运行后执行 docker ps 查看正在执行的容器，如图 12.36 所示。

```
[auru@hadoop103 ~]$ sudo docker ps
CONTAINER ID        IMAGE               COMMAND             CREATED              STATUS              PORTS                     NAMES
854c64b5f96e        training/webapp     "python app.py"     About a minute ago   Up About a minute   0.0.0.0:32768->5000/tcp   priceless_ride
[auru@hadoop103 ~]$
```

图 12.36 查看容器列表

可以看到，Docker 开放了 5000 端口（默认 Python Flask 端口）映射到主机端口 32768 上。使用命令 docker logs 容器 ID（或容器名字）可以查看 Web 应用程序日志。

停止 WEB 应用容器，命令格式：docker stop 容器 ID（或容器名字）。

移除 WEB 应用容器，命令格式：docker rm 容器 ID（或容器名字）。在移除容器时，必须先将其停止，否则会报错。

删除容器后，再使用 docker ps 命令查看正在运行的容器，就无法看到刚才启动的容器信息了。

停用及移除过程如图 12.37 所示。

```
[auru@hadoop103 ~]$ sudo docker stop 854c64b5f96e
854c64b5f96e
[auru@hadoop103 ~]$ sudo docker rm 854c64b5f96e
854c64b5f96e
[auru@hadoop103 ~]$ sudo docker ps
CONTAINER ID        IMAGE               COMMAND             CREATED             STATUS              PORTS               NAMES
[auru@hadoop103 ~]$
```

图 12.37 停用及移除容器

4. 容器安装 mysql

用 docker search mysql 命令来查看可用版本，如图 12.38 所示。

使用 docker pull mysql：latest 拉取官方的最新版本的镜像。

使用命令 docker images 来查看是否已拉取了 mysql 镜像。

如图 12.39 所示，可以看到现在已经拉取了最新版本(latest)的 mysql 镜像。

拉取完成后，使用如下命令来运行 mysql 容器。

```
1.  docker run -itd --name mysql-test -p 3306:3306 -e MYSQL_ROOT_PASSWORD=123456 mysql
```

参数说明如下。

- -p 3306:3306：映射容器服务的 3306 端口到宿主机的 3306 端口，外部主机可以直

```
[auru@hadoop103 ~]$ sudo docker search mysql
INDEX       NAME                                        DESCRIPTION                                       STARS     OFFICIAL   AUTOMATED
docker.io   docker.io/mysql                             MySQL is a widely used, open-source relati...     13424     [OK]
docker.io   docker.io/mariadb                           MariaDB Server is a high performing open s...     5118      [OK]
docker.io   docker.io/phpmyadmin                        phpMyAdmin - A web interface for MySQL and...     673       [OK]
docker.io   docker.io/percona                           Percona Server is a fork of the MySQL rela...     592       [OK]
docker.io   docker.io/bitnami/mysql                     Bitnami MySQL Docker Image                        78                   [OK]
docker.io   docker.io/databack/mysql-backup             Back up mysql databases to... anywhere!           74
docker.io   docker.io/linuxserver/mysql-workbench                                                         45
docker.io   docker.io/ubuntu/mysql                      MySQL open source fast, stable, multi-thre...     38
docker.io   docker.io/linuxserver/mysql                 A Mysql container, brought to you by Linux...     37
docker.io   docker.io/circleci/mysql                    MySQL is a widely used, open-source relati...     28
docker.io   docker.io/google/mysql                      MySQL server for Google Compute Engine            21                   [OK]
docker.io   docker.io/rapidfort/mysql                   RapidFort optimized, hardened image for MySQL     13
docker.io   docker.io/bitnami/mysqld-exporter                                                             4
docker.io   docker.io/ibmcom/mysql-s390x                Docker image for mysql-s390x                      2
docker.io   docker.io/newrelic/mysql-plugin             New Relic Plugin for monitoring MySQL data...     1                    [OK]
docker.io   docker.io/vitess/mysqlctld                  vitess/mysqlctld                                  1                    [OK]
docker.io   docker.io/cimg/mysql                                                                          0
docker.io   docker.io/corpusops/mysql                   https://github.com/corpusops/docker-images/       0
docker.io   docker.io/docksal/mysql                     MySQL service images for Docksal - https:/...     0
docker.io   docker.io/drud/mysql                                                                          0
docker.io   docker.io/drud/mysql-local-57               ddev mysql local container                        0
docker.io   docker.io/hashicorp/mysql-portworx-demo                                                       0
docker.io   docker.io/mirantis/mysql                                                                      0
docker.io   docker.io/rapidfort/mysql8-ib               RapidFort optimized, hardened image for My...     0
docker.io   docker.io/silintl/mysql-backup-restore      Simple docker image to perform mysql backu...     0                    [OK]
[auru@hadoop103 ~]$
```

图 12.38　查看可用的 mysql 镜像

```
[auru@hadoop103 ~]$ sudo docker images
REPOSITORY                TAG        IMAGE ID        CREATED         SIZE
docker.io/mysql           latest     c2c2eba5ae85    5 days ago      535 MB
docker.io/hello-world     latest     feb5d9fea6a5    13 months ago   13.3 kB
docker.io/training/webapp latest     6fae60ef3446    7 years ago     349 MB
[auru@hadoop103 ~]$
```

图 12.39　查看是否拉取了 mysql 镜像

接通过宿主机的 IP：3306 访问到 MySQL 的服务。

- MYSQL_ROOT_PASSWORD=123456：设置 MySQL 服务中 root 用户的密码。

通过 docker ps 命令查看，发现已经安装成功，如图 12.40 所示。

```
[auru@hadoop103 ~]$ sudo docker ps
CONTAINER ID   IMAGE    COMMAND                  CREATED          STATUS          PORTS                               NAMES
2c064957fe8c   mysql    "docker-entrypoint..."   45 seconds ago   Up 44 seconds   0.0.0.0:3306->3306/tcp, 33060/tcp   mysql-test
[auru@hadoop103 ~]$
```

图 12.40　查看是否成功运行 mysql 容器

使用 docker exec -it mysql-test bash 命令进入容器(或将容器名 mysql-test 替换为容器 ID。如果使用容器名，需要对应 NAMES 下的名称，即 mysql-test)。

进入容器后，本机可以通过登录 root 用户访问 MySQL 服务。命令为 mysql -h localhost -u root -p 或 mysql -u root -p，如图 12.41 所示。

退出 mysql 后，执行 exit 可以退出该容器。

```
bash-4.4# mysql -uroot -p123456
mysql: [Warning] Using a password on the command line interface can be insecure.
Welcome to the MySQL monitor.  Commands end with ; or \g.
Your MySQL connection id is 8
Server version: 8.0.31 MySQL Community Server - GPL

Copyright (c) 2000, 2022, Oracle and/or its affiliates.

Oracle is a registered trademark of Oracle Corporation and/or its
affiliates. Other names may be trademarks of their respective
owners.

Type 'help;' or '\h' for help. Type '\c' to clear the current input statement.

mysql> show databases;
+--------------------+
| Database           |
+--------------------+
| information_schema |
| mysql              |
| performance_schema |
| sys                |
+--------------------+
4 rows in set (0.01 sec)

mysql>
```

图 12.41　使用 mysql 服务

12.3 在云环境下安装 Hadoop

微课视频

12.3.1 实验目的

基于 ECS 云服务器搭建 Hadoop 伪分布式环境，通过运行一个 WordCount 示例程序熟悉 Hadoop 平台的使用。

12.3.2 实验环境

阿里云服务器 ECS(CentOS7.7)。

12.3.3 实验要求

完成伪分布式环境的搭建，并运行 Hadoop 自带的 WordCount 实例检测是否运行正常，并完成实验报告。

12.3.4 实验步骤

1. 连接 ECS 服务器

1) 下载终端工具

Windows 用户：使用 putty 远程登录 ECS 服务器，putty 下载地址如下。

64-bit：https://the.earth.li/～sgtatham/putty/latest/w64/putty.exe。

32-bit：https://the.earth.li/～sgtatham/putty/latest/w32/putty.exe。

Mac 用户：使用系统自带的终端“Terminal”连接 ECS 服务器。

2) 远程登录到 ECS 服务器

双击打开 putty 软件，在“Host Name (or IP address)”中输入 ECS 公网地址，如图 12.42 所示。

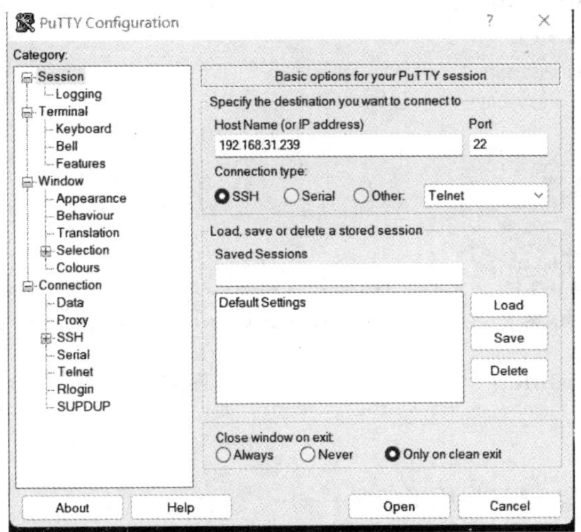

图 12.42 putty 登录 ECS

完成后,单击“Open”。

在弹出的对话框中,输入 ECS 服务器的登录用户名 root,输入 ECS 服务器的登录密码(此处密码不会显示)。

在管理控制台选择登入系统,成功界面显示如图 12.43 所示。

```
Last login: Sat Oct 29 14:48:40 2022 from 10.110.0.2
[bd@hadoop001 ~]$
```

图 12.43 成功登录

2. 安装 JDK

1) 下载

执行如下命令,下载 JDK1.8 安装包:

```
1.  Wget https://download.java.net/openjdk/jdk8u41/ri/openjdk-8u41-b04-linux-x64-14_
    jan_2020.tar.gz
```

2) 解压

执行如下命令,解压下载的 JDK1.8 安装包:

```
1.  tar -zxvf openjdk-8u41-b04-linux-x64-14_jan_2020.tar.gz
```

解压后最后几行的反馈结果如图 12.44 所示。

3) 操作

执行命令 mv java-se-8u41-ri/ /usr/java8,移动并重命名 JDK 包,将目录 java-se-8u41-ri/移动到/usr/java8 中,如图 12.45 所示。

```
java-se-8u41-ri/bin/orbd
java-se-8u41-ri/bin/appletviewer
java-se-8u41-ri/release
java-se-8u41-ri/include/
java-se-8u41-ri/include/linux/
java-se-8u41-ri/include/linux/jawt_md.h
java-se-8u41-ri/include/linux/jni_md.h
java-se-8u41-ri/include/jawt.h
java-se-8u41-ri/include/jvmti.h
java-se-8u41-ri/include/jdwpTransport.h
java-se-8u41-ri/include/classfile_constants.h
java-se-8u41-ri/include/jni.h
java-se-8u41-ri/include/jvmticmlr.h
java-se-8u41-ri/LICENSE
java-se-8u41-ri/ADDITIONAL_LICENSE_INFO
java-se-8u41-ri/lib/
java-se-8u41-ri/lib/ct.sym
java-se-8u41-ri/lib/jexec
java-se-8u41-ri/lib/tools.jar
java-se-8u41-ri/lib/ir.idl
java-se-8u41-ri/lib/jconsole.jar
java-se-8u41-ri/lib/sa-jdi.jar
java-se-8u41-ri/lib/dt.jar
java-se-8u41-ri/lib/amd64/
java-se-8u41-ri/lib/amd64/jli/
java-se-8u41-ri/lib/amd64/jli/libjli.so
java-se-8u41-ri/lib/amd64/libjawt.so
java-se-8u41-ri/lib/orb.idl
java-se-8u41-ri/THIRD_PARTY_README
[bd@hadoop001 softwares]$
```

图 12.44 解压 JDK

```
-rw-r--r--. 1 bd bd   316383 Aug  8 09:50 Solution1.jar
-rw-rw-r--. 1 bd bd  2495897 Dec 30  2020 swftools-2013-04-09-1007.tar.gz
[bd@hadoop001 softwares]$ mv java-se-8u41-ri/ /usr/java8
```

图 12.45 移动 JDK 包

4) 配置

执行如下命令,配置 JAVA 环境变量:

```
1.  echo 'export JAVA_HOME = /usr/java8' >> /etc/profile
2.  echo 'export PATH = $ PATH: $ JAVA_HOME/bin' >> /etc/profile
3.  source /etc/profile
```

5）安装成功

使用 java -version 查看当前的 Java 版本，检查 Java 是否成功安装，若返回 Java 的版本信息，表示 JDK1.8 已经安装成功，如图 12.46 所示。

```
[bd@hadoop001 softwares]$ java -version
java version "1.8.0_144"
Java(TM) SE Runtime Environment (build 1.8.0_144-b01)
Java HotSpot(TM) 64-Bit Server VM (build 25.144-b01, mixed mode)
[bd@hadoop001 softwares]$ 
```

图 12.46　查看 java 版本

3. 安装 Hadoop

1）安装

执行如下命令，安装 Hadoop-3.3.0 版本的安装包：

```
1.  wget https://mirrors.tuna.tsinghua.edu.cn/apache/hadoop/common/hadoop - 3.3.0/hadoop -
3.3.0.tar.gz
```

如果此步有问题，可以从官网复制链接进行下载：https://archive.apache.org/dist/hadoop/common/hadoop-3.3.0/。

2）解压

执行命令 tar -zxvf hadoop-3.3.0.tar.gz -C /opt/，解压 Hadoop 安装包，执行 mv /opt/hadoop-3.3.0 /opt/hadoop 重命名 Hadoop 并移动到/opt/Hadoop 中。

3）配置

执行如下命令配置 Hadoop 环境变量。

```
1.  echo 'export HADOOP_HOME = /opt/hadoop/' >> /etc/profile
2.  echo 'export PATH = $ PATH: $ HADOOP_HOME/bin' >> /etc/profile
3.  echo 'export PATH = $ PATH: $ HADOOP_HOME/sbin' >> /etc/profile
4.  source /etc/profile
```

4）修改

执行如下命令修改配置文件 yarn-env.sh 和 hadoop-env.sh。

```
1.  echo "export JAVA_HOME = /usr/java8" >> /opt/hadoop/etc/hadoop/yarn - env.sh
2.  echo "export JAVA_HOME = /usr/java8" >> /opt/hadoop/etc/hadoop/hadoop - env.sh
```

5）测试

执行 hadoop version 查看 Hadoop 版本，测试 Hadoop 是否安装成功。

返回信息如图 12.47 所示，证明安装成功。

```
[bd@hadoop001 softwares]$ hadoop version
Hadoop 3.3.0
Source code repository https://github.com/apache/hadoop.git -r 1e877761e8dadd71effef30e592368f7fe66a61b
Compiled by gabota on 2020-07-21T08:05Z
Compiled with protoc 2.5.0
From source with checksum 38405c63945c88fdf7a6fe391494799b
This command was run using /opt/module/hadoop/share/hadoop/common/hadoop-common-3.3.0.jar
```

图 12.47　查看 hadoop 版本

4. 配置 Hadoop

1) 修改配置文件 core-site. xml

使用 vim 修改 Hadoop 配置文件 core-site. xml：vim /opt/hadoop/etc/hadoop/core-site. xml，进入编辑界面，在< configuration > </configuration >间插入以下内容，并且保存退出，如图 12.48 所示。

```
1.  <property>
2.      <name>hadoop.tmp.dir</name>
3.      <value>file:/opt/hadoop/tmp</value>
4.      <description>location to store temporary files</description>
5.  </property>
6.  <property>
7.      <name>fs.defaultFS</name>
8.      <value>hdfs://localhost:9000</value>
9.  </property>
```

```
<!-- Put site-specific property overrides in this file. -->

<configuration>

        <!-- 指定NameNode的地址 -->
        <property>
                <name>fs.defaultFS</name>
                <value>hdfs://hadoop001:9000</value>
        </property>

        <!-- 指定hadoop数据的存储目录 -->
        <property>
                <name>hadoop.tmp.dir</name>
                <value>/opt/module/hadoop/data</value>
        </property>

        <!-- 配置HDFS网页登录使用的静态用户为bd -->
        <property>
                <name>hadoop.http.staticuser.user</name>
                <value>bd</value>
        </property>

        <!-- 配置该bd(superUser)允许通过代理访问的主机节点 -->
        <property>
                <name>hadoop.proxyuser.bd.hosts</name>
                <value>*</value>
        </property>

-- INSERT --
```

图 12.48 core-site

各配置变量的含义如下。

- hadoop. tmp. dir 是 Hadoop 文件系统依赖的基础配置，很多路径都依赖它。如果 hdfs-site. xml 中不配置 NameNode 和 DataNode 的存放位置，默认就放在这个路径中。
- fs. default. name 是一个描述集群中 NameNode 结点的 URI(包括协议、主机名称、端口号)，集群里面的每一台机器都需要知道 NameNode 的地址。DataNode 结点会先在 NameNode 上注册，这样它们的数据才可以被使用。独立的客户端程序通过这个 URI 跟 DataNode 交互，以取得文件的块列表。HDFS 和 MapReduce 组件都需要它，这就是它出现在 core-site. xml 文件中而不是 hdfs-site. xml 文件中的原因。

2）修改配置文件 hdfs-site. xml

使用 vim 修改 Hadoop 配置文件 hdfs-site. xml：vim /opt/hadoop/etc/hadoop/hdfs-site. xml，进入编辑界面，在< configuration > </configuration >间插入以下内容，并且保存退出，如图 12.49 所示。

```
1.  <property>
2.      <name>dfs.replication</name>
3.      <value>1</value>
4.  </property>
5.  <property>
6.      <name>dfs.namenode.name.dir</name>
7.      <value>file:/opt/hadoop/tmp/dfs/name</value>
8.  </property>
9.  <property>
10.     <name>dfs.datanode.data.dir</name>
11.     <value>file:/opt/hadoop/tmp/dfs/data</value>
12. </property>
```

```
  distributed under the License is distributed on an "AS IS" BASIS,
  WITHOUT WARRANTIES OR CONDITIONS OF ANY KIND, either express or implied.
  See the License for the specific language governing permissions and
  limitations under the License. See accompanying LICENSE file.
-->

<!-- Put site-specific property overrides in this file. -->

<configuration>

        <!-- nn web端访问地址-->
        <property>
                <name>dfs.namenode.http-address</name>
                <value>hadoop001:9870</value>
        </property>

        <!-- 2nn web端访问地址-->
        <property>
                <name>dfs.namenode.secondary.http-address</name>
                <value>hadoop004:9868</value>
        </property>

        <!-- 测试环境指定HDFS副本的数量1 -->
        <property>
                <name>dfs.replication</name>
                <value>1</value>
        </property>

</configuration>
```

图 12.49　hdfs-site

各配置变量的含义如下。

- dfs. namenode. name. dir 是 NameNode 结点存储 Hadoop 文件系统信息的本地系统路径。这个值只对 NameNode 有效，DataNode 并不需要使用到它。
- dfs. datanode. data. dir 是 DataNode 节点被指定要存储数据的本地文件系统路径。DataNode 节点上的这个路径没有必要完全相同，因为每台机器的环境很可能是不一样的。但如果每台机器上的这个路径都是统一配置的话，会使工作变得简单一些。默认的情况下，它的值为 hadoop. tmp. dir，这个路径只能用于测试的目的，因为，它很可能会丢失掉一些数据，所以，这个值最好还是被覆盖。
- dfs. replication 决定着系统里面的文件块的数据备份个数。对于一个实际的应用，它应该被设为 3(这个数字并没有上限，但更多的备份可能并没有作用，而且会占用更多的空间)。少于 3 个的备份，可能会影响到数据的可靠性(系统故障时，也许会造成数据丢失)。在单机和单机伪分布模式下,将此值修改为 1。

3) 修改 start-dfs. sh 和 stop-dfs. sh

修改 start-dfs. sh 和 stop-dfs. sh 文件:在/opt/hadoop/sbin 目录下找到 start-dfs. sh 和 stop-dfs. sh 两个文件,在文件顶部添加以下内容,如图 12.50 和图 12.51 所示。

```
1.  HDFS_DATANODE_USER = root
2.  HADOOP_SECURE_DN_USER = hdfs
3.  HDFS_NAMENODE_USER = root
4.  HDFS_SECONDARYNAMENODE_USER = root
```

```
HDFS_DATANODE_USER=root
HADOOP_SECURE_DN_USER=hdfs
HDFS_NAMENODE_USER=root
HDFS_SECONDARYNAMENODE_USER=root
#!/usr/bin/env bash

# Licensed to the Apache Software Foundation (ASF) under one or more
# contributor license agreements.  See the NOTICE file distributed with
# this work for additional information regarding copyright ownership.
# The ASF licenses this file to You under the Apache License, Version 2.0
# (the "License"); you may not use this file except in compliance with
# the License.  You may obtain a copy of the License at
#
#     http://www.apache.org/licenses/LICENSE-2.0
#
# Unless required by applicable law or agreed to in writing, software
# distributed under the License is distributed on an "AS IS" BASIS,
# WITHOUT WARRANTIES OR CONDITIONS OF ANY KIND, either express or implied.
# See the License for the specific language governing permissions and
# limitations under the License.


# Start hadoop dfs daemons.
# Optinally upgrade or rollback dfs state.
# Run this on master node.

## startup matrix:
#
# if $EUID != 0, then exec
-- INSERT --
```

图 12.50 start-dfs

```
HDFS_DATANODE_USER=root
HADOOP_SECURE_DN_USER=hdfs
HDFS_NAMENODE_USER=root
HDFS_SECONDARYNAMENODE_USER=root
#!/usr/bin/env bash

# Licensed to the Apache Software Foundation (ASF) under one or more
# contributor license agreements.  See the NOTICE file distributed with
# this work for additional information regarding copyright ownership.
# The ASF licenses this file to You under the Apache License, Version 2.0
# (the "License"); you may not use this file except in compliance with
# the License.  You may obtain a copy of the License at
#
#     http://www.apache.org/licenses/LICENSE-2.0
#
# Unless required by applicable law or agreed to in writing, software
# distributed under the License is distributed on an "AS IS" BASIS,
# WITHOUT WARRANTIES OR CONDITIONS OF ANY KIND, either express or implied.
# See the License for the specific language governing permissions and
# limitations under the License.


# Stop hadoop dfs daemons.
# Run this on master node.

## @description  usage info
## @audience     private
## @stability    evolving
## @replaceable  no
-- INSERT --
```

图 12.51 stop-hdfs

4）修改 start-yarn. sh 和 stop-yarn. sh

修改 start-yarn. sh 和 stop-yarn. sh 文件：在/opt/hadoop/sbin 目录下找到 start-yarn. sh 和 stop-yarn. sh 两个文件，在文件顶部添加以下内容：

```
1.   YARN_RESOURCEMANAGER_USER = root
2.   HADOOP_SECURE_DN_USER = yarn
3.   YARN_NODEMANAGER_USER = root
```

经过步骤 3)和 4)后，就可以实现以 root 身份启动 Hadoop。

5. 配置 SSH 免密登录

执行命令 ssh-keygen -t rsa，创建公钥和私钥，如图 12.52 所示。要想实现免密功能，直接连续点击 3 次回车：

执行以下命令，将公钥添加到 authorized_keys 文件中。

```
1.   cd .ssh
2.   cat id_rsa.pub >> authorized_keys
```

```
[root@hadoop001 wget]# vi /etc/hosts
[root@hadoop001 wget]# ssh-keygen -t rsa
Generating public/private rsa key pair.
Enter file in which to save the key (/root/.ssh/id_rsa):
Created directory '/root/.ssh'.
Enter passphrase (empty for no passphrase):
Enter same passphrase again:
Your identification has been saved in /root/.ssh/id_rsa.
Your public key has been saved in /root/.ssh/id_rsa.pub.
The key fingerprint is:
SHA256:4rPrpFNWIxbl8wcA5wMJ4H0icpIh3FI6bAETLrxz26M root@hadoop001
The key's randomart image is:
+---[RSA 2048]----+
|Oo+o..o++        |
|=Boo  o= .       |
|=B= o ..= .      |
|o+o. oo o+ .     |
| o . ..oS.. .    |
|  o o.o.    .    |
|   . =+          |
|    oo.o         |
|   E.o+.         |
+----[SHA256]-----+
[root@hadoop001 wget]# 
```

图 12.52　创建公钥和私钥

6. 启动 Hadoop

1）初始化 namenode

执行命令 hdfs namenode -format 初始化 namenode。

2）启动 Hadoop

依次执行命令 start-dfs. sh 和 start-yarn. sh，启动 Hadoop。

3）启动成功

执行 jps 命令查看已启动的进程，显示如图 12.53 所示的进程，表明 Hadoop 启动成功。

```
[bd@hadoop001 ~]$ jps
107173 DataNode
43048 Jps
106940 NameNode
119855 NodeManager
69432 ResourceManager
```

图 12.53　查看 java 进程

4）查看 Hadoop 的 Web 页面

根据自己的服务器公网 IP，打开浏览器访问 http:// 公网 IP：

8088 和 http://公网 IP：9870，查看 Hadoop 的 Web 页面，如图 12.54 和 12.55 所示。

- 8088 端口(访问 MR 执行情况端口)：

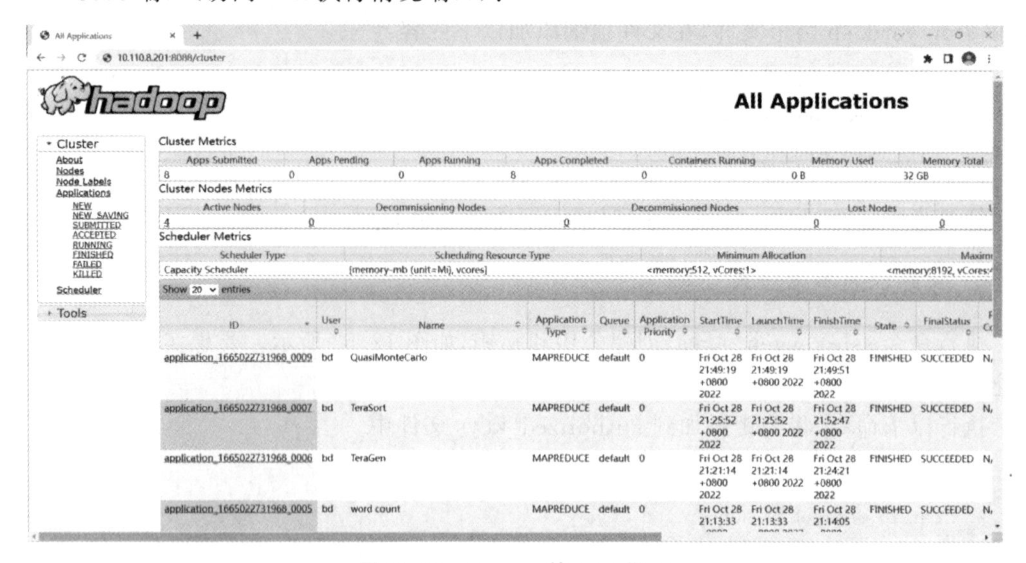

图 12.54　Hadoop 的 Web 界面

- 9870 端口(HDFS 端口)：

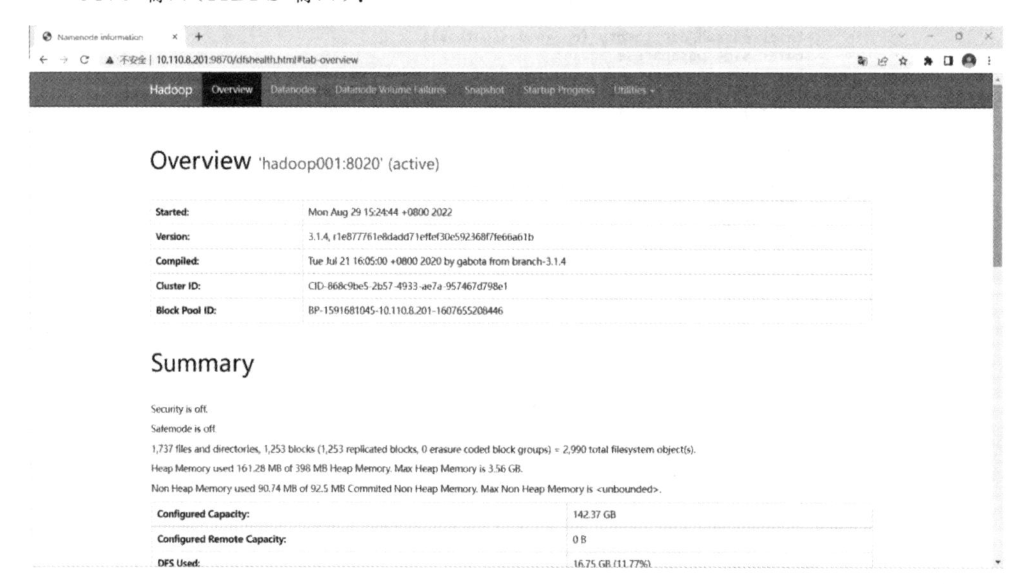

图 12.55　HDFS 页面

7. 运行 Hadoop 自带的 WordCount 实例检测是否运行正常

1) 建立目录

在 hdfs 根目录下建立一个目录 test：

```
1.   hadoop fs - mkdir /test
2.   hadoop fs - ls /
```

2）上传测试文件

把测试文件 README. txt 从本地上传到 hdfs 的 test 目录下，如图 12. 56 所示。

```
1.  cd /opt/hadoop
2.  hadoop fs  - put README. txt /test
3.  hadoop fs  - ls /test
```

```
[bd@hadoop001 softwares]$ hadoop fs -put /opt/module/hadoop/README.txt /test
[bd@hadoop001 softwares]$ hadoop fs -ls /test
Found 1 items
-rw-r--r--   1 bd supergroup       1366 2022-10-30 09:56 /test/README.txt
[bd@hadoop001 softwares]$ 
```

图 12. 56　上传测试文件

3）运行示例程序

运行示例程序 wordcount，将计算结果存入/out 目录（out 为自定的输出结果目录的名字），如图 12. 57 所示。

```
1.  hadoop jar share/hadoop/mapreduce/hadoop - mapreduce - examples - 3. 3. 0. jar wordcount /
test /out
```

注意：如果此时出现内存不够、无法分配内存的报错信息，可以首先进行内存空间的释放。先执行命令 free -m 查看当前内存使用情况，之后可以根据需要分别进行如下内存资源的释放：

sync; echo 1 > /proc/sys/vm/drop_caches，只清除页面缓存；

sync; echo 2 > /proc/sys/vm/drop_caches，清除目录项和 inode；

sync; echo 3 > /proc/sys/vm/drop_caches，清除页面缓存、目录项和节点。

再次执行命令"free -m"可以查看到相比较清理之前，可用内存增加。此时再次运行 wordcount 程序（注意需要输出到之前不存在的文件夹中）。

```
[bd@hadoop001 softwares]$ hadoop jar /opt/module/hadoop/share/hadoop/mapreduce/hadoop-mapreduce-examples-3.1.4.jar wordcount /tes
t /test/out
2022-10-30 09:58:11,472 INFO client.RMProxy: Connecting to ResourceManager at hadoop002/10.110.8.202:8032
2022-10-30 09:58:13,257 INFO mapreduce.JobResourceUploader: Disabling Erasure Coding for path: /tmp/hadoop-yarn/staging/bd/.stagi
ng/job_1665022731968_0010
2022-10-30 09:58:13,865 INFO input.FileInputFormat: Total input files to process : 1
2022-10-30 09:58:13,900 INFO lzo.GPLNativeCodeLoader: Loaded native gpl library from the embedded binaries
2022-10-30 09:58:13,907 INFO lzo.LzoCodec: Successfully loaded & initialized native-lzo library [hadoop-lzo rev 5dbdddb8cfb544e58
b4e0b9664b9d1b66657faf5]
2022-10-30 09:58:14,142 INFO mapreduce.JobSubmitter: number of splits:1
2022-10-30 09:58:14,559 INFO mapreduce.JobSubmitter: Submitting tokens for job: job_1665022731968_0010
2022-10-30 09:58:14,563 INFO mapreduce.JobSubmitter: Executing with tokens: []
2022-10-30 09:58:15,099 INFO conf.Configuration: resource-types.xml not found
2022-10-30 09:58:15,100 INFO resource.ResourceUtils: Unable to find 'resource-types.xml'.
2022-10-30 09:58:15,305 INFO impl.YarnClientImpl: Submitted application application_1665022731968_0010
2022-10-30 09:58:15,429 INFO mapreduce.Job: The url to track the job: http://hadoop002:8088/proxy/application_1665022731968_0010/
2022-10-30 09:58:15,530 INFO mapreduce.Job: Running job: job_1665022731968_0010
```

图 12. 57　运行示例

4）查看结果

在 out 目录下查看结果。

```
1.  hadoop fs  - ls /out
2.  hadoop fs  - cat /out/part - r - 00000
```

实例运行成功，实验完成。

12.4 基于云服务器ECS搭建云上博客系统

12.4.1 实验目的

熟悉ECS使用方法。
熟悉使用PHP语言开发博客平台WordPress。

12.4.2 实验环境

基于CentOS的ECS(云服务器)实例:
Apache 2.4.6;
MySQL5.7;
PHP 7.4.9。

12.4.3 实验要求

搭建完整的WordPress博客系统,有博客的基本功能。

12.4.4 实验步骤

1. 连接ECS服务器

1) 打开终端工具
打开系统自带的终端工具。Windows: CMD或Powershell。
2) 连接
在终端中输入连接命令ssh [username]@[ipaddress]。其中,username为root用户,ipaddress为弹性IP。
3) 输入yes。
4) 登录
同意继续后将会提示输入登录密码,密码为已创建的云服务的ECS的登录密码。
5) 登录成功
登录成功信息如图12.58所示。

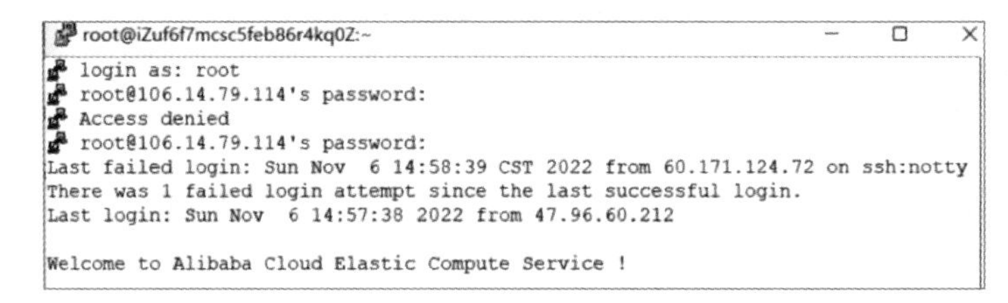

图12.58 登录ECS服务器

2. 安装实验环境

1）安装 Apache

执行以下命令，安装 Apache，如图 12.59 所示。

```
1.  yum install httpd -y
```

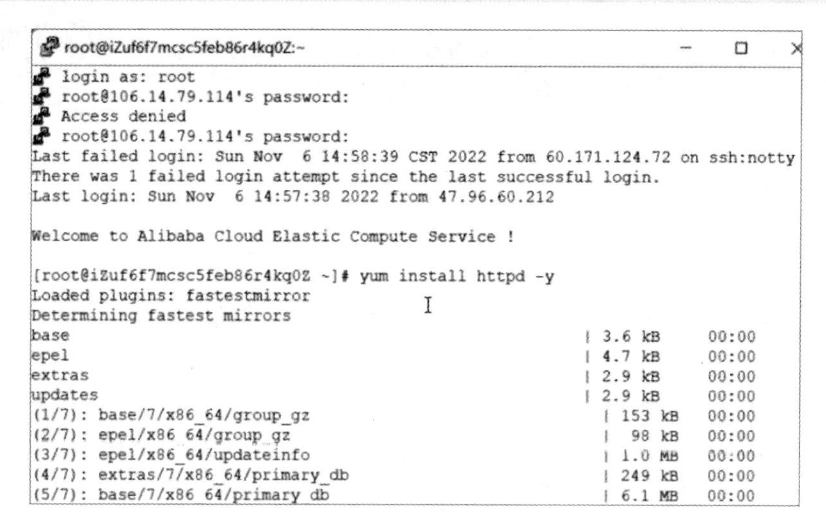

图 12.59　安装 Apache

依次执行以下命令，启动 Apache 并设置为开机自启动。

```
1.  systemctl start httpd
2.  systemctl enable httpd
```

在本地浏览器中访问以下地址，查看 Apache 服务是否正常运行。

```
1.  http://云服务器实例的公网 IP
```

显示如图 12.60 所示，则说明 Apache 安装成功：

2）安装 MySQL

```
1.  wget http://repo.mysql.com/mysql-community-release-el7-5.noarch.rpm
```

下载安装包文件。安装 mysql-community-release-el7-5.noarch.rpm 包。

```
1.  rpm -ivh mysql-community-release-el7-5.noarch.rpm
```

查看可用的 mysql 安装文件，如图 12.61 所示。

```
1.  yum repolist all | grep mysql
```

安装 mysql，如图 12.62 所示。

```
1.  yum install mysql-server
```

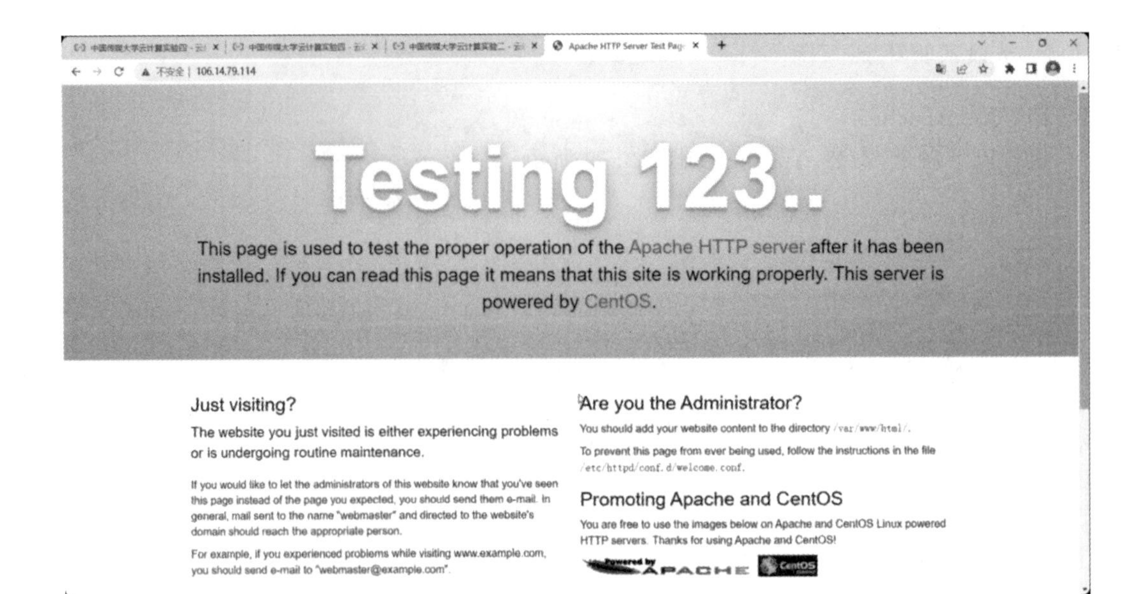

图 12.60　Apache 测试页面

```
100%[=======================================>] 6,140       --.-K/s   in 0s

2022-11-06 15:00:09 (374 MB/s) - 'mysql-community-release-el7-5.noarch.rpm' save
d [6140/6140]

[root@iZuf6f7mcsc5feb86r4kq0Z ~]# rpm -ivh mysql-community-release-el7-5.noarch.
rpm
Preparing...                          ################################# [100%]
Updating / installing...
   1:mysql-community-release-el7-5    ################################# [100%]
[root@iZuf6f7mcsc5feb86r4kq0Z ~]# yum repolist all | grep mysql
mysql-connectors-community/x86_64 MySQL Connectors Community     enabled:    206
mysql-connectors-community-source MySQL Connectors Community - S disabled
mysql-tools-community/x86_64      MySQL Tools Community          enabled:     94
mysql-tools-community-source      MySQL Tools Community - Source disabled
mysql55-community/x86_64          MySQL 5.5 Community Server     disabled
mysql55-community-source          MySQL 5.5 Community Server - S disabled
mysql56-community/x86_64          MySQL 5.6 Community Server     enabled:    581
mysql56-community-source          MySQL 5.6 Community Server - S disabled
mysql57-community-dmr/x86_64      MySQL 5.7 Community Server Dev disabled
mysql57-community-dmr-source      MySQL 5.7 Community Server Dev disabled
[root@iZuf6f7mcsc5feb86r4kq0Z ~]#
```

图 12.61　查看可用的 mysql 安装文件

```
Package                     Arch     Version              Repository          Size
==================================================================================
Installing:
mysql-community-libs        x86_64   5.6.51-2.el7         mysql56-community  2.2 M
    replacing  mariadb-libs.x86_64 1:5.5.64-1.el7
mysql-community-server      x86_64   5.6.51-2.el7         mysql56-community   67 M
Installing for dependencies:
libaio                      x86_64   0.3.109-13.el7       base                24 k
mysql-community-client      x86_64   5.6.51-2.el7         mysql56-community   21 M
mysql-community-common      x86_64   5.6.51-2.el7         mysql56-community  287 k
perl-Compress-Raw-Bzip2     x86_64   2.061-3.el7          base                32 k
perl-Compress-Raw-Zlib      x86_64   1:2.061-4.el7        base                57 k
perl-DBI                    x86_64   1.627-4.el7          base               802 k
perl-Data-Dumper            x86_64   2.145-3.el7          base                47 k
perl-IO-Compress            noarch   2.061-2.el7          base               260 k
perl-Net-Daemon             noarch   0.48-5.el7           base                51 k
perl-PlRPC                  noarch   0.2020-14.el7        base                36 k

Transaction Summary
==================================================================================
Install  2 Packages (+10 Dependent packages)
```

图 12.62　安装 mysql

启动数据库、查看状态。

3）安装配置 PHP

依次执行以下命令，更新 yum 中 PHP 的软件源。

```
1.  rpm - Uvh https://mirrors.cloud.tencent.com/epel/epel - release - latest - 7.noarch.rpm
2.  rpm - Uvh https://mirror.webtatic.com/yum/el7/webtatic - release.rpm
```

执行以下命令，安装 PHP 7.0.33 所需要的包。

```
1.   yum - y install php70w php70w - opcache php70w - mbstring php70w - gd php70w - xml
php70wpear php70w - fpm php70w - mysql php70w - pdo
```

执行以下命令，修改 Apache 配置文件。

```
1.  vi /etc/httpd/conf/httpd.conf
```

按“i”切换至编辑模式，并依次修改以下内容。

在 ServerName www.example.com：80 下另起一行，输入以下内容，如图 12.63 所示。

```
1.  ServerName localhost:80
```

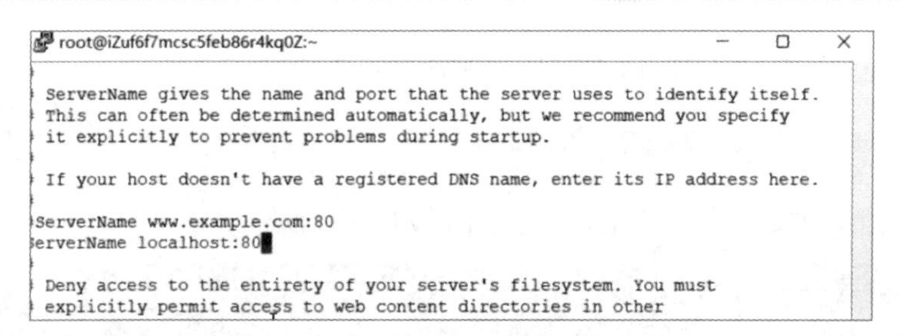

图 12.63　修改配置文件

将 Require all denied 修改为 Require all granted，如图 12.64 所示。

将< IfModule dir_module >中内容替换为 DirectoryIndex index.php index.html，如图 12.65 所示。

```
<Directory />
    AllowOverride none
    Require all granted
</Directory>
```

图 12.64　修改配置文件

```
<IfModule dir_module>
    DirectoryIndex index.php index.html

</IfModule>
```

图 12.65　修改配置文件

在 AddType application/x-gzip .gz .tgz 下另起一行，输入以下内容，如图 12.66 所示。

```
1.  AddType application/x - httpd - php .php
2.  AddType application/x - httpd - php - source .phps
3.  AddType application/x - httpd - php - source .phps
```

按“Esc”，输入“:wq”，保存文件并返回。执行以下命令，重启 Apache 服务。

```
1.  systemctl restart httpd
```

```
root@iZuf6f7mcsc5feb86r4kq0Z:~
<IfModule mime_module>
    #
    # TypesConfig points to the file containing the list of mappings from
    # filename extension to MIME-type.
    #
    TypesConfig /etc/mime.types

    #
    # AddType allows you to add to or override the MIME configuration
    # file specified in TypesConfig for specific file types.
    #
    #AddType application/x-gzip .tgz
    #
    # AddEncoding allows you to have certain browsers uncompress
    # information on the fly. Note: Not all browsers support this.
    #
    #AddEncoding x-compress .Z
    #AddEncoding x-gzip .gz .tgz
    AddType application/x-httpd-php .php
    AddType application/x-httpd-php-source .phps
    AddType application/x-httpd-php-source .phps
    # If the AddEncoding directives above are commented-out, then you
    # probably should define those extensions to indicate media types:
:WQ
```

图 12.66　修改配置文件

4) 验证配置环境

执行以下命令,创建测试文件。

```
1.  echo "<?php phpinfo(); ?>" >> /var/www/html/index.ph
```

在本地浏览中访问以下地址,查看环境配置是否成功。

```
1.  http://云服务器实例的公网 IP/index.php
```

如果显示结果如图 12.67 所示,则说明 LAMP 环境配置成功。

PHP Version 7.0.33　php

System	Linux iZuf6f7mcsc5feb86r4kq0Z 3.10.0-1062.18.1.el7.x86_64 #1 SMP Tue Mar 17 23:49:17 UTC 2020 x86_64
Build Date	Dec 6 2018 22:31:47
Server API	Apache 2.0 Handler
Virtual Directory Support	disabled
Configuration File (php.ini) Path	/etc
Loaded Configuration File	/etc/php.ini
Scan this dir for additional .ini files	/etc/php.d
Additional .ini files parsed	/etc/php.d/bz2.ini, /etc/php.d/calendar.ini, /etc/php.d/ctype.ini, /etc/php.d/curl.ini, /etc/php.d/dom.ini, /etc/php.d/exif.ini, /etc/php.d/fileinfo.ini, /etc/php.d/ftp.ini, /etc/php.d/gd.ini, /etc/php.d/gettext.ini, /etc/php.d/gmp.ini, /etc/php.d/iconv.ini, /etc/php.d/json.ini, /etc/php.d/mbstring.ini, /etc/php.d/mysqli.ini, /etc/php.d/opcache.ini, /etc/php.d/pdo.ini, /etc/php.d/pdo_mysql.ini, /etc/php.d/pdo_sqlite.ini, /etc/php.d/phar.ini, /etc/php.d/shmop.ini, /etc/php.d/simplexml.ini, /etc/php.d/sockets.ini, /etc/php.d/sqlite3.ini, /etc/php.d/tokenizer.ini, /etc/php.d/xml.ini, /etc/php.d/xml_wddx.ini, /etc/php.d/xmlreader.ini, /etc/php.d/xmlwriter.ini, /etc/php.d/xsl.ini, /etc/php.d/zip.ini
PHP API	20151012
PHP Extension	20151012
Zend Extension	320151012
Zend Extension Build	API320151012,NTS
PHP Extension Build	API20151012,NTS
Debug Build	no
Thread Safety	disabled
Zend Signal Handling	disabled
Zend Memory Manager	enabled
Zend Multibyte Support	provided by mbstring
IPv6 Support	enabled
DTrace Support	available, disabled
Registered PHP Streams	https, ftps, compress.zlib, php, file, glob, data, http, ftp, compress.bzip2, phar, zip

图 12.67　索引页

3. 安装 WordPress 中文版

1）安装 WordPress

执行以下命令，获取 WordPress 中文安装包。因为是从官网拉取安装包，速度稍慢，耐心等待即可。

```
1.  wget https://cn.wordpress.org/latest-zh_CN.tar.gz
```

执行以下命令，解压。

```
1.  tar -zxvf latest-zh_CN.tar.gz
```

执行以下命令，移动 WordPress 到 Apache 根目录。

```
1.  mkdir /var/www/html/wp-blog
2.  mv wordpress/* /var/www/html/wp-blog/
```

2）初始化 WordPress

执行以下命令，查看 wp-config-sample.php 文件。

```
1.  cat -n /var/www/html/wp-blog/wp-config-sample.php
```

由图 12.68 可以看出，需要手动复制并配置 WordPress。

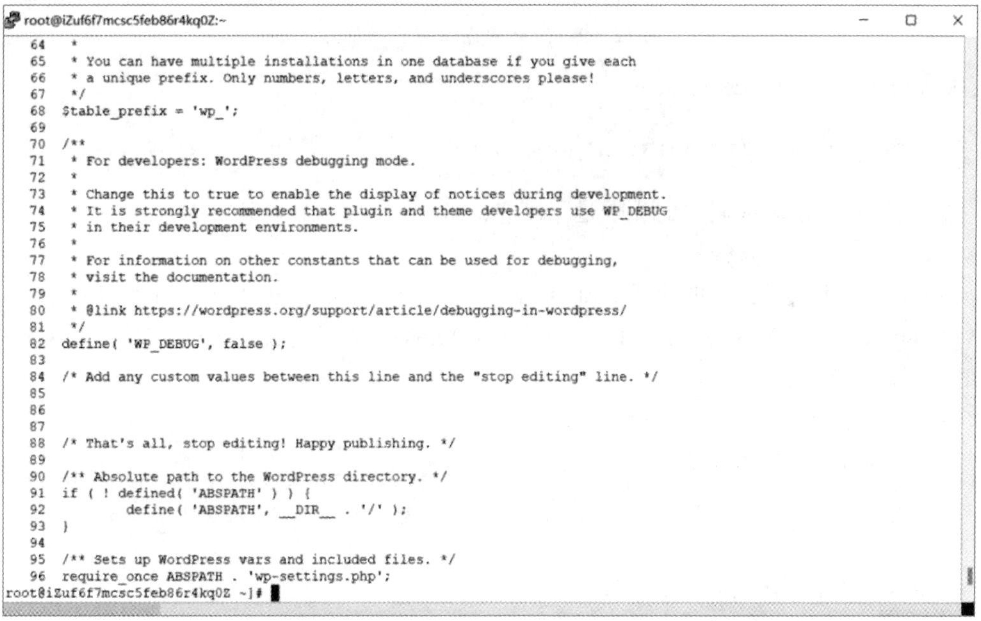

```
root@iZuf6f7mcsc5feb86r4kq0Z:~
    64   *
    65   * You can have multiple installations in one database if you give each
    66   * a unique prefix. Only numbers, letters, and underscores please!
    67   */
    68  $table_prefix = 'wp_';
    69
    70  /**
    71   * For developers: WordPress debugging mode.
    72   *
    73   * Change this to true to enable the display of notices during development.
    74   * It is strongly recommended that plugin and theme developers use WP_DEBUG
    75   * in their development environments.
    76   *
    77   * For information on other constants that can be used for debugging,
    78   * visit the documentation.
    79   *
    80   * @link https://wordpress.org/support/article/debugging-in-wordpress/
    81   */
    82  define( 'WP_DEBUG', false );
    83
    84  /* Add any custom values between this line and the "stop editing" line. */
    85
    86
    87
    88  /* That's all, stop editing! Happy publishing. */
    89
    90  /** Absolute path to the WordPress directory. */
    91  if ( ! defined( 'ABSPATH' ) ) {
    92          define( 'ABSPATH', __DIR__ . '/' );
    93  }
    94
    95  /** Sets up WordPress vars and included files. */
    96  require_once ABSPATH . 'wp-settings.php';
root@iZuf6f7mcsc5feb86r4kq0Z ~]#
```

图 12.68　php 文件

配置过程如下：

a. 进入 WordPress 目录。

```
1.  cd /var/www/html/wp-blog/
```

b. 复制模板文件为配置文件。

```
1.  cp wp - config - sample.php wp - config.php
```

c. 启动数据库并查看其状态。如图 12.69 所示。

```
1.  systemctl start mysqld.service
2.  systemctl status mysqld.service
```

```
[root@iZuf6f7mcsc5feb86r4kq0Z ~]# cd /var/www/html/wp-blog/
[root@iZuf6f7mcsc5feb86r4kq0Z wp-blog]# cp wp-config-sample.php wp-config.php
[root@iZuf6f7mcsc5feb86r4kq0Z wp-blog]# systemctl start mysqld.service
[root@iZuf6f7mcsc5feb86r4kq0Z wp-blog]# systemctl status mysqld.service
● mysqld.service - MySQL Community Server
   Loaded: loaded (/usr/lib/systemd/system/mysqld.service; enabled; vendor preset: disabled)
   Active: active (running) since Sun 2022-11-06 15:12:26 CST; 5s ago
  Process: 2115 ExecStartPost=/usr/bin/mysql-systemd-start post (code=exited, status=0/SUCCESS)
  Process: 2055 ExecStartPre=/usr/bin/mysql-systemd-start pre (code=exited, status=0/SUCCESS)
 Main PID: 2114 (mysqld_safe)
    Tasks: 23
   Memory: 220.7M
   CGroup: /system.slice/mysqld.service
           ├─2114 /bin/sh /usr/bin/mysqld_safe --basedir=/usr
           └─2281 /usr/sbin/mysqld --basedir=/usr --datadir=/var/lib/mysql --plugin-dir=/usr/lib64/mysql/plugin --log...

Nov 06 15:12:24 iZuf6f7mcsc5feb86r4kq0Z mysql-systemd-start[2055]: 2022-11-06 15:12:24 2091 [Note] InnoDB: Startin......
Nov 06 15:12:25 iZuf6f7mcsc5feb86r4kq0Z mysql-systemd-start[2055]: 2022-11-06 15:12:25 2091 [Note] InnoDB: Shutdow...987
Nov 06 15:12:25 iZuf6f7mcsc5feb86r4kq0Z mysql-systemd-start[2055]: PLEASE REMEMBER TO SET A PASSWORD FOR THE MySQL...R !
Nov 06 15:12:25 iZuf6f7mcsc5feb86r4kq0Z mysql-systemd-start[2055]: To do so, start the server, then issue the foll...ds:
Nov 06 15:12:25 iZuf6f7mcsc5feb86r4kq0Z mysql-systemd-start[2055]: /usr/bin/mysqladmin -u root password 'new-password'
Nov 06 15:12:25 iZuf6f7mcsc5feb86r4kq0Z mysql-systemd-start[2055]: /usr/bin/mysqladmin -u root -h iZuf6f7mcsc5feb8...rd'
Nov 06 15:12:25 iZuf6f7mcsc5feb86r4kq0Z mysql-systemd-start[2055]: Alternatively you can run:
Nov 06 15:12:26 iZuf6f7mcsc5feb86r4kq0Z mysqld_safe[2114]: 221106 15:12:26 mysqld_safe Logging to '/var/log/mysqld.log'.
Nov 06 15:12:26 iZuf6f7mcsc5feb86r4kq0Z mysqld_safe[2114]: 221106 15:12:26 mysqld_safe Starting mysqld daemon wit...ysql
Nov 06 15:12:26 iZuf6f7mcsc5feb86r4kq0Z systemd[1]: Started MySQL Community Server.
Hint: Some lines were ellipsized, use -l to show in full.
[root@iZuf6f7mcsc5feb86r4kq0Z wp-blog]# █
```

图 12.69　启动数据库并查看状态

d. 查看数据库登录密码。

```
1.  grep "password" /var/log/mysqld.log
```

若获取不到初始密码，可以通过 mysqld_safe--user=mysql--skip-grant-tabls--skip-networking& 跳过初始密码。

将窗口处于阻塞状态，重新开个窗口，输入：mysql-uroot-p 进入 mysql 服务器中。

再通过 UPDATE user SET Password=PASSWORD('newoassword') wjere user='root'设置新的密码。

下次通过新密码登录 mysql 数据库。

e. 输入临时密码，登录数据库。

```
1.  mysql  - uroot  - p
```

f. 修改数据库密码、创建数据库并退出。

```
1.  ALTER USER 'root'@'localhost' IDENTIFIED BY 'NewPassWord1.';
```

其中 NewPassWord1. 为新密码，新密码设置的时候如果设置得过于简单会报错，必须同时包含大小写英文字母、数字和特殊符号中的 3 类字符。

```
2.  create database wordpress;
3.  show databases;
4.  exit
```

g. 修改配置文件中的数据库名、用户名、密码。

```
1.  sed - i 's/wordpress/wordpress/' /var/www/html/wp - blog/wp - config. php
2.  sed - i 's/root/root/' /var/www/html/wp - blog/wp - config. php
3.  sed - i 's/NewPassWord1. /NewPassWord1. /' /var/www/html/wp - blog/wp - config. php
```

如果上述 3 个命令无法将数据库名、用户名、密码设置到配置文件中，可以通过手动命令 Vi /var/www/html/wp-config. php 对配置文件中的 DB_NAME DB_USER DB_PASSWORD 进行修改然后保存。

h. 执行以下命令，查看配置文件是否修改成功。

```
1.  cat - n /var/www/html/wp - blog/wp - config. php
```

配置完成后，启动 Apache 服务器。

```
1.  systemctl start httpd
```

浏览器访问 http://< ECS 公网 IP >/wp-blog/wp-admin/install. php 完成 WordPress 初始化配置，其中，ESC 公网 IP 就是弹性 IP。如图 12.70 所示。

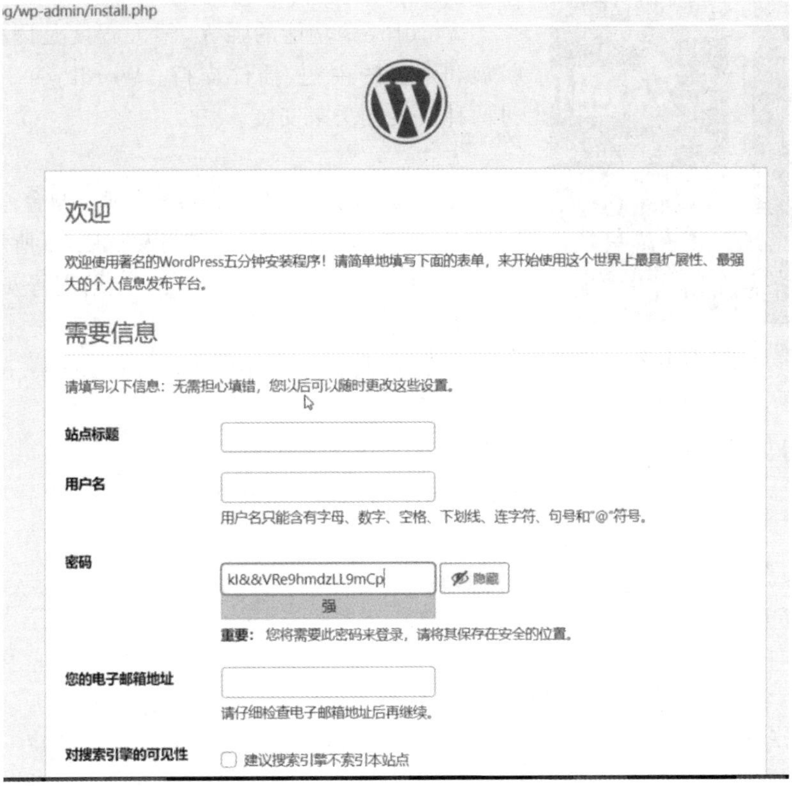

图 12.70　WordPress 初始化页面

访问 http://< ECS 公网 IP >/wp-blog/wp-admin/index.php 登录 WordPress 管理控制台。如图 12.71 所示。

图 12.71　WordPress 管理控制台

图 12.72　修改主题

4. 自定义站点主题

WordPress 功能的强大，很大程度是因为它良好的扩展和众多的主题、插件支持。WordPress 一般可以通过两种安装方法来安装。

方式一：

a. 浏览器访问 WordPress 管理控制台。

b. 依次单击外观>主题，如图 12.72 所示。

c. 单击添加。选择您喜欢的主题进行安装。

方式二：

a. 浏览器访问 https://cn.wordpress.org/themes/进入 WordPress 主题列表页，如图 12.73 所示。

b. 单击功能过滤。

c. 在布局列勾选一栏，特色列勾选无障碍友好，主题列勾选博客，然后单击应用过滤器。

d. 选择您喜欢的主题，例如 neve。

e. 右键单击下载，然后单击复制链接地址。

f. 连接 ECS 服务器。

g. 在命令行中，执行以下命令，下载并安装主题。

首先进入 WordPress 主题目录，如图 12.74 所示。

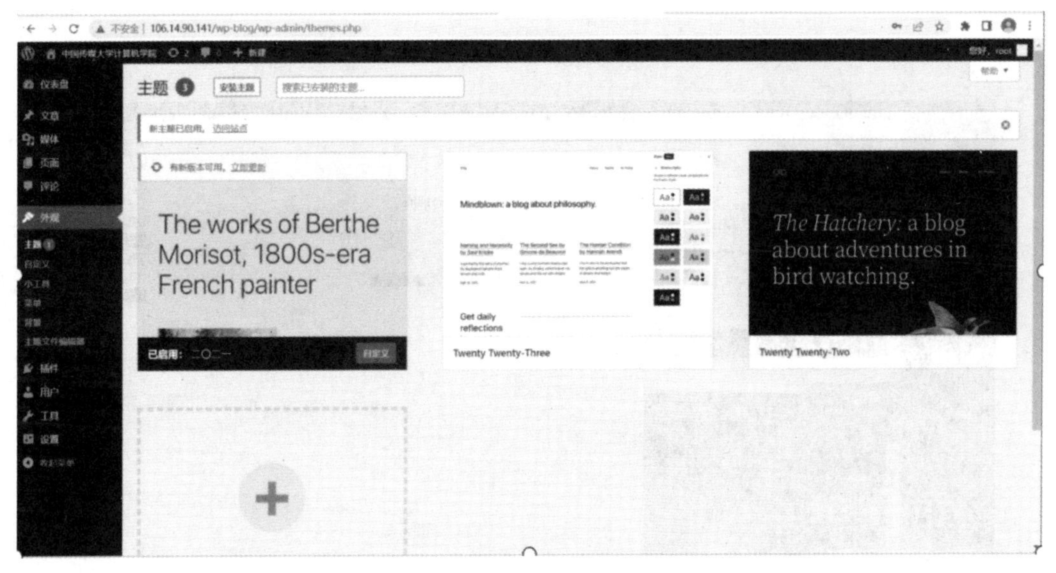

图 12.73　WordPress 主题列表页

```
1.  cd /var/www/html/wp-blog/wp content/themes/
```

使用 wget 命令下载上一步选择的主题

```
1.  wget https://downloads.wordpress.org/theme/neve.2.11.6.zip
```

使用 unzip 命令解压

```
1.  unzip markiter.1.5.zip
```

```
root@iZuf6dkmdveonv5z8ffac0Z:/var/www/html/wp-blog/wp-content/themes
  72   *
  73   * Change this to true to enable the display of notices during development.
  74   * It is strongly recommended that plugin and theme developers use WP_DEBUG
  75   * in their development environments.
  76   *
  77   * For information on other constants that can be used for debugging,
  78   * visit the documentation.
  79   *
  80   * @link https://wordpress.org/support/article/debugging-in-wordpress/
  81   */
  82  define( 'WP_DEBUG', false );
  83
  84  /* Add any custom values between this line and the "stop editing" line. */
  85
  86
  87
  88  /* That's all, stop editing! Happy publishing. */
  89
  90  /** Absolute path to the WordPress directory. */
  91  if ( ! defined( 'ABSPATH' ) ) {
  92          define( 'ABSPATH', __DIR__ . '/' );
  93  }
  94
  95  /** Sets up WordPress vars and included files. */
  96  require_once ABSPATH . 'wp-settings.php';
[root@iZuf6dkmdveonv5z8ffac0Z wp-blog]# vim wp-config.php
[root@iZuf6dkmdveonv5z8ffac0Z wp-blog]# systemctl start httpd
[root@iZuf6dkmdveonv5z8ffac0Z wp-blog]# cd  /var/www/html/wp-blog/wp-content/themes/
[root@iZuf6dkmdveonv5z8ffac0Z themes]#
```

图 12.74　进入 WordPress 主题目录

h. 返回 WordPress 管理控制台，进入主题页，可以看到 neve 主题已经安装完成，如

图 12.75 所示。

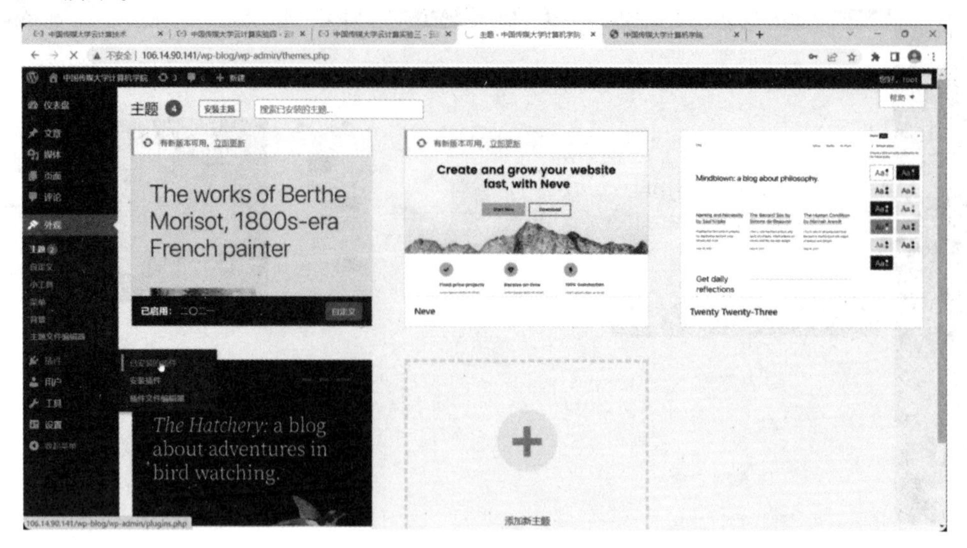

图 12.75　主题安装完成

i. 单击启用,应用主题。

5. 添加自定义小组件

1) 连接 ECS 服务器

2) 编辑页脚文件

执行以下命令,编辑博客主题的页脚文件 footer.php。

```
1.  vim /var/www/html/wp-blog/wp-content/themes/neve/footer.php
```

3) 加入代码

在文件标签前面加入以下代码,如图 12.76 所示。

图 12.76　添加代码

4）查看效果

浏览器访问 http:///wp-blog/ 进入博客首页查看组件效果。

6. 安装 MarkDown 插件

WordPress 安装插件的方式和安装主题的方式比较类似，都分为在线安装和离线安装。本步骤主要介绍离线安装。

1）连接 ECS 服务器

2）进入插件目录

执行以下命令，进入 WordPress 插件目录。

```
1.  cd /var/www/html/wp-blog/wp-content/plugins/
```

3）下载插件

执行以下命令，下载 MarkDown 插件。

```
1.  wget https://downloads.wordpress.org/plugin/wp-editormd.10.1.2.zip
```

4）解压安装包

下载完成后，执行以下命令，解压安装包。

```
1.  unzip wp-editormd.10.1.2.zip
```

5）单击插件

返回 WordPress 管理控制台，然后依次单击插件。

6）启用插件

单击启用 MarkDown 插件，如图 12.77 所示。

图 12.77　启用 MarkDown 插件

编辑器效果如图 12.78 所示。

图 12.78　区块编辑器

7）安装完成

至此，MarkDown 插件安装完成。更多插件请访问 https://cn.wordpress.org/plugins/查看。

12.5　在阿里云进行 Kubernetes 部署及使用

12.5.1　实验目的

以阿里云为平台学习 Kubernetes 的安装和使用。

12.5.2　实验环境

阿里云服务器。

12.5.3　实验要求

在阿里云实验环境中创建 Kubernetes 集群。

使用 Kubectl。

使用 Kubernetes 创建 Nginx 服务。

12.5.4　实验步骤

1. 在阿里云实验环境中创建 Kubernetes 集群

1）前往实验环境

前往阿里云实验环境：

https://developer. aliyun. com/adc/scenario/4789d7226bc544d6a0a9fcf86ec24468?spm=a2c6h. 13858375. 0. 0. f3ff79a9Ex0J44。

2）登录

双击打开虚拟桌面的 Firefox ESR 浏览器，在 RAM 用户登录框中单击下一步，复制云产品资源列表中子用户密码，按 CTRL+V 把密码粘贴到密码输入区，登录子账户（后续在远程桌面里的粘贴操作均使用 CTRL+V 快捷键）。

3）访问容器服务控制台

复制容器服务控制台地址，在 FireFox 浏览器打开新页签，粘贴并访问容器服务控制台。https://cs. console. aliyun. com/#/k8s/cluster/list。

4）查看详情

在集群列表页面，根据集群 ID 找到 Worker 节点所在集群，查看详情。

5）进入负载均衡控制台

在集群信息页面，单击集群资源页签，然后单击负载均衡(SLB)的实例 ID，进入负载均衡控制台，如图 12.79 所示。

图 12.79　集群信息页

6）添加监听

单击监听页签，然后单击添加监听，如图 12.80 所示。

图 12.80　添加监听

7）填入端口

在监听配置页填入监听端口 22，然后单击下一步，如图 12.81 所示。

8）添加服务器

在配置后端服务器组页面，单击新建虚拟服务组，填入服务器组名称，单击添加，在弹出

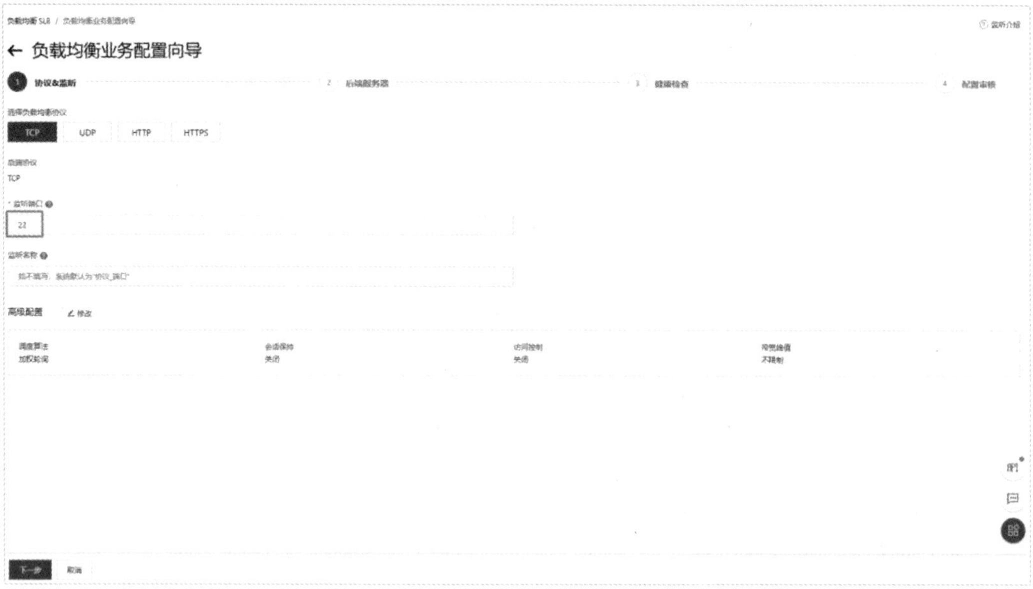

图 12.81　填写端口

的右侧页面中选择一台 Worker 实例,单击下一步,填入端口 22,然后单击添加,最后在后端服务器配置页面单击下一步。如图 12.82 和图 12.83 所示。

图 12.82　新建虚拟服务器

9）提交配置

在健康检查页面单击下一步,在审核配置页面单击提交,如图 12.84 所示。

10）查看弹性公网 IP

在负载均衡控制台管理页面,单击实例详情,在服务地址中可以看到负载均衡实例绑定的弹性公网 IP,如图 12.85 所示。

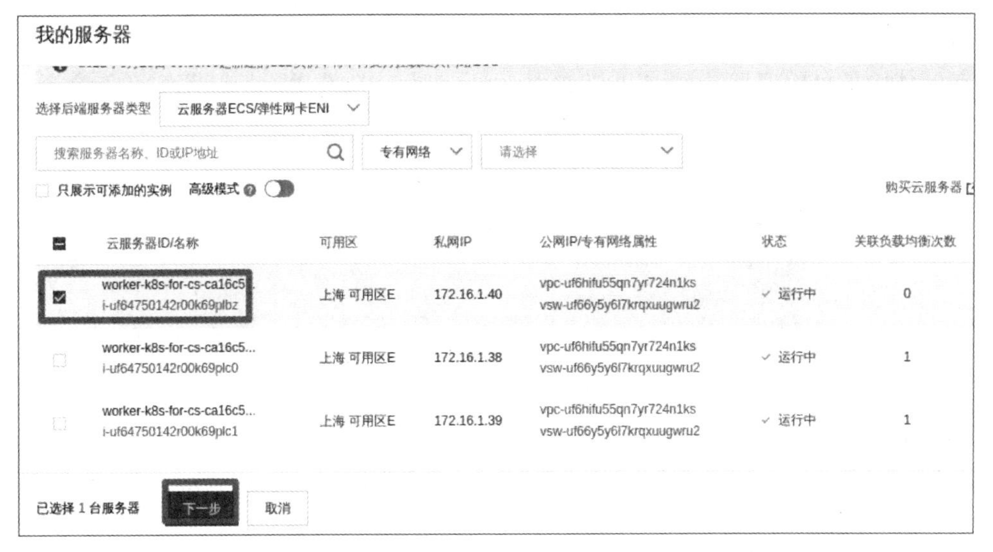

图 12.83　选择服务器

图 12.84　提交配置

图 12.85　查看弹性公网 IP

11）登录密码

在云体验平台的实验详情页可以看到 Kubernates 集群 Worker 节点的登录密码，如图 12.86 所示。

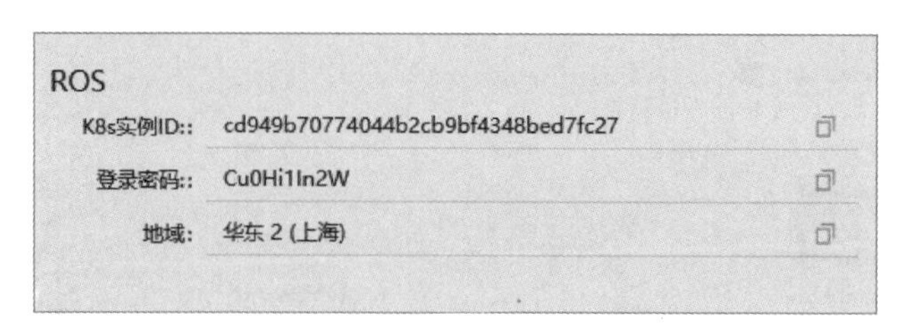

图 12.86　查看登录密码

12）连接 Worker 节点

双击打开虚拟桌面的 LX 终端，输入 SSH 命令远程连接到 Worker 节点，如图 12.87 所示。Worker 节点的 SSH 连接 IP 地址负载均衡绑定的弹性公网 IP 地址，连接密码为集群登录密码。

```
PS D:\> ssh root@47.      .107
The authenticity of host '47.      .107 (47.      .107)' can't be established.
ECDSA key fingerprint is SHA256:LF2W4RoeO5ih6iDgDOJsny5Hhh0Xs+KKb9IHVbHeobw.
Are you sure you want to continue connecting (yes/no)? yes
Warning: Permanently added '47.      .107' (ECDSA) to the list of known hosts.
root@47.      .107's password:

Welcome to Alibaba Cloud Elastic Compute Service !

[root@iZuf65t830aynki619rwgmZ ~]#
```

图 12.87　连接到 Worker 节点

13）复制保存集群公网访问凭证

在容器服务控制台的集群信息页，单击连接信息页签，然后将集群公网访问凭证复制保存，如图 12.88 所示。

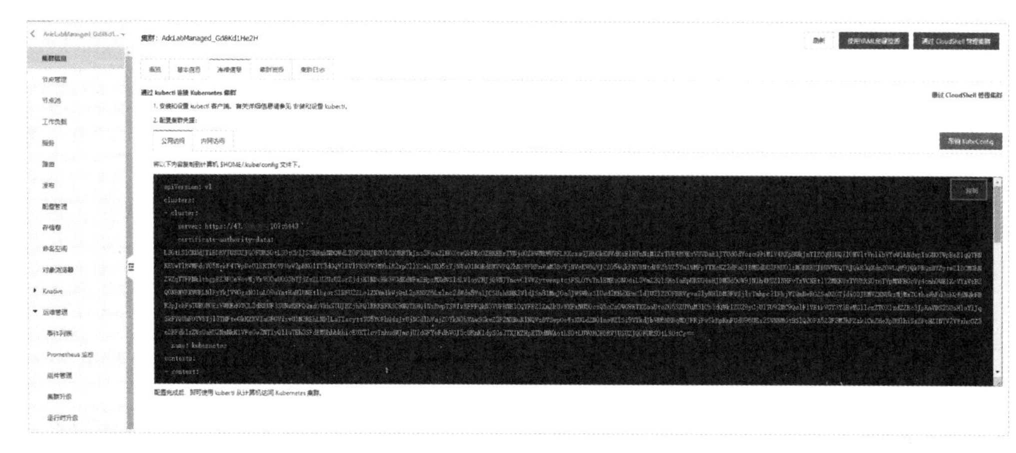

图 12.88　集群公网访问凭证

14）创建配置目录

在命令行终端中执行以下命令创建 kubectl 配置目录。

```
1.   mkdir ~/.kube
```

15）创建并编辑 config 文件

执行以下命令创建并编辑 config 文件。

```
1.  vim ~/.kube/config
```

进入 Vim 编辑器后按下 i 键进入编辑模式，然后将集群访问凭证粘贴进文件，内容写入完成后按下 Esc 键退出编辑模式，最后输入：wq 并按下 Enter 键退出 Vim 编辑器。

16）验证凭证配置

执行以下命令验证凭证配置。

```
1.  kubectl cluster-info
```

命令执行后显示类似如图 12.89 所示结果则表示配置成功。

```
[root@iZuf65t830aynki619rwgmZ ~]# kubectl cluster-info
Kubernetes master is running at https://47.█ █.107:6443
metrics-server is running at https://47.█ █.107:6443/api/v1/namespaces/kube-system/services/heapster/proxy
KubeDNS is running at https://47.█ █.107:6443/api/v1/namespaces/kube-system/services/kube-dns:dns/proxy

To further debug and diagnose cluster problems, use 'kubectl cluster-info dump'.
```

图 12.89 验证凭证

2. kubectl 的使用

1）所有命令的名称及作用

kubectl --help 列出 kubectl 所有命令的名称及作用，如图 12.90 所示。

```
[root@iZuf6hwn97w4q5qakt275zZ ~]# kubectl help
kubectl controls the Kubernetes cluster manager.

 Find more information at: https://kubernetes.io/docs/reference/kubectl/overview/

Basic Commands (Beginner):
  create        Create a resource from a file or from stdin
  expose        Take a replication controller, service, deployment or pod and expose it as a new Kubernetes service
  run           Run a particular image on the cluster
  set           Set specific features on objects

Basic Commands (Intermediate):
  explain       Get documentation for a resource
  get           Display one or many resources
  edit          Edit a resource on the server
  delete        Delete resources by file names, stdin, resources and names, or by resources and label selector

Deploy Commands:
  rollout       Manage the rollout of a resource
  scale         Set a new size for a deployment, replica set, or replication controller
  autoscale     Auto-scale a deployment, replica set, stateful set, or replication controller

Cluster Management Commands:
  certificate   Modify certificate resources.
  cluster-info  Display cluster information
  top           Display resource (CPU/memory) usage
  cordon        Mark node as unschedulable
  uncordon      Mark node as schedulable
  drain         Drain node in preparation for maintenance
  taint         Update the taints on one or more nodes

Troubleshooting and Debugging Commands:
  describe      Show details of a specific resource or group of resources
  logs          Print the logs for a container in a pod
  attach        Attach to a running container
  exec          Execute a command in a container
  port-forward  Forward one or more local ports to a pod
  proxy         Run a proxy to the Kubernetes API server
  cp            Copy files and directories to and from containers
  auth          Inspect authorization
  debug         Create debugging sessions for troubleshooting workloads and nodes

Advanced Commands:
```

图 12.90 help

还可以查看具体命令的使用方法，比如使用 kubectl get --help 可以查看 get 命令的详细使用方法。

2）列出一个或多个资源

kubectl get 列出一个或多个资源，比如 kubectl get nodes 获取节点信息，如图 12.91 所示。其后还可以接资源名称，以获取指定资源，比如 kubectl get nodes k8snode1。

```
[root@iZuf6hwn97w4q5qakt275zZ ~]# kubectl get nodes
NAME                       STATUS   ROLES    AGE   VERSION
cn-shanghai.172.16.1.94    Ready    <none>   41m   v1.24.6-aliyun.1
cn-shanghai.172.16.1.95    Ready    <none>   40m   v1.24.6-aliyun.1
cn-shanghai.172.16.1.96    Ready    <none>   41m   v1.24.6-aliyun.1
[root@iZuf6hwn97w4q5qakt275zZ ~]#
```

图 12.91 get

3）创建 yaml 文件

使用 kubectl create 从文件或标准输入创建资源。常用参数-f，其后添加文件名称。首先创建一个 yaml 文件。vim test. yaml 创建 yml 文件，加入以下内容并保存。

```
1.  apiVersion: apps/v1
2.  kind: Deployment
3.  metadata:
4.    creationTimestamp: null
5.    labels:
6.      app: yaml - test
7.    name: yaml - test
8.  spec:
9.    replicas: 1
10.   selector:
11.     matchLabels:
12.       app: yaml - test
13.   template:
14.     metadata:
15.       creationTimestamp: null
16.       labels:
17.         app: yaml - test
18.     spec:
19.       containers:
20.       - image: nginx
21.         name: nginx
```

执行 kubectl create -f test. yaml，创建一个 deployment，如图 12.92 所示。

4）查看 deployment 资源

部署完成后，执行 kubectl get deployment 查看 deployment 资源，如图 12.93 所示可以看到 yaml-test 已经创建了。

```
[root@iZuf6hwn97w4q5qakt275zZ ~]# vim test.yaml
[root@iZuf6hwn97w4q5qakt275zZ ~]# kubectl create -f test.yaml
deployment.apps/yaml-test created
[root@iZuf6hwn97w4q5qakt275zZ ~]#
```

图 12.92 create

```
[root@iZuf6hwn97w4q5qakt275zZ ~]# kubectl get deployment
NAME        READY   UP-TO-DATE   AVAILABLE   AGE
yaml-test   0/1     1            0           82s
[root@iZuf6hwn97w4q5qakt275zZ ~]#
```

图 12.93 查看 deployment

5）改名

另外我们还可以使用 kubectl apply 创建资源。常用参数-f，其后添加文件名称。我们重新打开 test.yaml 文件将 name 改为 yaml-test1，如图 12.94 所示，然后重新保存。

执行 kubectl apply -f test.yaml，部署 deployment。

部署完成后，执行 kubectl get deployment 查看 deployment 资源，如图 12.95 所示可以看到 yaml-test1 也已经创建了。

```
apiVersion: apps/v1
kind: Deployment
metadata:
  creationTimestamp: null
  labels:
    app: yaml-test
  name: yaml-test1
spec:
  replicas: 1
  selector:
    matchLabels:
      app: yaml-test
  template:
    metadata:
      creationTimestamp: null
      labels:
        app: yaml-test
    spec:
      containers:
      - image: nginx
        name: nginx
~
~
```

图 12.94　修改 yaml 文件

```
[root@iZuf6hwn97w4q5qakt275zZ ~]# kubectl get deployment
NAME         READY   UP-TO-DATE   AVAILABLE   AGE
yaml-test    0/1     1            0           13m
yaml-test1   0/1     1            0           17s
[root@iZuf6hwn97w4q5qakt275zZ ~]#
```

图 12.95　查看 deployment

6）删除资源

kubectl delete 删除资源。可以使用资源名称或文件(-f FILENAME)删除资源，也可以使用标签选择器批量删除资源。执行 kubectl delete deployment yaml-test1，删除 yaml-test1。

7）显示详细信息

kubectl describe 显示一个或多个资源的详细信息。执行 kubectl describe deployment yaml-test 显示 yaml-test 的详细信息，如图 12.96 所示。

```
[root@iZuf6hwn97w4q5qakt275zZ ~]# kubectl describe deployment yaml-test
Name:                   yaml-test
Namespace:              default
CreationTimestamp:      Tue, 15 Nov 2022 16:57:16 +0800
Labels:                 app=yaml-test
Annotations:            deployment.kubernetes.io/revision: 1
Selector:               app=yaml-test
Replicas:               1 desired | 1 updated | 1 total | 0 available | 1 unavailable
StrategyType:           RollingUpdate
MinReadySeconds:        0
RollingUpdateStrategy:  25% max unavailable, 25% max surge
Pod Template:
  Labels:  app=yaml-test
  Containers:
   nginx:
    Image:        nginx
    Port:         <none>
    Host Port:    <none>
    Environment:  <none>
    Mounts:       <none>
  Volumes:        <none>
Conditions:
  Type           Status  Reason
  ----           ------  ------
  Available      False   MinimumReplicasUnavailable
  Progressing    False   ProgressDeadlineExceeded
OldReplicaSets:  <none>
NewReplicaSet:   yaml-test-86d6f66c6b (1/1 replicas created)
Events:
  Type    Reason             Age   From                   Message
  ----    ------             ----  ----                   -------
  Normal  ScalingReplicaSet  25m   deployment-controller  Scaled up replica set yaml-test-86d6f66c6b to 1
[root@iZuf6hwn97w4q5qakt275zZ ~]#
```

图 12.96　describe

3. 使用 kubernetes 创建 nginx 服务

1）创建文件

创建 nignx. yaml 文件，填入以下内容。

```
1.  apiVersion: apps/v1
2.  kind: Deployment
3.  metadata:
4.    creationTimestamp: null
5.    labels:
6.      app: mydeployment
7.    name: nignx
8.  spec:
9.    replicas: 1
10.   selector:
11.     matchLabels:
12.       app: mydeployment
13.   template:
14.     metadata:
15.       creationTimestamp: null
16.       labels:
17.         app: mydeployment
18.     spec:
19.       containers:
20.       - image: nginx:1.16
21.         name: nginx
```

2）部署

执行 kubectl apply -f nginx. yaml 部署 deployment。

3）确认

执行 kubectl get deployment 查看 nginx 是否已经处于 ready 状态，如图 12.97 所示。

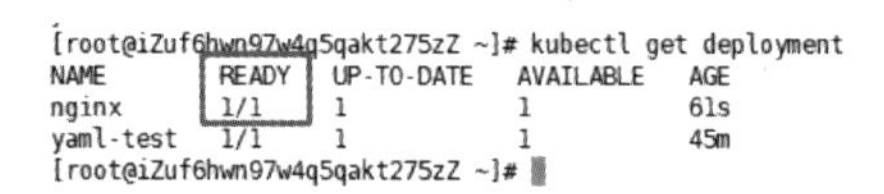

```
[root@iZuf6hwn97w4q5qakt275zZ ~]# kubectl get deployment
NAME        READY   UP-TO-DATE   AVAILABLE   AGE
nginx       1/1     1            1           61s
yaml-test   1/1     1            1           45m
[root@iZuf6hwn97w4q5qakt275zZ ~]#
```

图 12.97　查看状态

4）创建配置文件

创建一个与 nginx 对应的 Service 的配置文件 cluster. yaml，填入以下内容。

```
1.  apiVersion: v1
2.  kind: Service
3.  metadata:
4.    creationTimestamp: null
5.    labels:
6.      app: mydeployment
7.    name: mycluster
8.  spec:
9.    ports:
10.   - port: 80
11.     protocol: TCP
12.     targetPort: 80
13.   selector:
14.     app: mydeployment
```

5）部署

执行 kubectl apply -f cluster. yaml 部署 Service。

6）查看 Service

使用 kubectl get svc 查看 Service，如图 12.98 所示。

```
[root@iZuf6hwn97w4q5qakt275zZ ~]# kubectl get svc
NAME         TYPE        CLUSTER-IP   EXTERNAL-IP   PORT(S)   AGE
kubernetes   ClusterIP   10.0.0.1     <none>        443/TCP   104m
mycluster    ClusterIP   10.0.0.7     <none>        80/TCP    39s
```

图 12.98 查看 Service

7）调整

在集群内部，可以通过虚拟 IP(CLUSTER-IP)直接访问 ClusterIP 类型的 Service，可以在集群中的任意节点进行尝试 curl 10.0.0.7，如图 12.99 所示。注意将 IP 地址改为自己的 CLUSTER-IP。

```
[root@iZuf6hwn97w4q5qakt275zZ ~]# curl 10.0.0.7
<!DOCTYPE html>
<html>
<head>
<title>Welcome to nginx!</title>
<style>
    body {
        width: 35em;
        margin: 0 auto;
        font-family: Tahoma, Verdana, Arial, sans serif;
    }
</style>
</head>
<body>
<h1>Welcome to nginx!</h1>
<p>If you see this page, the nginx web server is successfully installed and
working. Further configuration is required.</p>

<p>For online documentation and support please refer to
<a href="http://nginx.org/">nginx.org</a>.<br/>
Commercial support is available at
<a href="http://nginx.com/">nginx.com</a>.</p>

<p><em>Thank you for using nginx.</em></p>
</body>
</html>
```

图 12.99 访问服务

12.6 本章小结

本章以实验的方式介绍了云数据库 RDS 和云服务器 ECS 这些常见的云计算服务的使用方法，同时还以实验的方式介绍了 Hadoop、Docker 和 Kubernetes 的安装和使用。通过理论与实验相结合的方式使知识更加容易理解。

参考文献

[1] 杜静,敖富江,李博. 虚拟化技术入门实战[M]. 北京: 清华大学出版社,2017.

[2] 青岛英谷教育科技股份有限公司. 云计算与虚拟化技术[M]. 西安: 西安电子科技大学出版社,2018.

[3] 王中刚,薛志红,项帅求. 服务器虚拟化技术与应用[M]. 北京: 人民邮电出版社,2018.

[4] 李飞飞,周烜,蔡鹏,等. 云原生数据库: 原理与实践[M]. 北京: 电子工业出版社,2021.

[5] 山金孝. OpenStack 高可用集群(上册): 原理与架构[M]. 北京: 机械工业出版社,2017.

[6] 毛军礼. OpenStack 之 Nova 服务[J]. 计算机与网络, 2018, 44(03): 60-63.

[7] JAMES T. 第一本 Docker 书[M]. 李兆海,刘斌,巨震,译. 北京: 人民邮电出版社,2015.

[8] 杨保华. Docker 技术入门与实战[M]. 北京: 机械工业出版社,2018.

[9] Nigel Poulton. 深入浅出 Docker[M]. 李瑞丰,刘康,译. 北京: 人民邮电出版社,2019.

[10] CloudMan. 每天 5 分钟玩转 Kubernete[M]s. 北京: 清华大学出版社,2018.

[11] 罗利民. 从 Docker 到 Kubernetes 入门与实战[M]. 北京: 清华大学出版社,2019.

[12] Cagatay Gurturk. Serverless 架构[M]. 周翀,栾云杰,蒋明魁,译. 北京: 机械工业出版社,2018.

[13] 陈耿. 深入浅出 Serverless 技术原理与应用实践[M]. 北京: 机械工业出版社,2018.

[14] 怀特. Hadoop 权威指南: 大数据的存储与分析[M]. 北京: 清华大学出版社,2017.

[15] 吴章勇,杨强. 大数据 Hadoop3X 分布式处理实战[M]. 北京: 人民邮电出版社,2019.

[16] 张伟洋. Hadoop 大数据技术开发实战[M]. 北京: 清华大学出版社,2019.

[17] 罗庆超. 对象存储实战指南[M]. 北京: 电子工业出版社,2021.

[18] 周憬宇,李武军,过敏意. 飞天开放平台编程指南: 阿里云计算的实践[M]. 北京: 电子工业出版社,2013.

[19] 李劲. 云计算数据中心规划与设计[M]. 北京: 人民邮电出版社,2018.

[20] 张晨. 云数据中心网络与 SDN[M]. 北京: 机械工业出版社,2018.

[21] 杨欢. 云数据中心构建实战[M]. 北京: 机械工业出版社,2014.

[22] 徐保民,李春艳. 云安全深度剖析技术原理及应用实践[M]. 北京: 机械工业出版社,2016.

[23] 陈驰,于晶,马红霞. 云计算安全[M]. 北京: 电子工业出版社,2020.